utb 3899

Eine Arbeitsgemeinschaft der Verlage

Brill | Schöningh – Fink · Paderborn
Brill | Vandenhoeck & Ruprecht · Göttingen – Böhlau Verlag · Wien · Köln
Verlag Barbara Budrich · Opladen · Toronto
facultas · Wien
Haupt Verlag · Bern
Verlag Julius Klinkhardt · Bad Heilbrunn
Mohr Siebeck · Tübingen
Narr Francke Attempto Verlag – expert verlag · Tübingen
Ernst Reinhardt Verlag · München
transcript Verlag · Bielefeld
Verlag Eugen Ulmer · Stuttgart
UVK Verlag · München
Waxmann · Münster · New York
wbv Publikation · Bielefeld
Wochenschau Verlag · Frankfurt am Main

StandardWissen Lehramt

Die Bände zur Pädagogischen Psychologie werden herausgegeben von Wolfgang Schneider

Bislang sind außerdem erschienen in der Reihe:

Mündliche Kommunikation in der Schule von R. W. Wagner (utb 2810)
Elternhaus und Schule von E. Wild/F. Lorenz (utb 3418)
Verhaltensstörungen und Lernschwierigkeiten in der Schule von N. Berger/W. Schneider (utb 3470)
Emotion, Motivation und selbstreguliertes Lernen von T. Götz/A. C. Frenzel/M. Dresel/R. Pekrun (utb 3481)
Psychologie des Unterrichts von M. Kunter/U. Trautwein (utb 3895)
Lernen mit Medien von G. Nieding/P. Ohler/G. D. Rey (utb 4001)
Interkulturalität und Schule von K. Göbel/P. Buchwald (utb 4642)

Wolfgang Schneider / Petra Küspert / Kristin Krajewski

Die Entwicklung mathematischer Kompetenzen

3., aktualisierte und erweiterte Auflage

BRILL | SCHÖNINGH

Der Herausgeber: **Prof. Dr. Wolfgang Schneider** war bis 2016 Professor für Pädagogische Psychologie und Entwicklungspsychologie am Institut für Psychologie der Universität Würzburg. Seine Forschungsschwerpunkte liegen im Bereich der Lese-Rechtschreibforschung, der frühen Förderung von schulischen Fertigkeiten, der Lehr-Lernforschung, der Gedächtnis- und Metakognitionsentwicklung bei Kindern und Jugendlichen sowie der Hochbegabungs- und Expertiseforschung.

Dr. Petra Küspert, Diplom-Psychologin, ist langjähriges Mitglied der Forschergruppe von Prof. Dr. Wolfgang Schneider am Lehrstuhl für Pädagogische Psychologie und Entwicklungspsychologie der Universität Würzburg. In ihren Forschungsarbeiten konzentrierte sie sich auf Lern-Leistungsstörungen wie Legasthenie und Dyskalkulie und entwickelte Test- und Fördermaterialien für den Vorschul- und Grundschulbereich. Derzeit ist sie in eigener Praxis lerntherapeutisch tätig, führt Fortbildungen für pädagogisches Personal durch und betont die Verknüpfung aktueller wissenschaftlicher Erkenntnisse und pädagogisch-psychologischer Praxis auch in ihrer universitären Lehrtätigkeit und der Ausbildung integrativer Lerntherapeuten.

Prof. Dr. Kristin Krajewski ist Professorin für Psychologie an der Pädagogischen Hochschule Ludwigsburg. Ihre Forschungsschwerpunkte liegen im Bereich der Mathematikforschung, der Entwicklung, Diagnostik, Prävention und Intervention von Lern- und Verhaltensstörungen sowie der entwicklungs- und resssourcenorientierten Lernförderung vom Kindergarten- bis ins Jugendalter. Ihre Forschung und Lehre zielt auf die Verknüpfung entwicklungs-, lern- und gedächtnispsychologischer Inhalte und deren Anwendung in der Lernpraxis.

Online-Angebote oder elektronische Ausgaben sind erhältlich unter **www.utb-shop.de**

Bibliografische Information der Deutschen Nationalbibliothek
Die Deutsche Nationalbibliothek verzeichnet diese Publikation in der Deutschen Nationalbibliografie; detaillierte bibliografische Daten sind im Internet über http://dnb.d-nb.de abrufbar.

3., aktualisierte und erweiterte Auflage 2021

Internet: www.schoeningh.de

Printed in Germany.
Herstellung: Brill Deutschland GmbH, Paderborn
Einbandgestaltung: Atelier Reichert, Stuttgart

UTB-Band-Nr: 3899
ISBN 978-3-8252-5747-7

Vorwort zur Reihe

StandardWissen Lehramt – Studienbücher für die Praxis

Wie das gesamte Bildungswesen wird sich auch die künftige Lehramtsausbildung an Kompetenzen und Standards orientieren. Damit rückt die Frage in den Vordergrund, was Lehrkräfte wissen und können müssen, um ihre berufliche Praxis erfolgreich zu bewältigen. Das Spektrum reicht von fachlichen Fähigkeiten über Diagnosekompetenzen bis hin zu pädagogisch-psychologischem Wissen, um Lehren als Unterstützung zur Selbsthilfe und Lernen als eigenaktiven Prozess fassen zu können.

Kompetenzen werden nicht in einem Zug erworben; Lehrerbildung umfasst nicht nur das Studium an einer Hochschule, sondern ebenso das Referendariat und die Berufsphase. Die Reihe StandardWissen Lehramt bei UTB bietet daher Lehramtsstudierenden, Referendaren, Lehrern in der Berufseinstiegsphase und Fortbildungsteilnehmern jenes wissenschaftlich abgesicherte Know-How, das sie im Rahmen einer neu orientierten Ausbildung wie auch später in der Schule benötigen. Fachdidaktische und pädagogisch-psychologische Themen werden gleichermaßen in dieser Buchreihe vertreten sein – einer Basisbibliothek für alle Lehramtsstudierenden, Referendarinnen und Referendare, Lehrerinnen und Lehrer.

Inhalt

Vorwort zur 3. Auflage

Ein knappes Jahrzehnt nach der Veröffentlichung der Erstauflage dieses Buches kann konstatiert werden, dass sich im Bereich der mathematischen Kompetenzentwicklung seither enorm viel getan hat. Diese Einschätzung betrifft alle in unserem Buch abgehandelten Teilbereiche. Konnte man noch zu Beginn dieses Jahrtausends den Eindruck gewinnen, dass die Forschungslage und der Erkenntnisgewinn im Bereich der mathematischen Kompetenzentwicklung und der Dyskalkulie im Vergleich mit der Forschungssituation im Bereich des Schriftspracherwerbs und der Dyslexie/Legasthenie eher überschaubar schien, so hat sich das Bild mittlerweile deutlich verändert. Es lassen sich nicht nur interessante Weiterentwicklungen im Bereich der theoretischen Modellbildung verfolgen, sondern auch zahlreiche (vielfach längsschnittlich angelegte) empirische Arbeiten zu Aspekten vorschulischer und schulischer mathematischer Kompetenz und deren Relevanz für die weitere mathematische Leistungsentwicklung identifizieren. Ein ähnlich positiver Trend lässt sich für die Forschungsbefunde zur atypischen Entwicklung der Zahlenverarbeitung und der Rechenleistung nachweisen, also für Arbeiten zur Rechenschwäche/Dyskalkulie. In diesem Kontext hat sich die Anzahl einschlägiger diagnostischer Testverfahren zur Erfassung mathematischer Kompetenzen im Vorschul- und Schulalter deutlich erhöht. Dabei wurde praktisch wichtigen Aspekten wie etwa den Gütekriterien von Tests immer größere Aufmerksamkeit geschenkt. Demgegenüber ist die Zahl verfügbarer, empirisch evaluierter und langfristig wirksamer Trainings- und Interventionsansätze immer noch sehr begrenzt. Eine vor wenigen Jahren publizierte und im Buch skizzierte (S3-) Leitlinie zur Diagnostik und Behandlung von Rechenstörungen gibt Praktikern und Wissenschaftlern wertvolle Hinweise zur Qualität verfügbarer Tests und Interventionsverfahren.

In der Neuauflage unseres Buchs haben wir versucht, die enormen Fortschritte der letzten Jahre in den Text zu integrieren, was zu Erweiterungen der meisten Kapitel führte. Im Grundsatz ist die Zielsetzung des Buches aber unverändert geblieben. Es geht uns darum, die wesentlichen theoretischen Hintergründe für den mathematischen Kompetenzerwerb herauszuarbeiten und den typischen Entwicklungsverlauf in Vorschule und Schule möglichst präzise darzustellen. Die Präsentation bewährter und aktueller diagnostischer Testverfahren zur Erfassung von Rechenleistungen soll nicht zuletzt dem Zweck dienen, Schulpsychologen wie auch Lehrkräften Hilfestellung für die Auswahl geeigneter Tests zu geben. Die meisten der beschriebenen Verfahren eignen sich dabei nicht nur für die Feststellung von Leistungen und Leistungsentwicklungen in Schulklassen, sondern können auch Hinweise auf das Vorliegen einer Rechenstörung/ Dyskalkulie im Einzelfall geben. Die Übersicht über verfügbare Trainings- bzw. Interventionsverfahren belegt, dass die in der Erstauflage noch erahnten positiven Entwicklungen nun tatsächlich beobachtbar sind.

Das Buch eignet sich aus unserer Sicht besonders für Studierende in Lehramtsstudien-gängen, aber auch für Studierende der Psychologie und (Sonder-)Pädagogik, für Lehrkräfte und (Schul-) Psycholog*innen. Es richtet sich aber auch an Lern- und Dyskalkulie-Therapeut*innen, Erzieher*innen und interessierte Eltern. Die Darstellung ist so angelegt, dass sie einer ersten Orientierung dienen soll, darüber hinaus aber auch eine vertiefte Auseinandersetzung mit unterschiedlichen Inhaltsbereichen dieser Thematik ermöglicht. Wir wünschen viel Freude bei der Lektüre und optimalen Lerngewinn!

Frau Nadine Albert und Frau Katrin Tenge-Borkowski vom Brill-Verlag sei für die kompetente fachliche Begleitung bei der Neuauflage dieses Buchs sehr herzlich gedankt.

Würzburg und Ludwigsburg, im April 2021

Wolfgang Schneider, Petra Küspert und Kristin Krajewski

Vorwort

Im vorliegenden Buch wird der Versuch unternommen, die Literatur zur Entwicklung mathematischer Kompetenzen im Kindes- und Jugendalter kritisch zu sichten und die wesentlichen Erkenntnisse zusammenzustellen. Am Anfang steht die Diskussion neuerer Modelle des Erwerbs mathematischer Kompetenzen, die gezielt im Vorschulalter ansetzen. Sie sollen ein Verständnis der zentralen Erkenntnisfortschritte junger Kinder in diesem Bereich vermitteln und die Abfolge unterschiedlicher Stufen des Erkenntnisprozesses erläutern. Aus diesen theoretischen Modellen lassen sich relevante Vorläufermerkmale mathematischer Kompetenz ableiten, die in der Folge genauer beschrieben werden und entweder spezifisch für diesen Inhaltsbereich sind oder aber zusätzlich die Leistungen in anderen schulischen Bereichen vorhersagen können. Diese Vorläufermerkmale sind insbesondere für die Beschreibung und Erklärung individueller Unterschiede in den mathematischen Kompetenzen zu Beginn der Schulzeit bedeutsam. Im Folgekapitel wird der typische Entwicklungsverlauf mathematischer Kompetenzen während der Grundschulzeit und der Sekundarstufe erörtert, wobei insbesondere auf die Befunde einschlägiger Längsschnittstudien eingegangen wird.

Da sich diese Kompetenzen objektiv erfassen lassen, präsentieren wir in der Folge bewährte diagnostische Testverfahren zur Erfassung der Rechenleistung, die nicht nur von Schulpsychologen, sondern auch von Lehrkräften problemlos eingesetzt werden können. Sie eignen sich in der Regel auch für die Diagnose von Dyskalkulie, also einer spezifischen Störung in der Entwicklung mathematischer Kompetenzen. Die Problematik schwacher Rechner wird dann im fünften und vorletzten Kapitel detaillierter diskutiert, wobei unterschiedliche Verursachungsmöglichkeiten vorgestellt werden und dem Eindruck entgegengearbeitet wird, dass es sich um ein homogenes Störungsbild handelt. Angesichts unterschiedlicher Problemschwerpunkte scheint es nicht trivial, Interventionsmethoden zu entwickeln und einzusetzen, die insgesamt hilfreich sind und nachhaltig wirken. Die derzeit verfügbaren Möglichkeiten in diesem Bereich werden im letzten Kapitel des Buches genauer beschrieben. Wenn auch die Lage im Interventionsbereich nach wie vor nicht optimal scheint, hat es in jüngerer Zeit doch einige vielversprechende Entwicklungen gegeben.

Als Leserschaft sind hauptsächlich Studierende in Lehramtsstudiengängen angesprochen. Das Buch kann aber auch für Studierende der Psychologie und Pädagogik interessant sein, weiterhin für Lehrkräfte, Schulpsychologen sowie für pädagogische wie auch psychologische Fachkräfte, die sich im Bereich der Dyskalkulie und ihrer Behandlung engagieren. Wir haben daher versucht, eine Brücke zwischen theoretischer Grundlegung und Anwendungsmöglichkeiten in der (späteren) Berufspraxis zu schlagen. Einerseits sollen grundlegende theoretische Konzepte vorgestellt, andererseits auch handlungsleitendes Wissen über aktuelle diagnostische Möglichkeiten wie auch Präventions- und Interventionsprogramme vermittelt werden. Die Darstellung kann einer ersten Orientierung dienen, ist aber auch so angelegt, dass eine vertiefte Auseinandersetzung mit den unterschiedlichen Inhalts- und Anwendungsbereichen möglich wird.

Wir hoffen, mit dieser Konzeption zu einer erfolgreichen und interessanten Arbeit mit dem Text beizutragen und wünschen dabei viel Freude und Lerngewinn.

Bei Herrn Dr. Diethard Sawicki und Frau Nadine Albert möchten wir uns für die konstruktive Unterstützung von Verlagsseite bedanken, weiterhin bei Michaela Pirkner für die Bearbeitung und das sorgfältige Korrekturlesen des Manuskripts.

Würzburg und Gießen, im Dezember 2012

Wolfgang Schneider, Petra Küspert und Kristin Krajewski

1 Entwicklung des Zahlenverständnisses und Modelle der Zahlenverarbeitung

1.1 Erste Schritte auf dem Weg zum Verständnis der Zahlen und der Zahlenstruktur

Kinder beschäftigen sich bereits lange vor der Einschulung mit Mengen und Zahlen, sodass der Schuleintritt bei Weitem nicht als „Stunde null" für den Aufbau mathematischer Kompetenz zu verstehen ist. Im alltäglichen Spiel vergleichen Kleinkinder Mengen, stellen beispielsweise fest, wer „mehr" oder „weniger" Gummibärchen hat, sie sagen die Zahlwortreihe auf (anfangs fehlerhaft und unvollständig, später hoch automatisiert), und sie führen Aus- und Abzählhandlungen durch, die im Verlauf des Kleinkindalters zunehmend sicherer und zuverlässiger werden.

Wenn auch die Ausführungen in diesem Kapitel auf die vorschulische Entwicklung von mathematischen Kompetenzen fokussieren, gibt es Belege dafür, dass auch Tiere zwischen groben Mengen differenzieren können. Der Umstand, dass der Umgang mit Mengen nicht an die Beherrschung der Sprache gebunden ist, dokumentiert sich schon darin, dass selbst Tiere nach entsprechendem Training in diesem Bereich beachtliche Leistungen erbringen können. So zeigten sich etwa in der Studie von Jordan und Brannon (2003) Rhesusaffen dazu in der Lage, nach vorhergehender Einübung der Mengen-Anzahl-Korrespondenz bei Kärtchen mit zwei resp. acht Elementen die passende Zuordnung zu treffen. Dies funktionierte auch dann, wenn sich die Mengenkarten im Test hinsichtlich Größe, Farbe und räumlicher Anordnung der Elemente von den Trainingskarten unterschieden. Offensichtlich gelang es den Affen, die Zuordnung einzig auf der Basis der Anzahl der dargebotenen Objekte zu treffen und von anderen Merkmalen wie räumlicher Ausdehnung oder Dichte zu abstrahieren. Allerdings bedürfen Primaten eines intensiven Trainings, um solche Abstraktionsleistungen zu erbringen, und ihre Fähigkeit beschränkt sich auf die Unterscheidung geringer Mengen.

Umgang mit Mengen

Diese Restriktion unterscheidet sie beträchtlich von Kindern. Es scheint bemerkenswert, dass schon Säuglinge lange vor Einsetzen der Sprache ein basales Verständnis für Mengeneigenschaften zeigen (vgl. Wynn, 1996; Xu & Spelke, 2000). Es hat dabei den Anschein, dass bestimmte Aspekte der numerischen Kognition von Geburt an in ihren Grundzügen angelegt sind. So scheinen beim Menschen sogenannte „Kernsysteme" (vgl. Spelke & Kinzler, 2007) im Hinblick auf das Verständnis von „Numerositäten“ (Anzahl der in einem Set befindlichen Elemente) als genetisch determinierte Basiskompetenzen von Beginn an zu bestehen und in einem bedeutsamen Ausmaß die Grundlage für späteres Zahlenverständnis und Zahlenverarbeitung und deren Anwendung im arithmetischen Kontext zu bilden. In den klassischen Studien von Wynn wurden Säuglinge im Alter von vier bis sechs Monaten im Rahmen eines „Habituations-Dishabituations-Paradigmas“ daraufhin untersucht, über welche Kompetenzen sie schon im numerischen Bereich verfügen. Dieses Paradigma sieht vor, dass den Säuglingen zunächst ein Stimulus (beispielsweise: zwei Objekte) wiederholt solange präsentiert wird, bis eine Gewöhnung stattgefunden hat und sich die Betrachtungszeit der Objekte deutlich verkürzt. Wenn nun eine neue Anzahl (z.B. drei Objekte) präsentiert wird und sich die Blickdauer daraufhin deutlich erhöht, wird daraus geschlossen, dass die Kinder diesen Mengenunterschied wahrgenommen haben. Wie die Studie von Xu und Spelke (2000) zeigen konnte, ist die Wahrnehmung von Numerositäten nicht auf einen kleinen Zahlenraum von bis zu vier Elementen beschränkt. Säuglinge können vielmehr die Veränderung von Numerositäten auch bei größeren Sets bemerken, solange die Relation zwischen den Objekten mindestens 2:1 beträgt, nicht aber dann, wenn sie kleiner ausfällt. So fanden sich Dishabituationseffekte (längere Blickzeiten) als Hinweis auf ein Entdecken der Unterschiede etwa dann, wenn im Anschluss an 16 Elemente nun 32 Elemente präsentiert wurden, nicht aber dann, wenn die neue Anzahl 12 Elemente betrug.

Wahrnehmung von Numerositäten

Nach wie vor wird in diesem Zusammenhang allerdings kontrovers diskutiert, auf welcher Informationsbasis die Kinder ihre Unterscheidungen überhaupt treffen. Da eine größere Anzahl von Objekten in der Regel auch mit Unterschieden in kontinuierlichen Merkmalen wie Fläche und Volumen assoziiert ist, könnte die vorgenommene Differenzierung entweder auf der Unterscheidung unterschiedlich vieler diskreter Elemente oder aber unterschiedlich großer Mengen bzw. Oberflächen basieren (vgl. ausführlicher Krajewski, 2003). In der Tat scheinen Säuglinge die Unterschiede zwischen Mengen eher an der *räumlichen Ausdehnung der Objekte* festzumachen, nicht jedoch an den unterschiedlichen Anzahlen, also diskreten Merkmalen. So nehmen sie etwa Mengen genau dann *nicht* als verschieden voneinander wahr, wenn diese sich zwar in der Anzahl (z.B. eine Puppe vs. zwei Puppen), nicht aber in Umfang und Fläche unterscheiden (eine große Puppe wird also nicht als „weniger" wahrgenommen als zwei kleine Puppen; vgl. Feigenson, Carey & Spelke, 2002; Clearfield & Mix, 1999; Simon, Hespos & Rochat, 1995). Insgesamt scheint die Befundlage zu dieser Frage eher inkonsistent und noch nicht abschließend geklärt, sodass weitere Untersuchungen mit verbesserten experimentellen Ansätzen erforderlich sind.

1.2 Klassische Modelle zum frühen Umgang mit Mengen und Zahlen

Auch wenn schon Säuglinge über erstaunliche Kompetenzen bei der Verarbeitung von Numerositäten verfügen, beginnen Kinder in der Regel erst ab dem Alter von zwei bis drei Jahren die Fertigkeit des Zählens zu erwerben. Das Mathematiklernen beginnt demnach schon im frühen Kindesalter, also deutlich vor Schuleintritt, und wird durch informelle Erfahrungen im Elternhaus und im Kindergarten stimuliert. Wie von Krajewski, Grüßing und Peter-Koop (2009) hervorgehoben wurde, lassen sich im Wesentlichen zwei frühe Modellvorstellungen zum Erwerb des Zahlbegriffs unterscheiden, die in ihren Grundannahmen differieren und im Folgenden genauer beschrieben werden.

1.2.1 Das „logical-foundations"-Modell nach Piaget

Wesentliche Erkenntnisse zur frühen mathematischen Kompetenzentwicklung verdanken wir den klassischen Arbeiten Jean Piagets, der davon ausging, dass sich der Zahlbegriff auf der Basis logisch formaler Operationen entwickelt (vgl. etwa Piaget & Szeminska, 1975). Als zentrale logische Operationen werden das Verständnis für den Erhalt und die Invarianz von Quantitäten, kardinale und ordinale Eins-zu-eins-Zuordnungen sowie additive und multiplikative Kompositionen angenommen.

Über Klassifikationen von Objekten erwirbt das Kind den kardinalen Aspekt von Zahlen, also das Wissen darüber, dass eine Zahl die Anzahl der Elemente einer Menge angibt. Über Reihungsaufgaben (Seriationen) erwirbt das Kind den ordinalen

Aspekt von Zahlen (eine Zahl gibt den Rangplatz in einer geordneten Menge an). Beide Aspekte entwickeln sich Piaget zufolge etwa zur gleichen Zeit und führen zum Verständnis des Zahlbegriffs. Das Verständnis für Zahlen und dafür, wie das Hinzu- und Wegnehmen von Elementen diese verändern, spiegelt sich nach Piaget im Verständnis der Zahlinvarianz wider (s. etwa Piaget & Szeminska, 1975). Mit „Zahlinvarianz" meinte Piaget die Einsicht, dass sich die Anzahl der Elemente einer Menge nicht ändert, wenn man deren räumliche Ausdehnung ändert. Er sah das Erkennen und bewusste Verstehen der inneren Gesetze von Zahlen in dieser Fähigkeit begründet. Das Verständnis der Zahl begann für ihn demnach mit der Erhaltung des numerischen Ganzen („Zahlerhalt"). Zwei Leistungen schienen hierfür und demnach für den Erwerb des Zahlbegriffs bedeutsam, nämlich Kompetenzen zur Klasseninklusion und zur Seriation. „Klasseninklusion" meint das Zuordnen einer Teilklasse in eine Gesamtklasse und damit Ordnen im Sinne ineinander verschachtelter Teil-Ganzes-Mengen. Piaget glaubte, dass diese Fähigkeit unmittelbar zum *Verständnis des Kardinalaspekts* einer Zahl führt, da das Verständnis dafür, dass „einige" ein Teil ist von „alle" und dass eine kleine Menge eingeschachtelt ist in eine größere analog sei dem Verständnis, dass die Klasse, die nur ein Element enthält (und damit die Zahl 1), enthalten ist in der Klasse, die zwei Elemente enthält (und damit die Zahl 2), welche wiederum enthalten ist in der Klasse, die drei Elemente enthält (Zahl 3) usw. Unter „Seriation" verstand Piaget die Fähigkeit, Elemente nach zunehmender oder abnehmender Größe zu ordnen. Nach seiner Ansicht erhalten die Elemente einer Menge durch eine solche Aufreihung ihre asymmetrische Relation zueinander: Das erste Element (und damit die Zahl 1) ist kleiner als das zweite Element (und damit die Zahl 2), welches aber wiederum kleiner ist als das dritte Element (und damit die Zahl 3) usw. Hierin sah Piaget den *Ordinalitätsaspekt* einer Zahl begründet.

Verständnis des Zahlbegriffs

Die Entwicklung des Zahlkonzepts beim Kind vollzieht sich nach seiner Auffassung nun als Verschmelzung von Klasseninklusion (Verständnis für Teil-Ganzes-Beziehungen) und Seriation (Verständnis für Ungleichheitsbeziehungen), weil so das Kind die Zahl als Vereinigung ihrer kardinalen Funktion (Mengenbegriff) und ihrer ordinalen Funktion (Ordnungsbegriff) erwirbt. Nur mit diesem Verständnis sind Piaget zufolge Kinder (in der Regel erst im Alter von sechs bis sieben Jahren) dazu in der Lage, die natürlichen Zahlen zu erfassen und mathematische Operationen wie die Addition zu verstehen. Zählübungen haben im Ansatz von Piaget keinen operativen Wert und damit auch keinen förderlichen Effekt auf die Entwicklung des Zahlbegriffs. Aus dem Umstand, dass ein Kind schon zählen kann, lässt sich seiner Meinung nach nicht folgern, dass es auch schon hinreichend Wissen über die Funktion von Zahlen besitzt.

Wenn auch der Forschungsansatz von Piaget sicherlich als bahnbrechend angesehen werden kann und viel sinnvolle Forschung angeregt hat, hat sich ab den 70er-Jahren auch deutliche Kritik am Modell und den Befunden artikuliert. So ließ sich etwa die Annahme, dass sich das Verständnis von Kardinal- und Ordinalzahl in etwa gleichzeitig entwickelt, empirisch nicht bestätigen (vgl. etwa Brainerd, 1979). Es gibt mittlerweile viele Belege dafür, dass sich das Verständnis der Ordinalzahl vor dem der Kardinalzahl entwickelt, und dass auch Trainingsprogramme zur Ordinalzahl einen größeren Zuwachs an arithmetischen Kompetenzen produzieren als Trainings, die im Wesentlichen nur auf die Kardinalzahl fokussieren (vgl. Krajewski et al., 2009).

Verständnis von Kardinal- und Ordinalzahl

Mehrere Forscher gingen nun aufgrund neuerer Befunde auch davon aus, dass die Fähigkeit zur Zahlinvarianz von Mengen nicht der geeignete Fokus ist, um den Erwerb der Zahl zu erklären, und schrieben im Unterschied zu Piaget vor allem dem Zählen große Bedeutung zu. Es ließ sich weiterhin zeigen, dass entgegen den Grundannahmen Piagets Kinder einen operativen Zahlbegriff schon vor dem Erwerb der konkret-operationalen Stufe (sechs bis sieben Jahre), also deutlich vor Schulbeginn, erwerben.

1.2.2 Das Skill-Integration-Modell der Zahlbegriffsentwicklung

Im Zusammenhang mit der Kritik an Piagets Theorie zur Entwicklung des Zahlbegriffs wurden vor allem im angloamerikanischen Raum alternative Modellvorstellungen generiert, die nach Clements (1984) unter dem Begriff des „Skill-Integration“-Modells zusammengefasst werden können. In diesem Ansatz wird davon ausgegangen, dass Kinder schon frühzeitig über Grundkompetenzen und basale Einsichten im Hinblick auf Zahlen verfügen und sich die Entwicklung des Zahlbegriffs als Integration unterschiedlicher Fähigkeiten und Fertigkeiten beschreiben lässt. Mittlerweile klassische Arbeiten von Gelman und Gallistel (1978), Fuson (1988) und Resnick (1983, 1989) haben diese Modellentwicklung stark geprägt. Vertretern dieses Ansatzes zufolge beginnt die Kompetenz des Zählens mit dem Erwerb der Zahlwörter. Wie später noch verdeutlicht werden wird, ist hier allerdings einschränkend anzumerken, dass aus einer auswendig gelernten Zahlwortreihenfolge noch nicht eindeutig hervorgeht, ob das Kind schon ein wahres Zahlverständnis erworben hat.

Zählprinzipien nach Gelman und Gallistel

Gelman und Gallistel (1978; vgl. auch Gelman, 2009) beschreiben genauer, was mit der Kompetenz des Zählenkönnens gemeint ist und welche Fähigkeiten für diese Kompetenz beim Kind entwickelt sein müssen. Sie unterscheiden drei Prinzipien, die festlegen, wie richtig gezählt wird, und zwei weitere Prinzipien, die bestimmen, unter welchen Voraussetzungen die ersten drei angewendet werden können.

Kompetenz des Zählenkönnens

Prinzip der Eins-zu-eins-Zuordnung. Um richtig zu zählen, ist es nach Auffassung von Gelman und Gallistel wichtig, eine Eins-zu-eins-Zuordnung zwischen den Zahlwörtern und den zu zählenden Objekten herstellen zu können. Diese paarweise Zuordnung stellt nach Stern (1996) die Handlungsbasis für das Vergleichen dar und liegt der Zuordnung von Zahlwörtern zu Mengen zugrunde.

Prinzip der stabilen Abfolge. Zum Zweiten muss ein Kind begreifen, dass beim Zählen jede Zahl nur einmal und stets in derselben Position der Zahlenfolge vorkommt. So ist ein Kind, das eine Anzahl von vier Bällen immer wieder mit den Zahlwörtern „eins, zwei, vier, zehn" belegt, zwar noch nicht mit der genauen Abfolge der Zahlwörter, aber bereits mit dem Prinzip der stabilen Abfolge vertraut.

Kardinalitätsprinzip. Drittens ist es bedeutsam zu erkennen, dass die letzte Zahl beim Auszählen einer Menge deren Anzahl oder Kardinalität angibt. Es ist nicht leicht zu erschließen, ob dieses Prinzip von den Kindern wirklich beherrscht wird. Auch wenn beispielsweise die beiden zuerst genannten Prinzipien verfügbar sind und das Kind die oben erwähnten vier Bälle korrekt abzählt, hat es möglicherweise noch nicht erfasst, dass eine Menge von insgesamt vier Bällen vor ihm liegt. Das Kardinalitätsprinzip scheint etwa dann noch nicht verstanden zu sein, wenn auf die Frage, wie viele Bälle es denn nun sind, wieder von vorne gezählt wird.

Die genannten Prinzipien werden dann korrekt angewendet, wenn zum einen von der Qualität der zu zählenden Objekte abstrahiert wird (z.B. Bälle gezählt werden, die sich in ihrer Größe und Farbe voneinander unterscheiden), zum anderen dann, wenn erkannt worden ist, dass man mit dem Auszählen einer Gruppe von Objekten an jeder beliebigen Stelle (z.B. links, rechts, Mitte) beginnen kann, weil sich die Gesamtzahl der Objekte nicht verändert, solange man jedes Objekt nur einmal zählt.

Gelman und Gallistel beziehen sich bei ihrer Betrachtung des Zählens auf die Fähigkeit des *Aus*- bzw. *Ab*zählens von Elementen. Wie schon erwähnt ist das Zählen jedoch nicht zwangsläufig immer schon bewusst mit dahinterstehenden Mengen (Anzahlen) verknüpft (Krajewski, 2005). Kleine Kinder erlernen die Folge der Zahlwörter zunächst oft wie das Nachsprechen eines Kinderreimes, der noch keinen Bezug zu(m Auszählen von) Elementen aufweist. Daher ist ein weiterer entwicklungspsychologischer Ansatz zur Entwicklung des Zählens interessant, in dem Karen Fuson (1988) die Entwicklung des Zahlwortgebrauchs beschreibt.

Entwicklung des Zahlwortgebrauchs nach Fuson

Grundlegend für den Erwerb der Zahlreihenfolge (1, 2, 3, ...) ist nach Ansicht der Autorin, dass ein Kind zunächst zwischen Zahlwort und Nichtzahlwort unterscheidet und ausschließlich Zahlwörter benutzt, wenn es zum Zählen aufgefordert wird. Weiterhin ist es notwendig, dass die Struktur der Zahlwörter erkannt wird. Durch deren Irregularität ist dies im Zahlenraum bis 20 schwer möglich (es heißt z.B. „elf" statt „einszehn", „zwölf" statt „zweizehn", „zwanzig" statt „zweizig"), weshalb Kinder die Zahlen bis 20 zunächst ohne tieferes Verständnis auswendig lernen müssen. Erst wenn das Kind die Zahlen in der richtigen Folge aufsagen kann, ist es schließlich fähig, ein tieferes Verständnis im Umgang mit den Zählzahlen zu erlangen. Diese Weiterentwicklung vollzieht sich nach Fuson auf fünf Ebenen. Um dem zählvorwissenden Leser einen besseren Eindruck zu vermitteln, dass Schwierigkeiten in den einzelnen Phasen auftreten können, sind

Struktur der Zahlwörter

zur Veranschaulichung den Zahl-Ketten (kommentarlos) analoge Buchstaben-Beispiele nachgestellt (vgl. Krajewski, 2003).

1) ***Undifferenziertes Wortganzes***:
„einszweidreivierfünfsechssiebenachtneunzehn"
„abcdefghijklmnopqrstuvwxyz"
Das Kind durchläuft die gesamte automatisierte Zählprozedur von Anfang bis Ende und nimmt die Zahlen nicht als getrennt voneinander wahr; die Zahlkette kann nur vollständig wiedergegeben werden. Eine Eins-zu-eins-Zuordnung von Zahlwort zu Objekt ist nicht möglich. Dies ist eine sehr kurze Phase, die man schon bei Kindern im Alter von etwa zwei Jahren vorfinden kann, die aber nicht immer zu beobachten ist.

2) ***Unzerbrechliche Kette:***
„eins-zwei-drei-vier-fünf-sechs-sieben-acht-neun-zehn"
„a-b-c-d-e-f-g-h-i-j-k-l-m-n-o-p-q-r-s-t-u-v-w-x-y-z"
Das Kind zählt immer noch von Anfang bis Ende. Es nimmt die Zahlen aber nun als separate Wörter wahr, die jedoch immer noch als unzertrennliches Ganzes aneinanderhängen, weshalb das Zählen jedes Mal mit „eins" begonnen werden muss. Durch eindeutiges Zuordnen von Zahlwort und Objekt wird korrektes Abzählen möglich. Das Ende des Zählvorganges bzw. der Kette wird als Kardinalwert („10 Objekte") bewusst.

3) ***Aufgebrochene Kette:***
„**sieben** - acht - neun - zehn" → „zehn - neun - acht - **sieben**"
*„**k** - l - m - n - o - p - q - r - s - t" → „t - s - r - q - p - o - n - m - l - **k**"*
Etwa im Alter von vier Jahren kann das Kind irgendwo in der Reihe mit dem Zählen beginnen. Der Kardinalwert dieser Startzahl wird als Teilmenge bewusst (d.h. wenn man bei der Sieben zu zählen beginnt, schließt das schon sieben Objekte ein). Die Zahlwörter werden einzeln wahrgenommen, was das Kind beispielsweise befähigt, Zahlen genau vor, genau nach oder zwischen anderen Zahlen anzugeben. Später kann auch rückwärts gezählt werden.

4) ***Numerische Kette:***
5+3 → „**fünf** ... sechs-sieben-**acht**"
*e+c → „**e** ... - f-g-**h**"*

Nun zeigt sich nach Fuson ein erstes numerisches Verständnis, da die Zahl als einzelne Einheit im numerischen Sinn gesehen wird. (Dies wird besonders darin deutlich, dass ab dieser Stufe die Analogie mit der Buchstabenfolge vom „praktischen" Sinn her fehlschlägt: „e+c" macht keinerlei Sinn, wenn man sich die Buchstaben nicht – wie dies die LeserInnen sicherlich automatisch tun – als Repräsentanten von Zahlen vorstellt.) Jede Teilkette („eins-zwei-drei") kann als numerische Situation wahrgenommen werden, welche gezählt und mit anderen verglichen werden kann. Durch Abzählen an den Fingern wird Rechnen möglich. Diese Form des Rechnens geschieht durch Hoch- und Herunterzählen, was noch kein wahres Verständnis der Rechenoperationen impliziert.

5) *Vorwärts-Rückwärts-Kette*:
$8 - 5 = 3 \rightarrow 3 + 5 = 8$ sowie $3 + 5 = 7 + 1 = 6 + 2 = 4 + 4$
$h - e = c \rightarrow c + e = h$ sowie $c + e = g + a = f + b = d + d$
Auf der letzten Ebene, die wohl kaum vor Schuleintritt zu erwarten ist, wird dem Kind schließlich nach Ansicht von Fuson die Umkehrbarkeit von Addition und Subtraktion bewusst. Es kann genauso leicht rückwärts wie vorwärts zählen und mit dem numerischen Teil-Ganzes-Schema operieren (Zerlegen von Zahlen in verschiedene Komponenten). Zählen wird als eine, aber nicht einzige Strategie des Rechnens erkannt. Fuson spricht hier von wahrem numerischen Zählen.

Diese fünf Ebenen unterscheiden sich qualitativ voneinander – eine neue Ebene spiegelt zunehmende Kompetenzen beim Umgang mit der Zahlreihenfolge wider. Da sich dieser Entwicklungsprozess für größere Zahlen noch lange fortsetzt, nachdem ein Kind die ersten Zahlwörter richtig aufgesagt hat, ist es möglich, dass es sich für verschiedene Teile der Zahlwortreihe gleichzeitig in verschiedenen Entwicklungsphasen (also auf verschiedenen Ebenen) befindet.

Kopplung von Zählprozedur und protoquantitativen Schemata nach Resnick

Lauren Resnick (1989) stellt heraus, dass es besonders wichtig ist, die Fähigkeit zum Zählen auch in engem Zusammenhang mit dem Mengenverständnis zu betrachten. Sie sieht die Kopplung der Zählprozedur mit dem Verständnis für Mengen und Mengenbeziehungen als bedeutsamste Notwendigkeit für den Erwerb mathematischer Kompetenzen. Grundlage des mathematischen Verständnisses ist nach ihrer Theorie die Kopplung der exakten Zähl-Zahlen an die bereits verfügbaren quantitativen Begriffe des Kindes wie „viel" und „wenig", „größer (als)" und „kleiner (als)", welche nur unpräzise Beschreibungen von Mengen wiedergeben.

Erwerb des verbalen Zählens

Aus der Sicht von Landerl, Vogel und Kaufmann (2017) kommt dem Erwerb des verbalen Zählens bei der frühen Entwicklung mathematischer Kompetenzen eine zentrale Rolle zu. Einmal stellt die Zuordnung von Zahlwörtern zu den korrespondierenden Numerositäten (Mengen) eine erste symbolische Repräsentation von Mengen dar. Die zweite gängige symbolische Repräsentationsform von Mengen, nämlich arabische Ziffern, wird von der Mehrzahl von Kindern erst später im schulischen Kontext erworben. Zum anderen dient das Zählen als Voraussetzung für die Herausbildung von Rechenoperationen wie Addition und Subtraktion und damit als Voraussetzung für die arithmetische Kompetenz.

1.3 Neuere Entwicklungsmodelle des Erwerbs früher mathematischer Kompetenzen

Bereits seit mehr als 50 Jahren beschäftigt sich die kognitionspsychologische Forschung mit der Zahlenverarbeitung und der arithmetischen Kompetenz Erwachsener, und es wurde deutlich, dass sich Rechenfertigkeiten aus einer ganzen Reihe von – teils voneinander unabhängigen – Teilkompetenzen speisen (für einen Überblick siehe Landerl et al., 2017). Dabei zeigen Studien, in denen bildgebende Verfahren eingesetzt werden, dass durchaus von Unterschieden in den zentralen Aktivierungsmustern bei Erwachsenen und Kindern auszugehen ist (z.B. Ansari & Dithal, 2006). In neuerer Zeit hat sich demnach die Auffassung verfestigt, dass Ergebnisse aus der Forschung mit Erwachsenen keinesfalls ungeprüft auf Kinder übertragen und als Basis für die Ableitung von Entwicklungsmodellen genutzt werden dürfen. Es besteht von daher die Notwendigkeit, eigene Modelle für die frühe Entwicklung mathematischer Kompetenzen zu formulieren.

Im (elementar-)pädagogischen Alltag zeigt sich eine kritisch zu betrachtende Tendenz, die dahin geht, basale Kompetenzen (etwa Figur-Grund-Unterscheidung, Raum-Lage-Wahrnehmung, Links-Rechts-Unterscheidung oder visuo-motorische Koordination etc.) ohne ausreichende Datenbasis zu spezifischen Vorläuferfertigkeiten mathematischer Kompetenz zu erheben (vgl. Milz, 1997), und damit deren vorschulische Förderung als primäre Maßnahme zur Prävention von Rechenschwäche zu empfehlen. Selbstverständlich ist davon auszugehen, dass diese unspezifischen Variablen den vorschulischen Aufbau spezifischer mathematischer Vorkenntnisse beeinflussen. Entsprechende Förderempfehlungen sollten jedoch erst dann ausgesprochen werden, wenn in Längsschnittuntersuchungen ein kausaler Wirkzusammenhang eindeutig belegt werden konnte. In Analogie zur klassischen Legasthenieforschung lässt sich durchaus erwarten, dass die Bedeutung solcher unspezifischer Vorläuferfertigkeiten für den Aufbau spezifischer mathematischer Kompetenzen deutlich relativiert werden muss.

Vorläuferfertigkeiten mathematischer Kompetenz

Erst in jüngerer Zeit ist es gelungen, unter Berücksichtigung von Einzelkonzepten verschiedener Forschergruppen und anhand der oben beschriebenen Erkenntnisse von Piaget und Szeminska (1975), Gelman und Gallistel (1978) sowie Fuson (1988) und Resnick (1989) erste fundierte und empirisch belastbare *Entwicklungsmodelle* zu entwickeln. Das erste in dieser Hinsicht bedeutsame Modell wurde von Krajewski (2003, 2005, 2007) generiert und wird in der Folge genauer dargestellt. Seine Relevanz verdankt dieses Modell nicht zuletzt der Tatsache, dass es mit längsschnittlichen Befunden zur mathematischen Kompetenzentwicklung von Vorschulkindern gut kompatibel ist (vgl. etwa Krajewski & Schneider, 2006, 2009a und 2009b). Es diente auch als Grundlage für die Erstellung von vier Testverfahren zur Erfassung mathematischer Basiskompetenzen, die den gesamten Altersbereich vom Kindergartenalter bis zum Ende der Schulzeit abdecken (MBK-0; Krajewski, 2018; MBK-1; Ennemoser, Krajewski & Sinner, 2017; MBK 2-4; Krajewski & Ennemoser, in Vorb.; MBK 4-13+; Ennemoser & Krajewski, in Druck) sowie eines in seiner Wirksamkeit vielfach empirisch bestätigten Trainings mathematischer Kompetenzen im Vor- und Grundschulalter (Mengen, zählen, Zahlen; Krajewski, Nieding & Schneider, 2007).

Erfassung mathematischer Basiskompetenzen

1.3.1 Das Entwicklungsmodell der Zahl-Größen-Verknüpfung (ZGV-Modell) nach Krajewski

Krajewski entwickelte ein Modell (2003, 2005, 2007), das den gesamten Entwicklungsbereich ab der Geburt bis ins Grundschulalter umspannt und von ihr jüngst auch ins Sekundarstufenalter übertragen wurde. Im Verlauf der hier betrachteten Zeitspanne durchlaufen Kinder verschiedene Phasen oder „Meilensteine", die durch eine zunehmend tiefere Verknüpfung von Zahlwörtern und Ziffern mit Mengen bzw. Größen gekennzeichnet sind (s. Abb. 1, Krajewski, 2007, 2013). Der in ihren Arbeiten ursprünglich verwendete Begriff des „Mengen- und Zahlenwissens" bzw. „mengen- und zahlenbezogenen Vorwissens" (Krajewski, 2003, 2005) wurde

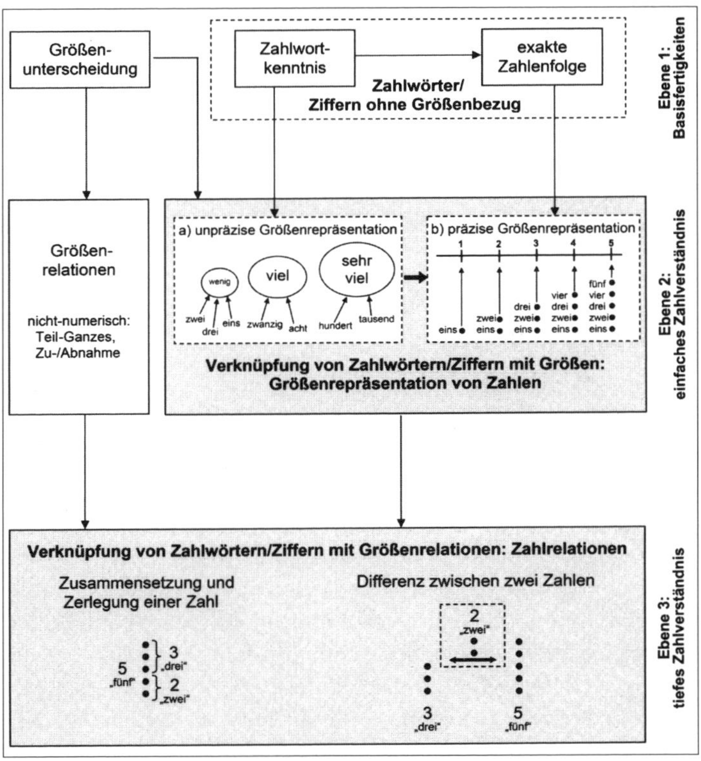

Abbildung 1 | Entwicklungsmodell der Zahl-Größen-Verknüpfung nach Krajewski (2013)

von der Autorin später unter der Bezeichnung „Mengen-Zahlen-Kompetenzen" (2007) erweitert und neu strukturiert und nunmehr mit dem Begriff „Zahl-Größen-Kompetenzen" (2013) belegt. Hierbei impliziert der Begriff der „Größe" im Vergleich zum vormals verwendeten Mengenbegriff eine inhaltliche Erweiterung und umfasst nun nicht mehr nur Größen wie Fläche und Volumen (vgl. „Mengen"), sondern schließt weitere Größen wie etwa Gewicht oder Zeit mit ein. Da Abzählbarkeit von Elementen unter dem von Krajewski streng gefassten Mengen- und Größenbegriff keine Rolle spielt (es ist hier von „numerisch unbestimmten" Mengen und Größen die Rede; vgl. Krajewski 2003, 2005), impliziert dieser auch nicht, dass bei Urteilen und Operationen, die sich auf Mengen, Zeit und Gewicht beziehen, zwangsläufig ein Zahlbezug hergestellt wird. Vielmehr können nach ihrem Verständnis Urteile und Operationen mit diesen Größen auch ohne die Verwendung von Zahlwörtern vollzogen werden. So kann etwa eingeschätzt werden, welche von zwei betrachteten Größen „mehr" oder „weniger", „leichter" oder „schwerer", „länger" oder „kürzer", „tiefer" oder „höher" etc. ist, ohne dass für eines dieser Urteile ein Bezug zu Zahlen zwangsläufig erforderlich wäre (vgl. Krajewski & Ennemoser, 2013). Im Folgenden sollen die drei Kompetenzebenen des Modells beschrieben werden.

Kompetenzebene 1: Zahlwörter und Ziffern ohne Mengenbezug/Größenbezug

Wie die Abbildung erkennen lässt, bezieht sich die erste Phase auf zwei unterschiedliche Basisfertigkeiten, nämlich einerseits die Wahrnehmung von Mengen- bzw. Größenunterschieden und andererseits das Aufsagen von Zahlwörtern, die zu diesem frühen Zeitpunkt noch *keinerlei Beziehungen zueinander* aufweisen.

Mengen- bzw. Größenwahrnehmung

Unpräzise Mengen- bzw. Größenunterscheidung. Erste Fähigkeiten lassen sich im Umgang mit Mengen ausmachen, die natürlich noch pränumerisch, also ohne jeglichen Bezug zu Zahlen wahrgenommen werden. Wie schon erwähnt sind Säuglinge bereits kurz nach der Geburt dazu in der Lage, grobe Unterschiede zwischen Mengen zu erkennen, die auf Unterschieden in Ausdehnung, Fläche und Volumen der Mengen gründen.

Zahlwortfolge

Aufsagen von Zahlwörtern/Erwerb der exakten Zahlwortfolge. Mit dem Einsetzen verbalsprachlicher Äußerungen verwenden

Kleinkinder etwa ab dem zweiten Lebensjahr auch zunehmend Zahlwörter. Sie sprechen durch Erwachsene vorgegebene Reihungen nach und sagen nach einiger Übung auch selbstständig Zahlenreihen auf. Dieses Aufsagen der Zahlwortreihe geschieht anfangs gegebenenfalls noch fehler- und lückenhaft („eins, zwei, drei, fünf, sieben, sechs …"), später zunehmend exakt und bis zum Grundschulalter natürlich auch immer weiter (z.B. vier-fünf-sechs-sieben; zweitausendvierhundertsieben-zweitausendvierhundert-acht-zweitausendvierhundertneun). Dabei bringen die Kinder die benutzten Zahlwörter in dieser frühen Entwicklungsphase noch nicht mit Mengen und Größen in Verbindung, selbst wenn sie die Zahlwörter gegebenenfalls bereits in ihre arabische Ziffernschreibweise übersetzen können (4-5-6-7; 2407-2408-2409). Sie sagen die Zahlwörter lediglich als auswendig gelernte Wörter auf und können hier zunehmend auch Zahlwörter benennen, die in der Zahlwortfolge vor oder nach einer anderen Zahl kommen (Vorgänger/Nachfolger) oder die Folge auch rückwärts aufsagen. Diese Leistung ist vergleichbar mit dem Aufsagen des Alphabets (und dem Benennen von Buchstaben, die in der Folge vor oder nach einem anderen Buchstaben kommen), das ebenfalls als phonetisch geordnete Folge verinnerlicht ist. Es bleibt festzuhalten, dass Kinder schon sehr früh über eine Mengen- bzw. Größenwahrnehmung verfügen und basale Fertigkeiten hinsichtlich der Zahlwortfolge aufbauen, dabei jedoch noch keinerlei Zahl-Größen-Bezüge verstehen können oder gar selbst herstellen. Eine erste Annäherung beider Bereiche kennzeichnet nach Krajewski das Erreichen der Kompetenzebene 2.

Kompetenzebene 2: Verknüpfung von Zahlwörtern und Ziffern mit Mengen/Größen (Größenrepräsentation von Zahlen)

Als wichtigster Meilenstein wird im Modell die Verknüpfung von Zahlwörtern (und ggf. Ziffern) mit Mengen bzw. Größenrepräsentationen gesehen. Hierbei lassen sich auf dieser Ebene ganz entscheidende Zugewinne verzeichnen, die sich als entstehende und sich schließlich verfestigende *„Mengen-/Größenbewusstheit von Zahlen"* bzw. Größenrepräsentationen von Zahlen beschreiben lassen. Diese Entwicklung beginnt ab etwa drei Jahren und läuft nach Krajewski in zwei Phasen ab. In der ersten Phase bildet sich das sogenannte „unpräzise Anzahlkonzept" bzw. die unprä-

unpräzises Anzahlkonzept

zise Größenrepräsentation (Ebene 2a) heraus; erst später mündet dies in einem „präzisen Anzahlkonzept“ bzw. einer präzisen Größenrepräsentation (Ebene 2b).

Unpräzises Anzahlkonzept bzw. unpräzise Größenrepräsentation. Zunächst nehmen Kinder lediglich eine sehr grobe, unpräzise Zuordnung von Zahlwörtern zu Mengen- und Größenbegriffen vor. Sie lernen, dass es manche Zahlwörter gibt wie etwa „drei“ oder „eins“, die mit dem Begriff „wenig“ assoziiert sind, während andere wiederum (z.B. „zwanzig“ bzw. „tausend“) eher mit den Begriffen „viel“ oder „sehr viel“ in Verbindung gebracht werden. Dies gelingt nach Annahmen des Modells aus der Erfahrung heraus, die Kinder im Vorfeld beim häufigen Aufsagen der Zahlwortreihe machten. Demnach stellen sie beim Zählen irgendwann fest, dass man bis zu verschiedenen Zahlen unterschiedlich lange bzw. unterschiedlich „viel“ zählen muss. So erleben sie beispielsweise, dass das Hochzählen bis acht mit längerem Zählaufwand verbunden ist als etwa das Zählen bis drei, und die Kinder beginnen nun, die Zahlwörter entsprechend der aufzubringenden Zähldauer grob zu kategorisieren: Bis zwei oder drei ist rasch gezählt, somit stehen diese Zahlwörter für „wenig“; Zahlen wie zwölf oder 20 stehen hingegen aufgrund des deutlich längeren Zählprozesses für „viel“. Die Kinder leisten damit eine Unterscheidung zwischen groben Kategorien, denen mehrere Zahlwörter angehören, und ordnen diesen Kategorien Mengen- und Größenbegriffe („wenig“, „viel“) zu, die sie bislang nur im bloßen Mengenkontext verwenden konnten. Auch sehr große Zahlwörter wie „hundert“ oder „tausend“ (und viel später auch „Million“, „Milliarde“, „Billion“) finden Eingang in diese unpräzise Größenrepräsentation der Zahlen. Hervorzuheben ist bei allen in dieser Phase beobachtbaren Ungenauigkeiten der Zuordnung von Zahlwörtern zu Größenbegriffen, dass sich hierin die Bewusstheit der Kinder abbildet, dass Zahlwörter nicht nur als reine Wortabfolge existieren, sondern mit Größen verknüpft sind, deren Mächtigkeit sie – wenn auch noch grob kategorisierend – repräsentieren. Damit ist bereits ein erheblicher Schritt zur wahren Zahlwortsemantik getan. Da die Zuordnung von Zahlwörtern zu Größen in dieser Phase noch unpräzise, also sehr grob ist, gelingt es hier allerdings noch nicht, nahe beieinander liegende Zahlen wie etwa „neunzehn“ und „zwanzig“ nach ihrer Größe zu unterscheiden. Dies wird erst in der zweiten, folgenden Phase möglich.

Präzises Anzahlkonzept bzw. präzise Größenrepräsentation. Indem Kinder im täglichen Spiel immer wieder Mengen auszählen, wird ihnen allmählich bewusst, dass die Dauer des Zählprozesses auch für Zahlen *innerhalb* einer groben Mengen- bzw. Größenkategorie („wenig" – „viel" – „sehr viel") differiert und dass man beispielsweise bis 18 länger zählen muss als bis 17. Hierdurch erwerben sie die Grundlage für das weitere Aufspalten dieser vormals groben Mengenkategorien und damit zum *„präzisen Anzahlkonzept" bzw. der präzisen Größenrepräsentation* (Ebene 2b). Diese unterscheidet sich vom unpräzisen Anzahlkonzept dadurch, dass nun eine *punktuelle* Zahl-Menge- bzw. Zahl-Größen-Zuordnung möglich wird, dass also jede einzelne Zahl der Zahlenfolge exakt mit einer einzelnen auszählbaren Menge korrespondiert. So verfügen die Kinder nun über ein Kardinalzahlkonzept bzw. eine *präzise Größenrepräsentation* (das Zahlwort „neunzehn" wird exakt 19 Dingen, das Zahlwort „zwanzig" exakt 20 Dingen zugeordnet) und erwerben (innerhalb eines begrenzten Zahlenraums) das Verständnis dafür, dass sich benachbarte Zahlen in ihrer Größe unterscheiden. Diese Erkenntnis mag Erwachsenen, die tagtäglich mit Anzahlen hantieren, auf den ersten Blick trivial erscheinen. Sie markiert aber einen ganz entscheidenden Schritt mathematischen Kompetenzaufbaus, da nun nicht nur Mengen isoliert ausgezählt und mit einem Zahlwort verbunden werden können (Anzahlkonzept), sondern auch nahe beieinander liegende Zahlwörter hinsichtlich ihrer Größen zueinander in Beziehung gesetzt werden können (exakter Größenvergleich von Zahlen: 5 sind *mehr als* 3, 19 sind *weniger als* 20). Da die spätere Grundschulmathematik sich im Wesentlichen aus dem Erkennen und Nutzen der Größenrepräsentationen von Zahlen speist, wird deutlich, dass gerade der Erwerb des präzisen Anzahlkonzeptes hier schon die Weichen stellt zu einem wirklich belastbaren und arithmetisch nutzbaren Zahlbegriff. Da Kinder im Alltag kleinere Anzahlen, etwa bis zehn, häufiger auszählen als größere, erwerben sie dieses präzise Anzahlkonzept für kleinere Anzahlen entsprechend früher als für größere, wodurch der Vergleich eng beieinander liegender Zahlen dann auch bei kleineren Zahlen früher gelingt als bei größeren. Ein exakter Größenvergleich ist jedoch jeweils nur dann möglich, wenn die Kinder die Zahlenfolge im geforderten Zahlenraum sicher beherrschen und beim Aufsagen der Zahlwortreihe keine Fehler mehr machen

präzises Anzahlkonzept

(Ebene 1 also sicher erworben ist). So wie auf Ebene 1 die Zahlwortfolge, differenziert sich nach Krajewski auch die präzise Größenrepräsentation, und damit Ebene 2, im weiteren Entwicklungsverlauf für höhere Zahlenräume aus.

Mengen- bzw. Größenrelationen ohne Zahlbezug. Unabhängig von der Ausbildung der Größenrepräsentation bzw. „Mengenbewusstheit von Zahlen" entwickelt sich auch das Verständnis für Mengen und Größen (ohne Zahlbezug) weiter. So entwickeln Kinder ein Verständnis der Mengeninvarianz, die besagt, dass eine Menge, zu der nichts hinzugefügt, von der aber auch nichts weggenommen wird, unverändert bleibt. Sie erkennen auch, dass eine Menge zunimmt, wenn Objekte dazugegeben werden („Wenn ich noch ein paar Gummibärchen dazu bekomme, habe ich mehr Gummibärchen als am Anfang."), ebenso wie eine Menge durch Entfernen von Elementen abnimmt (Zu-/Abnahme). Von großer Bedeutung ist in dieser Phase die Erkenntnis der Kinder, dass Mengen bzw. Größen in kleinere Mengen bzw. Größen zerlegt und aus diesen dann auch wieder zusammengesetzt werden können. Dieses Teile-Ganzes-Schema steht dem Kind – ebenso wie alle weiteren Entwicklungsfacetten des Mengenkonzepts – in dieser Phase noch ohne Zahlbezug zur Verfügung. Dies bedeutet, dass die Kinder zwar Veränderungen oder Zusammensetzungen von Mengen und Größen erfassen und auch verbal beschreiben können („mehr als", „weniger als"), diese jedoch noch nicht in Bezug zu Zahlen bringen.

Verständnis von Mengen- und Größenrelationen

Kompetenzebene 3: Verknüpfung von Zahlwörtern und Ziffern mit Mengenrelationen/Größenrelationen (Zahlrelationen)

Ein weiterer Meilenstein ist erreicht, wenn auf der dritten Ebene die eben beschriebenen Relationen zwischen Mengen und Größen schließlich auch mit Zahlen beschreibbar werden und ein Verständnis für Beziehungen zwischen Zahlen resultiert.

Beziehungen zwischen Zahlen

Zusammensetzung und Zerlegung von Zahlen. Für den kleinen Zahlenraum erreichen Kinder bereits ab dem Alter von vier Jahren, meist aber etwa mit sechs Jahren diese dritte Kompetenzebene, da es ihnen nun in der Regel gelingt, ihr Wissen über Beziehungen zwischen Mengen und Größen, dem auf Ebene 2 noch jeglicher Zahlbezug fehlte, nun auch mit Zahlen zu verknüpfen.

Dies lässt sich konkret so vorstellen, dass sie die bereits gut gefestigte Erfahrung, dass sich Mengen in zwei oder sogar mehrere kleinere Mengen aufteilen lassen („Ich teile alle meine Bärchen in kleine Häufchen auf, und wenn ich diese wieder zusammenfüge, habe ich alle Bärchen wieder beisammen.") nun mit dem präzisen Anzahlkonzept (exakte Anzahlen sind durch Zahlen repräsentierbar) verknüpfen und erkennen, dass sich diese festgestellten Beziehungen zwischen Mengen bzw. Größen durch Zahlen eindeutig darstellen lassen („Ich teile meine acht Bärchen in kleine Häufchen mit einmal drei und einmal fünf Bärchen auf; wenn ich die drei und die fünf Bärchen wieder zusammenfüge, habe ich wieder alle acht Bärchen beisammen."). Ihr Zahlverständnis, das sich bislang auf die exakte Zuordnung einer Menge zu einer Zahl (Größenrepräsentation der Zahlen, Ebene 2) und die Seriation dieser Anzahlen (Größenordnung der Zahlen, Ebene 2) beschränkte, erweitert sich nun dahingehend, dass Zahlen in ein Teil-Ganzes-Schema eingeordnet werden können und damit die Zahlzerlegung gelingt. Kinder sind erstmals in der Lage zu begreifen, dass man etwa fünf Hunde weiter aufteilen kann, nämlich in zwei große und drei kleine Hunde. Kinder werden also fähig zu verstehen, dass sich *eine* Zahl, ebenso wie eine Menge, in kleinere Zahlen, also Anzahlen zerlegen und auch aus diesen wieder zusammensetzen lässt.

Differenzen zwischen Zahlen. Darüber hinaus entwickeln sie auch ein Verständnis dafür, dass sich die Differenz zwischen zwei Zahlen durch eine dritte Zahl beschreiben und darstellen lässt. Zahlen können also benutzt werden, um auch die *Relation* zwischen zwei Mengen, also die Differenzmenge zwischen beiden, exakt zu quantifizieren. Die Kinder erkennen nach Krajewski nun, dass der Unterschied zwischen zwei Zahlen wieder mit einer Zahl ausgedrückt werden kann. So sind beispielsweise acht Karten *zwei* Karten *mehr* als sechs Karten. Die Kompetenzen dieser dritten Ebene befähigen Kinder erst, Zahlen in ihrer vollständigen Semantik zum Rechnen zu benutzen; so ist beispielsweise zur Bewältigung sogenannter Vergleichsaufgaben (Du hast acht Chips. Ich habe fünf Chips. Wie viele Chips hast du **mehr** als ich?; vgl. Stern, 1998) im ersten Schuljahr ein Verständnis der Zahlbeziehungen unabdingbar. Die Tatsache, dass Schulkinder häufig bei diesem Aufgabentyp erste Schwierigkeiten zeigen, weist vielfach darauf hin, dass sie diesen Meilenstein noch nicht sichern konnten.

Verschiebungen in der individuellen Entwicklung

Einstufung des Entwicklungsniveaus

Die drei Kompetenzebenen des vorgestellten Entwicklungsmodells bieten sich als diagnostisches Raster zur Einstufung des Entwicklungsniveaus eines Kindes im Vorschulalter an, wobei auch im Grundschul- und Sekundarstufenalter entsprechende Testaufgaben noch wertvolle Hinweise auf eventuelle Rückstände im basalen Aufbau mathematischer Kompetenz liefern können (vgl. die entsprechenden Testverfahren zur Erfassung mathematischer Basiskompetenzen für das Kindergartenalter, die Grundschule und die Sekundarstufe; MBK-Tests, Kap. 2.3 & 4). Wie Krajewski betont, muss jedoch berücksichtigt werden, dass die Kompetenz, die ein Kind bei einer entsprechenden Überprüfung unter Beweis stellt, in Abhängigkeit von der Vorgabeform der benutzten Zahlen (*Zahlwörter vs. arabische Ziffern*), von deren *Größe* (Zahlenraum bis 10 vs. bis 1000 etc.) und der *Repräsentationsform* (Verfügbarkeit von konkretem Anschauungsmaterial oder bildlichen Darstellungen vs. Aufgabenlösung auf abstrakter Ebene) steht. So stechen zwar qualitative Unterschiede zwischen den beschriebenen Kompetenzebenen ins Auge. Es ist jedoch nicht zwangsläufig so, dass diese Ebenen für die verbalen Zahlwörter und für die arabischen Zifferndarstellungen gleichzeitig durchlaufen werden. So weisen Alltagsbeobachtungen durchaus darauf hin, dass Kinder bei *verbalsprachlicher Zahlvorgabe* bereits Leistungen einer höheren Ebene erbringen als unter Bezug auf geschriebene Ziffern, da sie gegebenenfalls über bedeutend weniger Erfahrung mit Ziffern verfügen als mit Zahlwörtern. Zudem ist es durchaus möglich, dass ein Kind unter Rückgriff auf konkretes Material bereits Aufgaben der dritten Kompetenzebene lösen kann, während es womöglich an Aufgaben der zweiten Ebene scheitert, falls diese mit bildlichem Material oder auf abstrakt-symbolischer Zeichenebene vorgegeben sind. Die Abhängigkeit des Kompetenzniveaus vom betrachteten *Zahlenraum* zeigt sich nach Krajewski darin, dass Kinder durchaus für kleine Zahlen schon die dritte Ebene erreicht haben können, mit größeren Zahlen jedoch noch auf der ersten oder zweiten Ebene operieren. Dieser Umstand zeigt sich jeweils beim schulischen Übertritt in die nächsthöhere Klasse: Wenn Kinder beispielsweise mit Beendigung des ersten Schuljahres den Zwanzigerraum auf dem dritten Kompetenzniveau erschlossen haben, bedeutet dies nicht zwangsläufig, dass sie auch etwa die Mächtigkeit (Anzahl, Ebene 2) von

85 und 86 unterscheiden können. Sie werden sich bei der Erarbeitung des Hunderterraums im zweiten Schuljahr erst allmählich auf dieses Niveau hocharbeiten müssen. Die Kinder können sich demnach für verschiedene Teile der Zahlwortreihe gleichzeitig auf verschiedenen Kompetenzebenen befinden. Wie eine Studie von Ennemoser, Krajewski und Schmidt (2011) zeigen konnte, kann etwa im Zahlenraum bis eine Million selbst für Fünft- bis Neuntklässler nicht davon ausgegangen werden, dass alle Schüler*innen die beiden ersten Kompetenzebenen sicher und automatisiert genug verfügbar haben, auch wenn diese basalen Kompetenzen mit Ende der Grundschulzeit als längst erworben gelten.

Indem Kinder ihr Zahlenverständnis auf immer größere Zahlenräume erweitern, verändert sich nach dem Modell von Krajewski schließlich auch die *Zuordnung der Zahlen zu groben Mengenkategorien* (vgl. Kompetenzebene 2a). Während sich ein Kind beispielsweise den Zahlenraum bis „zwanzig" erschließt, wird der Zahl „fünfzehn" sicherlich die Mengenkategorie „viel" zugewiesen; später im Kontext des Zahlenraums bis „tausend" oder „eine Million" wird die gleiche Zahl wohl eher mit dem Mengenbegriff „wenig" assoziiert sein. Die beschriebenen Verschiebungen in der individuellen Entwicklung innerhalb der Kompetenzebenen und auch zwischen diesen machen es daher sehr schwierig, die mathematische Entwicklung eines Kindes exakt auf einer Kompetenzebene zu lokalisieren. Diese Überlegungen verdeutlichen, dass die oben beschriebenen „Meilensteine" zur Überprüfung des mathematischen Entwicklungsstandes eines Kindes sehr gut geeignet sind, dass aber im Rahmen der Entwicklung entsprechender Diagnostika eine genaue Analyse der jeweiligen Aufgabenformate unabdingbar ist, um Fehleinschätzungen zu vermeiden (vgl. Krajewski, 2007; Krajewski & Ennemoser, 2013).

Abgrenzung des ZGV-Modells zu anderen Theorien und Modellen

Entwicklungsmodell der Zahl-Größen-Verknüpfung

Das dargestellte Entwicklungsmodell der Zahl-Größen-Verknüpfung (ZGV-Modell) integriert Bestandteile der anfangs dargestellten Ansätze und Theorien, geht aber, wie nachfolgend dargestellt werden soll, in mehreren Punkten über diese hinaus und/oder unterscheidet sich in wesentlichen Zügen von diesen (vgl. Krajewski & Ennemoser, 2013).

Resnick (1989) nennt in ihrer Theorie verschiedene sogenannte „protoquantitative Schemata", die mit der Zahlwortreihe gekoppelt werden müssen, um zu einem numerischen Verständnis von Zahlen zu gelangen. Diesen Kerngedanken greift das ZGV-Modell auf, geht dabei aber von fundamentaleren Annahmen aus (z. B. schreibt es Kindern keine frühzeitige Fähigkeit zur 1:1-Zuordnung zu) und beschreibt, wie sich die Kopplung von Mengenauffassungen und Zahlen genau vollzieht (Kopplung der Zahlwortreihe mit Größenunterscheidung, Kopplung mit Größenrelationen). Es führt hierfür drei verschiedene Ebenen der Entwicklung und entsprechende grafische Veranschaulichungen ein. Fertigkeiten des Aufsagens der Zahlwortreihe werden dabei im ZGV-Modell basaler definiert und auf minimalistischere Kompetenzen zurückgeführt als bei Resnick angenommen (s.u.).

Wie oben dargestellt macht Fuson (1988; vgl. auch unten: Fritz & Ricken, 2008) in ihrer Theorie der Entwicklung des Zahlwortgebrauchs qualitativ unterschiedliche, konzeptuelle Ebenen des Zahlverständnisses daran fest, wie gut die Zahlwortfolge beherrscht wird und manipuliert werden kann (z.B. niedriges Zahlverständnis: Zahlwortfolge aufsagen mit 1 beginnend, höheres Zahlverständnis: Zahlwortfolge aufsagen, in der Mitte beginnend, hohes Zahlverständnis: Zahlwortfolge rückwärts zählend). Unterschiedliche Grade der Automatisierung und Beherrschung der Zahlwortfolge werden hingegen im ZGV-Modell keineswegs verschiedenen konzeptuellen Ebenen zugeordnet (s.u.). Ein zunehmendes Zahlverständnis wird hier vielmehr als *zunehmende Verknüpfung der Zahlwortfolge* (unabhängig davon, ob man vorn, hinten oder in der Mitte mit dem Aufsagen beginnt) *mit Mengen und Mengenrelationen bzw. Größen- und Größenrelationen* verstanden. Folgernd unterscheidet das ZGV-Modell qualitativ nach Fähigkeiten wie beispielsweise dem Bestimmen von Vorgänger- und Nachfolgerzahlen, die hier Kompetenzebene 1 zugeordnet werden (weil hierfür keine Zahl-Größen-Verknüpfung notwendig ist), dem Größenvergleich von Zahlen auf Ebene 2 (da hierfür eine Zahl-Größen-Verknüpfung notwendig ist) und der Fähigkeit, Größenunterschiede zwischen zwei Zahlen mit einer dritten Zahl anzugeben auf Ebene 3 (da hierfür eine Zahl-Größenrelation-Verknüpfung notwendig ist), die bei Fuson wiederum auf einem einzigen Level verortet sind (Level 3: breakable chain). Umgekehrt wird das Aufsagen der exakten Zahlwortfolge sowohl von 1 beginnend (Fusons 1. und 2. Level) als auch von rückwärts oder irgendwo beginnend (Fusons 3. Level) im ZGV-Modell auf derselben, nämlich der ersten Ebene verortet. Selbst wenn Kinder die Zahlwortfolge sehr schnell rückwärts aufsagen können (Fusons 5. Level), spiegelt dies im ZGV-Modell also nicht zwangsläufig hohes numerisches Verständnis wider, sondern ist ebenfalls mit Ebene-1-Kompetenzen (Zahlwörter ohne Bezug zu Größen) lösbar. Nach den Annahmen des ZGV-Modells ist also eine zunehmend flexible und sichere Beherrschung der vor- und rückwärtigen Zahlwortfolge (Ebene 1) nicht zwingend an das Verständnis für die Größenrepräsentation von Zahlen (Ebene 2) und Größenrelationen von Zahlen (Ebene 3) gebunden. Darin unterscheidet es sich deutlich vom Modell von Fuson, die ein automatisiertes, flexibles Aufsagen der Zahlwortfolge mit der kindlichen Einsicht in die Kardinalität und in das Verständnis von Zahlrelationen verbindet. Allerdings wird wie bei Fuson auch im ZGV-Modell angenommen, dass in kleineren Zahlenräumen (z.B. von 1 bis 10) der Umgang mit Zahlenfolgen jeweils schon elaborierter erfolgt als in größeren Zahlenräumen (z.B. Zahlen ab 20).

Wie oben ausgeführt besteht eine Kontroverse darüber, ob Neugeborene bereits exakte, diskrete Anzahlen unterscheiden können oder ob lediglich die Fähigkeit zur Unterscheidung nach Fläche und Volumen angeboren ist. Im Gegensatz zu allen anderen Entwicklungsmodellen geht das ZGV-Modell (Ebene 1) von der minimalistischeren Variante aus, dass lediglich (oder zumindest) nach *Volumen und Fläche von Mengen* unterschieden werden kann. Im ZGV-Modell wird somit nicht vorausgesetzt, dass Säuglinge bereits exakte, diskrete Anzahlen unterscheiden und/oder gar erste Rechenhandlungen durchführen und/oder auch Eins-zu-eins-Zuordnungen beim Vergleich von Mengen durchführen können müssen. Somit wird auch *nicht* postuliert, dass zwangsläufig ein Bezug zur Reihenfolge von Objekten oder Handlungen hergestellt wird, wenn Kinder fähig sind, einzelne, voneinander separierte Zahlwörter in ihrer richtigen Folge aufzusagen (wie etwa bei Resnick und Fuson angenommen, das Herstellen von Eins-zu-eins-Zuordnungen beim Zählen). Schlussfolgernd wird nach den Annahmen des ZGV-Modells die sicher beherrschte Zahlwortfolge bzw. „Zählprozedur“ beim Aufsagen also auch nicht zwangsläufig mit dahinter stehenden Objekten, Anzahlen und Größen in Verbindung gebracht (Ebene 1), sodass schließlich auch die Verknüpfung von (separierten/aufgebrochenen) Zahlwörtern mit Mengen und Größen – wenn sie denn erfolgt (Ebene 2) – im ZGV-Modell anfänglich nicht zwangsläufig schon exakt erfolgt (da eine Eins-zu-eins-Zuordnung nicht vorausgesetzt wird, s.o.). Vielmehr wird hier zunächst eine sehr vage, ungenaue Zuordnung der Zahlwörter zu groben Größenbegriffen postuliert (z.B. „zwanzig" und „einundzwanzig" sind „viel"). So wird mit dem unpräzisen Anzahlkonzept bzw. der *unpräzisen Größenrepräsentation* (Ebene 2a) im ZGV-Modell ein Stadium der Zahl-Größen-Verknüpfung eingeführt, das dem Kardinalverständnis von Zahlen (präzise Größenrepräsentation, Ebene 2b) vorausgeht und unter anderem erklären kann, dass es bestimmte Entwicklungsphasen gibt, in denen Kinder größenmäßig zwar zwischen weit auseinander liegenden Zahlen (z.B. „zwanzig" und „hundert"), aber nicht zwischen Nachbarzahlen (z.B. „zwanzig" und „einundzwanzig") unterscheiden können. Zusammenfassend nimmt das ZGV-Modell also sehr konservative Kompetenzschätzungen vor und schreibt kleinen Kindern und Säuglingen nur minimalistische Kompetenzen zu, die nicht überschätzt werden sollten. So geht es davon aus, dass bestimmte Fähigkeiten, die von anderen Autoren als angeboren postuliert werden, bei kleinen Kindern und Säuglingen nicht zwangsläufig vorliegen. Vielmehr kann nach dem ZGV-Modell ein Kind in seinem natürlichen Entwicklungsverlauf auch ohne solche angeborenen Fähigkeiten ein gutes Zahlenverständnis erwerben. Vermeintliche Defizite wie etwa die Unfähigkeit zum Größenvergleich eng beieinander liegender Zahlen werden damit auf natürliche Entwicklungsschritte zurückgeführt, die auch in der Entwicklung von normal rechnenden Kindern erst gemeistert werden müssen. Mit dieser Sichtweise eröffnet das ZGV-Modell eine optimistische Sicht auf die Förderung rechenschwacher Kinder. Denn dieses muss demnach nicht einen „defekten Zahlensinn" therapieren, sondern lediglich Entwicklungslücken aufdecken und diese schließen (vgl. Krajewski & Ennemoser, 2013).

1.3.2 Das Modell der mathematischen Kompetenzentwicklung nach Fritz und Ricken

Dieses Modell weist auf den ersten Blick Ähnlichkeit mit dem Ansatz von Krajewski (2003, 2005, 2007) auf und diente auch als Grundlage für einen Test zur Erfassung mathematischer Kompetenzen im Vorschulalter (MARKO-D; Ricken, Fritz & Balzer, 2012). Zentrale Unterschiede zum ZGV-Modell bestehen darin, dass die von Krajewski in den angloamerikanischen Ansätzen in Frage gestellten Punkte, insbesondere die Annahmen Fusons (s.o.), in das Modell von Fritz und Ricken (2008) übernommen wurden. Die Autorinnen untergliedern die mathematische Kompetenzentwicklung in fünf Stufen oder Entwicklungsniveaus. **Stufe 1** (*Reihenbildung und Mengenvergleich)* bezieht sich auf kognitive Vorgänge, die das Rechnenlernen vorbereiten, etwa das Sortieren von Objekten nach ihrer Größe sowie das Erlernen von Zahlwörtern. In dieser Phase können die Kinder Zahlwörter noch nicht auf einzelne Objekte im Sinne von Abzählhandlungen anwenden, da sie diese hier zunächst als zusammenhängende Wortgebilde aufzusagen lernen (einszweidreivier; vgl. Fuson: string level). Nach Angabe der Autoren können jedoch kleinere Mengen durch Eins-zu-eins-Zuordnung miteinander verglichen werden, ohne dass der Zählprozess durchgeführt wird, der die Erfassung der Zählprinzipien wie der Eins-zu-eins-Zuordnung erfordert.

Reihenbildung und Mengenvergleich

Auf **Stufe 2** *(ordinaler Zahlenstrahl und zählendes Rechnen)* wird das Wissen über Zahlen differenzierter. Zahlwörter werden nun voneinander unterschieden, sodass die Zahlwortreihe nun auf Objekte angewendet wird, wobei das oben erwähnte „Eins-zu-eins-Prinzip“ im Sinne von Resnick und Gallistel verwendet wird. Die Zahlwortreihe ist geordnet und immer noch eine feste, untrennbare Sequenz, mittels derer durch ein vollständiges Aufsagen der Zahlwortreihe (beginnend mit 1) Zählhandlungen ausgeführt werden können (vgl. Fuson: unbreakable list). Sobald die Kenntnis der Zahlwortreihe mit der Fähigkeit zum Objektvergleich verknüpft werden kann, entsteht ein mentaler Zahlenstrahl. Die Vorschulkinder begreifen nun, dass die Zahlwortfolge eine feste Abfolge hat und jeder Nachfolger ein „Mehr-werden“ anzeigt. Vorgänger- und Nachfolgerzahlen können benannt werden, und es entsteht Wissen über „größere“ und „kleinere“ Zahlen. Dieses Wissen befähigt die Kinder dazu, Zahlen aufgrund ihrer Position auf dem mentalen Zahlenstrahl miteinander zu vergleichen, und durch Herauf- und Herunterzählen wird erstmals zählendes Rechnen möglich.

ordinaler Zahlenstrahl und zählendes Rechnen

Auf **Stufe 3** *(kardinale Mengenvorstellung)* wird im Modell von Fritz und Ricken eine kardinale Mengenvorstellung erworben. Auch wenn Kinder auf der vorangegangenen Stufe schon dazu

kardinale Mengenvorstellung

imstande sind, die Gesamtmenge mit dem letzten Zahlwort zu benennen, heißt dies noch nicht notwendigerweise, dass sie das Kardinalprinzip verstanden haben, also wissen, dass das letzte Zahlwort für alle Elemente der Menge steht. Das Verständnis dieses Prinzips entwickelt sich erst auf Stufe 3. Die Autorinnen gehen davon aus, dass dieser Entwicklungsschritt dadurch begünstigt wird, dass die Kinder das kognitive Konzept des „Enthaltenseins" erwerben. Die Zahl 5 enthält demnach die Zahlen 1, 2, 3 und 4. Wird das Kardinalzahlkonzept verstanden, können nun auch Additionen und Subtraktionen durchgeführt werden, bei denen eine Anzahl von Elementen als Teilmenge angesehen wird. Beim Auszählen von Objekten oder beim Addieren von zwei Mengen muss nun nicht länger jeweils bei 1 zu zählen begonnen werden. Es wird vielmehr nun von der mit der Kardinalzahl bezeichneten ersten Menge aus weiter gezählt (vgl. Fuson: breakable chain). Die Zahlwortreihe wird nun auch als Aufeinanderfolge größer werdender kardinaler Einheiten verstanden. Dies impliziert, dass Größenvergleiche zwischen zwei Zahlen nicht mehr auf Basis ihres Rangplatzes in der Zahlenfolge (die 4 ist größer als die 3, weil sie in der Zahlwortreihe später vorkommt), sondern auf Basis des Vergleichs der Mächtigkeit von zwei Mengen vorgenommen wird (die 4 ist größer als die 3, weil sie mehr Elemente enthält).

Teil-Ganzes-Zerlegbarkeit

Im nächsten Schritt erfolgt auf **Stufe 4** *(Teil-Ganzes-Zerlegbarkeit)* eine Differenzierung des Wissens über Verhältnisse zwischen Mengen. Auf der Grundlage des von Piaget herausgestellten Prinzips der Klasseninklusion entwickelt sich bei den Kindern allmählich die Einsicht, dass Zahlen für Mengen stehen, die wiederum gegliederte Quantitäten enthalten. Zahlen können in Teilmengen zerlegt werden, und die Teilmengen können wieder zur ursprünglichen Zahl zusammengesetzt werden. Wird etwa eine Teilmenge aus einer Zahl herausgelöst (die Zahl 5 aus der Zahl 9), so kann sie nun als Teilmenge in Beziehung zu ihrer Gesamtmenge betrachtet werden. Erst auf dieser Stufe verstehen die Kinder, dass die Teilmengen Teile der Gesamtmenge sind, in der sie enthalten sind. Wenn zwei Teilmengen bekannt sind, kann eine dritte bestimmt werden. Es können jetzt Aufgaben zur Addition und Subtraktion gelöst werden, bei denen nach der Endmenge, einer Austauschmenge oder der Ausgangsmenge gefragt wird. Aufgaben der Art: „Gib mir fünf Murmeln, von denen zwei grün sind." lassen sich nun von den Kindern meistern. Die Kinder können zudem

Unterschiede in den Mächtigkeiten im Sinne von „größer-als/kleiner-als"-Beziehungen erfassen. Aufbauend auf der Erkenntnis, dass der Abstand zwischen zwei Zahlen immer „1" ist, realisieren die Kinder, dass Zahlen auch einen Abschnitt auf dem Zahlenstrahl angeben können. So bezeichnet etwa die Zahl 2 den Abschnitt von 6 bis 8 ebenso wie den Abschnitt von 3 bis 5.

Relationaler Zahlbegriff und Teilmengenverständnis

Auf **Stufe 5** *(Relationaler Zahlbegriff und Teilmengenverständnis)* wächst die Erkenntnis, dass Zahlworte für zusammengesetzte Mächtigkeiten stehen und die Zahlwortreihe aus aufeinanderfolgenden Mächtigkeiten besteht. Sie wissen nun, dass Zahlen aus anderen Zahlen zusammengesetzt sind und in unterschiedliche Teilmengen zerlegt werden können, was einen flexibleren Umgang mit mathematischen Problemen ermöglicht. So wird die Beziehung zwischen Teilmengen und der Gesamtmenge bei Addition und Subtraktion noch deutlicher. Die Autorinnen gehen davon aus, dass der Erwerb des relationalen Zahlenbegriffs in der Regel erst ab Schuleintritt erfolgt und für die meisten Kinder erst ab dem zweiten Schuljahr zu erwarten ist.

1.3.3 Die integrative Theorie der Zahlentwicklung von Siegler und Kollegen

Im Unterschied zu den vorher beschriebenen Modellen geht die Theorie der integrativen Zahlentwicklung (Siegler & Lortie-Forques, 2014; Siegler, Thompson & Schneider, 2011) nicht explizit von einem Stufenkonzept aus, sondern unterscheidet vier wesentliche Trends der Zahlentwicklung, die nicht auf den Vorschulbereich begrenzt sind, sondern auch schulische Erfahrungen mit einbeziehen. In diesem Ansatz zentral ist der „mentale Zahlenstrahl", der als dynamisch wahrgenommen wird und dem unterstellt wird, dass sich seine Struktur fortwährend ändert. Im frühen Entwicklungsstadium sind schon Kleinkinder dazu in der Lage, die Anzahl von Mengen einzuschätzen und zwischen unterschiedlich großen Mengen zunehmend genauer zu unterscheiden. Das Wissen um nicht-symbolische numerische Größen nimmt bis weit in die Schulzeit hinein zu.

Ein zweiter wichtiger Entwicklungstrend bezieht sich nach Siegler und Kollegen auf die Fähigkeit zur Assoziation von Mengen und Zahlen. Das Wissen um die Bedeutung von Zahlen vermittelt nach Auffassung der Autoren die Relation zwischen dem nicht-symbolischen Wissen (etwa der Fähigkeit zur Unterscheidung unterschiedlich großer Mengen) und späteren Leistungen im Fach Mathematik.

Der nächste wichtige Entwicklungstrend beschreibt den Übergang vom nicht-symbolischen Wissen auf die symbolische Repräsentation von numerischen Größen.

Am Beispiel des Zahlenstrahls von 0 bis 10 lässt sich etwa zeigen, dass vier- bis fünfjährige Vorschulkinder den Abstand zwischen zwei niedrigen Zahlen wesentlich größer einstufen als den zwischen zwei größeren Zahlen. Ihre Schätzung der Zahlen-Größen verläuft also eher logarithmisch, während fünf- bis sechsjährige Kinder eher linear schätzen, also zwischen den beiden Zahlenpaaren die gleiche Distanz annehmen.

Die hier angedeutete Entwicklungsveränderung wiederholt sich bei älteren Kindern dann, wenn der Zahlenstrahl vergrößert wird, etwa von 0 bis 100 reicht. Hier werden nun die fünf- bis sechsjährigen Kinder bei Zahlvergleichs-Aufgaben logarithmisch ansteigende Schätzmuster präsentieren, während die Schätzungen von Sieben- bis Achtjährigen eher einem linearen Muster folgen. Siegler und Lortie-Forques (2014) bieten Belege dafür, dass bei Vergrößerung des Zahlenraums auf 1000 die Sieben- bis Achtjährigen nach logarithmischem Muster schätzen, während neun- bis zehnjährige Kinder hier Größenschätzungen nach linearem Muster vornehmen. Das Wissen um Zahlengrößen verändert sich also mit zunehmendem Alter; frühe individuelle Unterschiede in dieser Kompetenz sagen spätere Leistungsunterschiede im mathematischen Bereich vorher.

Der entwicklungsbezogen späteste Trend betrifft die Fähigkeit, mit Brüchen zu operieren. Siegler und Kollegen sehen hier einen parallelen Trend zum Erwerb des Wissens um ganze Zahlen, allerdings mit deutlicher zeitlicher Verzögerung. Es wird in diesem Zusammenhang auf die Befunde von Längsschnittstudien verwiesen, die zeigen, dass das Wissen um (ganze) Zahlen im Alter von sechs Jahren späteres Wissen um Brüche gut vorhersagt. Der theoretische Ansatz von Siegler und Kollegen geht also davon aus, dass die akkurate Repräsentation numerischer Größen die entscheidende Komponente der Zahlentwicklung darstellt.

1.4 Neuropsychologische Modelle der numerischen Kognition

Für die erfolgreiche Bewältigung mathematischer Anforderungen stellt die Zahlverarbeitung nicht die einzige, aber eine ganz entscheidende Grundlage dar. Dabei ist die Verarbeitung von Zahlen, wie die neuropsychologische Forschung eindrucksvoll belegt, als hochkomplexe kognitive Leistung einzuschätzen, die sich aus einer Vielzahl von Teilkomponenten zusammensetzt. Diese Erkenntnis stammt aus einer großen Menge sehr sorgfältig durchgeführter neuropsychologischer Studien, in denen insbesondere Patienten mit Hirnläsionen in verschiedenen Arealen der Hirnrinde oder des Corpus Callosum, der Verbindung zwischen rechter und linker Hirnhälfte, in Bezug auf ihre mathematische Leistungsfähigkeit untersucht wurden. So stellte Dehaene (1999) einen Patienten vor, der Zahlen problemlos lesen und schreiben konnte, auch das Einmaleins beherrschte, jedoch den numerischen Wert und somit den „Sinn" der Zahlen bzw. das Anzahlkonzept nicht mehr erfassen und auch beim Rechnen nicht nutzen konnte. Solche Befunde belegen einerseits, dass nicht von einem einzigen „Rechenzentrum" im Gehirn auszugehen ist, sondern dass eine Vielzahl untereinander vernetzter neuronaler Areale für die Repräsentation von Zahlen und ihrer Bedeutung verantwortlich ist. Dehaene (1992) gliedert diese Teilbereiche des Rechnens auf in das Transkodieren (also das Lesen und Schreiben von Zahlen) einschließlich des exakten Rechnens, das Näherungsrechnen und die Quantifizierung (Erfassen und Vergleichen von Anzahlen durch Zählen, Simultanerfassung [Subitizing] oder Schätzen). Mittlerweile existieren verschiedene Modelle, die das Ineinanderspielen dieser Fähigkeiten erklären wollen. Derartige Modelle vergleichen das menschliche Denken mit der Arbeit eines Computers und versuchen in dieser Analogie zu erforschen, welche Strukturen und Prozesse bei der Aufnahme und Verarbeitung von Zahlen von Bedeutung sind.

Neuropsychologische Forschung

1.4.1 Das Modell der Zahlenverarbeitung und des Rechnens

McCloskey, Caramazza und Basili (1985) formulierten mit ihrem „Modell der Zahlenverarbeitung und des Rechnens" (*model of*

Prozessmodell

numeral processing and calculation) das erste Prozessmodell, das zwischen unterschiedlichen Teilkomponenten der Zahlenverarbeitung und des Rechnens differenziert (vgl. Abb. 2). Ihr Modell stellt die Wechselbeziehungen der Zahlenaufnahme und -produktion mit dem Rechnen dar. Die Grobgliederung differenziert zwischen einem Inputsystem *(number comprehension)*, einem Outputsystem *(number production)* und einem Rechensystem *(calculation)*. Input- und Outputsystem beziehen sich sowohl auf gesprochene Zahlwörter oder Rechenaufgaben (Input: „vier plus drei"; Output: „sieben") als auch deren schriftliche Variante (Input: „4+3"; Output: „7"). Die Autoren gehen davon aus, dass alle eingehenden numerischen Informationen, ob über den verbalen Weg oder die arabische Ziffernschreibweise, im Gehirn zunächst in die entsprechende *abstrakte (internale) semantische Repräsentation* umgewandelt werden müssen, bevor im Rechensystem Rechenprozeduren oder Faktenabruf mit ihnen durchgeführt werden können, denn arithmetische Operationen sind nach Ansicht der Autoren ausschließlich in dieser abstrakten, nichtverbalen und nichtarabischen Repräsentationsform möglich. Nach Abschluss der Berechnung wird das Ergebnis wieder in die verbale Form oder ihre arabische Entsprechung übersetzt, sodass der Output dann in mündlicher oder schriftlicher Form erfolgen kann. Eine zentrale Annahme dieses Modells besteht somit darin, dass jede Aufnahme einer Zahl über den verbalen Kanal (Zahlwort) oder den visuellen Kanal (Ziffernschreibweise) automatisch das Wissen um die numerische Größe dieser Zahl aktiviert. Das Rechensystem lässt sich in einzelne Teilkomponenten zerlegen, die sich auf die Kenntnis der Rechensymbole (+, -, x, :), die Verfügbarkeit prozeduralen Wissens (Wie ist diese Aufgabe zu lösen?) oder die Möglichkeit des schnellen Abrufs arithmetischen Faktenwissens aus dem Langzeitgedächtnis beziehen. Eine weitere zentrale Annahme dieses Modells bezieht sich auf die These, dass keine direkte Verbindung zwischen Input-, Output- und Rechensystem besteht, sodass numerische Informationen nur über den Aufruf der entsprechenden abstrakten inneren Bedeutungsform, also des numerischen Werts, ineinander überführt werden können. Demnach sollte es nach McCloskey et al. beispielsweise unmöglich sein, ein Zahlwort ohne Rückgriff auf dessen numerischen Wert direkt in seine arabische Ziffernform zu übersetzen, was jedoch durch Befunde an hirngeschädigten Patienten widerlegt wurde. Die folgenden Annahmen von Noël und Seron (1993) werden diesem Aspekt eher gerecht.

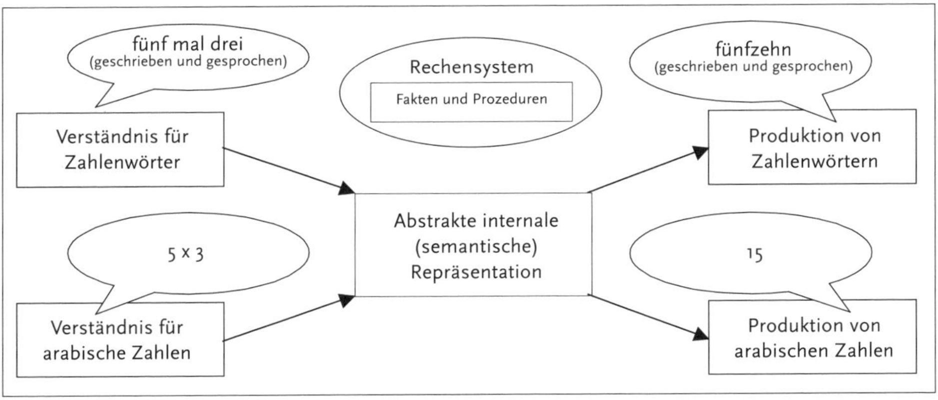

Abbildung 2 | Das Rechenmodell von McCloskey et al. (1985)

1.4.2 Das Modell des bevorzugten Eingangsmodus

Noël und Seron (1993) postulieren in ihrem *Modell des bevorzugten Eingangsmodus* die direkte Überführbarkeit von verbal vorgegebenen Zahlwörtern in deren arabische Entsprechung und umgekehrt. Das Rechnen, also die Verarbeitung numerischer Informationen, geschieht ihrer Ansicht nach und im Gegensatz zur Konzeption von McCloskey et al. (1985) ebenfalls in einem der beiden spezifischen Formate (auditiv-verbal oder visuell-arabisch) und nicht in einer „neutralen" Repräsentationsform, die nur die semantische Bedeutung beinhaltet. Sie gehen davon aus, dass Zahlen und Zahlwörter vor der Durchführung einer Rechenoperation zunächst immer in ein spezifisches Format – entweder die verbale oder die arabische Form – umgewandelt werden, und dass anschließend auf Rechenprozeduren und arithmetisches Faktenwissen in eben diesem Format zugegriffen wird. Die Bezeichnung des Modells („preferred entry code model") besagt dabei schon, dass die Bevorzugung einer der beiden Repräsentationen das Kriterium für deren Auswahl darstellt; somit bestimmt ein personenimmanentes Merkmal, ob die Datenverarbeitung über das verbale oder das visuelle Zahlformat erfolgt. Präferiert eine Person also das verbale Format, wird sie alle vor-

preferred entry code model

gegebenen arabischen Zahlen zunächst in ihre Wortform übersetzen, um diese anschließend verbal weiterverarbeiten zu können; dabei werden Fakten als phonologische, also lautliche Informationen aus dem Langzeitgedächtnis abgerufen („2+4=?" → „zwei plus vier ist" → „sechs" → „6"). Personen, bei denen die arabische Ziffernform als Zahlvorstellung dominiert, werden vorgesprochene Zahlen zunächst in die entsprechende Zifferndarstellung transformieren, um dann mit dem visuellen Zahlenformat zu operieren („zwei plus vier ist" → „2+4=" → „6" → „sechs"); hier spielt der visuelle Kanal bei der Aufgabenbearbeitung die entscheidende Rolle. Dieses Modell besagt nicht, dass Berechnungen jeweils nur in einem der beiden Zahlenformate durchgeführt werden können, Geschwindigkeit und Leichtgängigkeit der Zahlenverarbeitung und des Rechnens scheinen jedoch im bevorzugten Zahlenformat gesteigert zu sein.

Die beiden oben vorgestellten Modelle bilden die kontrovers diskutierte Frage ab, ob das Transkodieren von einem Zahlenformat in ein anderes nur über den „Umweg" der Erfassung des numerischen Wertes dieser Zahl möglich ist (semantisches Transkodieren) oder ob die Übertragung in ein anderes Zahlenformat auch direkt, also ohne Zugriff auf die Bedeutung der Zahl geschehen kann. Das Modell von McCloskey et al. (1985) entspricht der ersten Position, während die Annahmen von Noël und Seron (1993) schon eher der zweiten zuzuordnen sind. So aktivieren Erwachsene beim Hören eines Zahlwortes resp. Lesen einer Zahl zwar automatisch die Zahlensemantik; Studien mit hirngeschädigten Patienten geben jedoch Hinweise darauf, dass diese Aktivierung der Zahlbedeutung nicht zwingend erfolgt. Unter diesem Blickwinkel lassen sich die oben dargestellten Modelle als „Ein-Routen-Modelle" (vgl. Landerl et al., 2017) qualifizieren; ein Beispiel für ein sogenanntes „Multi-Routen-Modell" des Transkodierens wird im Anschluss vorgestellt.

1.4.3 Das multiple Transkodiermodell

Das von Cipolotti und Butterworth (1995) auf der Grundlage von Einzelfallstudien hirngeschädigter Patienten entwickelte *multiple Transkodiermodell* ist als Multi-Routen-Modell zu bezeichnen, da es sowohl semantische als auch asemantische Transkodierrouten

Multi-Routen-Modell

postuliert. Gemäß den Annahmen der Autoren können Zahlen also unter Aktivierung ihres numerischen Wertes gelesen und geschrieben werden (semantische Route), jedoch auch asemantisch und damit ohne Aktualisierung ihrer Bedeutung. Das Modell beschreibt neben einer semantischen Transkodierungsroute vier asemantische Wege. So können arabische Zahlen, vorgesprochene Zahlwörter und geschriebene Zahlwörter nicht nur über die semantische Route verarbeitet werden. Daneben ermöglichen asemantische Transkodierrouten (1) das Lesen und (2) Schreiben arabischer Zahlen, ebenso (3) das Lesen geschriebener Zahlwörter wie (4) das Wiederholen vorgesprochener Zahlwörter, ohne dass Rückgriff auf die Semantik der Zahlen genommen werden muss.

1.4.4 Das Modell der drei Repräsentationsformen

Das bislang umfassendste Modell, welches die Prozesse von Zahlenverarbeitung und Rechnen beim Erwachsenen integriert, wurde von Dehaene (1992) vorgelegt. Zahlreiche neuropsychologische Belege untermauern die Bedeutung dieses *„Modells der drei Repräsentationsformen (Triple-Code-Modell)“*, das von unterschiedlichen Modulen ausgeht, die für verschiedene Repräsentationsformen von Zahlen zuständig sind und wechselseitig miteinander in Beziehung stehen. Die Grundlage für die Entwicklung dieses Modells bildeten klinische Beobachtungen an Patienten mit Hirnläsionen. Diese waren beispielsweise dazu in der Lage, Aufgaben mit mehrstelligen Zahlen durch exakte Berechnung korrekt zu lösen und dabei umfangreiches Faktenwissen unter Beweis zu stellen. Andererseits waren sie jedoch außerstande, vorab eine Überschlagsrechnung durchzuführen oder bei der Vorgabe bereits gelöster Aufgaben einzuschätzen, ob das notierte Ergebnis annähernd korrekt sein könnte. Andere Patienten zeigten bei allgemein guter arithmetischer Kompetenz Probleme beim Schätzen der Mächtigkeit von Mengen oder bei der Einschätzung der relativen Nähe zweier Zahlen zueinander. Das Modell von Dehaene (vgl. Abb. 3) postuliert drei verschiedene Module, neuronale Netzwerke, die in unterschiedlichen Regionen des Gehirns lokalisiert sind und in enger Verbindung und ständigem Austausch zueinander stehen. Diese Module zeichnen für unterschiedliche Repräsentationsformen („Codes“) von Zahlen verantwortlich:

Triple-Code-Modell

Das Modul der *auditiv verbalen Repräsentation (auditory verbal word frame)* repräsentiert Zahlen in der Wortform und ist somit zuständig für die Verarbeitung gesprochener und geschriebener Zahlwörter; hier ist das Zahlwortlexikon lokalisiert, auch das Zählen gehört zu den Aufgaben dieser Einheit, ebenso die Generierung und Nutzung von Additions- und Multiplikationsfakten (kleines Einspluseins, Einmaleins).

Im Modul der *visuell-arabischen Repräsentation (visual arabic number form)* wird die Zahlverarbeitung in Ziffernform, also in arabischer Ziffernschreibweise, durchgeführt. Dazu gehören das Lesen und Schreiben von Ziffernzahlen und die Durchführung von Rechenoperationen mit mehrstelligen Zahlen, während derer die Gesetze des Stellenwertsystems zu beachten sind.

Das Modul der *analogen Größenrepräsentation (analogue magnitude representation)* fokussiert auf die näherungsweise Vorstellung der hinter Zahlen stehenden Größen. Es repräsentiert die eigentliche Zahlensemantik und ermöglicht damit den Zahlengrößenvergleich auf der Basis der Mächtigkeit der zugehörigen Mengen, regelt das approximative Rechnen, das Subitizing und Schätzvorgänge. Kompetenzen dieses Moduls sind im Gegensatz zu den Kompetenzbereichen der beiden anderen Module nicht an die Sprache gebunden; so wird diese unscharfe Repräsentation von Mengen auch Tieren in Form der Aktivität eines inneren Zählers („Näherungsakkumulator") zugeschrieben. Der grobe Mengenvergleich, der bereits bei Säuglingen beobachtet werden kann (vgl. Kap. 1.2), ist ebenfalls diesem Modul zuzuordnen.

Eine zentrale Annahme dieses Modells besteht somit darin, dass Zahlen im Gehirn sowohl verbal, in Form eines Zahlwortes, visuell, als arabische Ziffernform, und insbesondere auch als grobe Vorstellung der durch diese Zahlen repräsentierten Größen verarbeitet werden. So erhalten Ziffern und Zahlwörter erst durch diese Repräsentationsformen ihre eigentliche semantische Bedeutung und damit ihren tiefen „Sinn". Ziffern und Zahlwörter stellen lediglich das „Werkzeug" dar, mittels dessen diese konkreten Größen dargestellt und verarbeitet werden.

Der Vergleich zur Modellkonzeption von McCloskey und Kollegen soll die Besonderheiten des Triple-Code-Modells verdeutlichen: Während McCloskey et al. davon ausgingen, dass eingehendes Zahlenmaterial in ein für alle Rechenvorgänge einheitliches, abstraktes Zahlenformat transformiert werden muss, postuliert Dehaene für jede Rechenprozedur ein spezifisches Eingangs-, Bearbeitungs- und Ausgangsformat. Außerdem ist im Triple-Code-Modell im Gegensatz zu McCloskeys Modell keine separate Instanz für Rechenleistung vorgesehen, sondern Rechenleistungen werden dem Modul zugeordnet, auf dessen Repräsentationsform sie basieren. Soll eine Person beispielsweise zwei Zahlen hinsichtlich ihrer Größe vergleichen, erfolgt dies im nicht sprachgebundenen Modul der *analogen Größenrepräsentation*, denn nur hier kann eine den Zahlen entsprechende Quantität repräsentiert werden, wodurch der Zahlvergleich in Gestalt eines Abschätzens von Mengenverhältnissen gelingt. Näherungsweises Rechnen (Überschlagen) erfolgt im selben Modul. Erhält eine Person die Aufgabe zu entscheiden, welche von zwei Zahlen näher an einer dritten liegt („Liegt 81 näher an 79 oder an 89?"), wird diese Leistung ebenfalls nicht akkurat berechnend, sondern über eine Art „mentalen Zahlenstrahl" bewältigt, wodurch eine entsprechende grobe Lokalisierung ebenfalls möglich wird. Zählt eine Person oder führt sie Rechenoperationen unter Nutzung von Faktenwissen (kleines Einspluseins, Einmaleins) aus, ist dafür jedoch eine verbale Informationsverarbeitung im Sinne des Operierens mit Zahlwörtern vonnöten, sodass diese im Modul der *auditiv-verbalen Repräsentation* erfolgt. Dieses Modul ist entsprechend spezialisiert auf die Einspeicherung und den Abruf verbaler Assoziationen im Langzeitgedächtnis. Soll ein Zahlvergleich mit mehrstelligen Zahlen durchgeführt werden („Welche Zahl ist größer: 99 oder 9999?"), oder wird (schriftliches) Rechnen mit mehrstelligen Zahlen verlangt, wird im Gegensatz zu den Anforderungen des näherungsweisen Rechnens das Modul der *visuell-arabischen Repräsentation* zuständig. Die Beurteilung der Gleichheit zweier Mengen geschieht ebenfalls in diesem Modul, da hier – im Gegensatz zum Modul der analogen Größenrepräsentation – Anzahlen exakt repräsentiert werden. Diese drei Module arbeiten bereichsspezifisch, wobei bei komplexen Aufgabenstellungen Module in Verbindung und in ständigem Austausch stehen. Diese Transformationsprozesse zwischen den verschiedenen Repräsentationsformen widersprechen ebenfalls dem Modell von McCloskey et al. (1985).

Ein Beispiel soll – stark vereinfacht – die Arbeit und Kooperation der drei Module verdeutlichen: Wird die Aufgabe „dreihunderteinundzwanzig plus neunundneunzig" verbal vorgegeben, entspricht das Eingabeformat der auditiv-verbalen Repräsentation. Um mit mehrstelligen Zahlen operieren zu können, werden diese in ihre visuell-arabische Repräsentation (321+99=) transformiert. Gleichzeitig werden auch die entsprechenden analogen Größenrepräsentationen aktiviert, wobei der erste Summand nahe 300 und der zweite nahe 100 verortet wird. Führt die exakte Datenverarbeitung zum Ergebnis „4200", würde die entsprechende analoge Größenrepräsentation dieses Ergebnis als unmöglich, da viel zu groß qualifizieren (weil 300 + 100 = 400). Die erneute exakte Datenverarbeitung lieferte sodann das Ergebnis „420", welches nun noch in das verbale Outputformat („vierhundertzwanzig") übertragen würde.

Modularisierung der Hirnfunktionen

Dieses Modell bietet ein Raster zur Beschreibung der Modularisierung der Hirnfunktionen, die Zahlenverarbeitung und Rechnen ermöglichen. So ist die Fähigkeit zur groben Unterscheidung von Größen angeboren und kann als erste Leistung der analogen Größenrepräsentation eingeordnet werden. Mit dem Einsatz der Sprachentwicklung füllt sich allmählich das Zahlwortlexikon, und erste Zählkompetenzen bauen sich auf. Diese

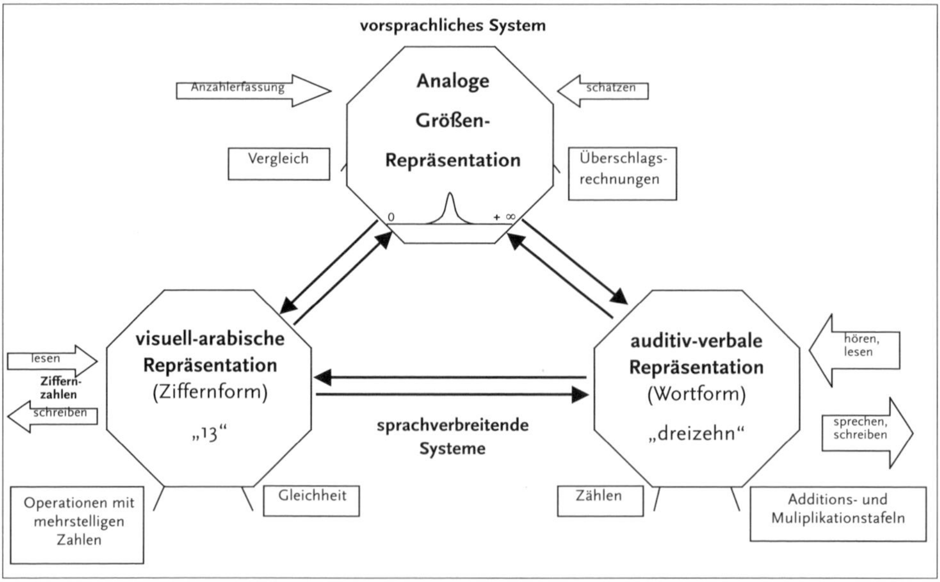

Abbildung 3 | Triple-Code-Modell nach Dehaene (1992)

sprachliche Leistung entspricht der auditiv-sprachlichen Repräsentation und wird durch den Aufbau arithmetischen Faktenwissens ab dem ersten Schuljahr erweitert. Durch den Umgang mit mehrstelligen Zahlen, der im Verlauf des ersten Schuljahres einsetzt, bauen sich visuell-arabische Repräsentationen aus. Der Erwerb des Zahlwortsystems und des arabischen Notationssystems wiederum ermöglicht die Weiterentwicklung analoger Größenrepräsentationen, die das mentale Operieren mit groben Mengen- bzw. Anzahlrepräsentationen ermöglichen.

neuronale Verknüpfungen

Im Verlauf der Entwicklung nehmen die neuronalen Verknüpfungen zwischen den drei Repräsentationsformen (Zahlwort – Ziffer – Größenrepräsentation bzw. Mengen) an Stärke deutlich zu, sodass die Transformationsprozesse zwischen diesen immer schneller und sicherer verlaufen. Diese Entwicklungs- und Modularisierungsprozesse erfolgen in Abhängigkeit von der kognitiven Ausstattung des Kindes (u.a. Intelligenz, Arbeitsgedächtniskapazität) und der spezifischen Lerngelegenheiten, die sich ihm in seiner soziokulturellen Umgebung bieten. Von Aster, Kucian, Schweiter und Martin (2005) postulieren mit ihrem nachfolgenden Modell eine Synopse dieser Entwicklung zahlenverarbeitender Hirnfunktionen über vier hierarchisch gegliederte Schritte.

1.4.5 Das Entwicklungsmodell der Zahlenverarbeitung nach von Aster und Kollegen

Symbolisierung von Zahlen

Von Aster und Kollegen (2005) sehen primäre Fähigkeiten von Säuglingen zur Unterscheidung konkreter (kardinaler) Mengen, wie sie weiter oben beschrieben wurden, als die bedeutungstragende Grundlage für die Symbolisierung von Zahlen (Schritt 1). Diese werden zunächst im Vorschulalter in Form von Zahlwörtern (Schritt 2) und im Schulalter in Form von arabischen Zahlen (Schritt 3) repräsentiert. Der Erwerb dieser beiden Repräsentationsformen, insbesondere des arabischen Notationssystems, bildet wiederum einerseits die Voraussetzung für den Umgang mit größeren Zahlen sowie für den Erwerb von Grundrechenarten und Rechenprozeduren. Andererseits – und dies findet nach von Aster und Kollegen im Schulunterricht nicht genügend explizite Berücksichtigung – bilden die Zahlwort- und Ziffernform auch

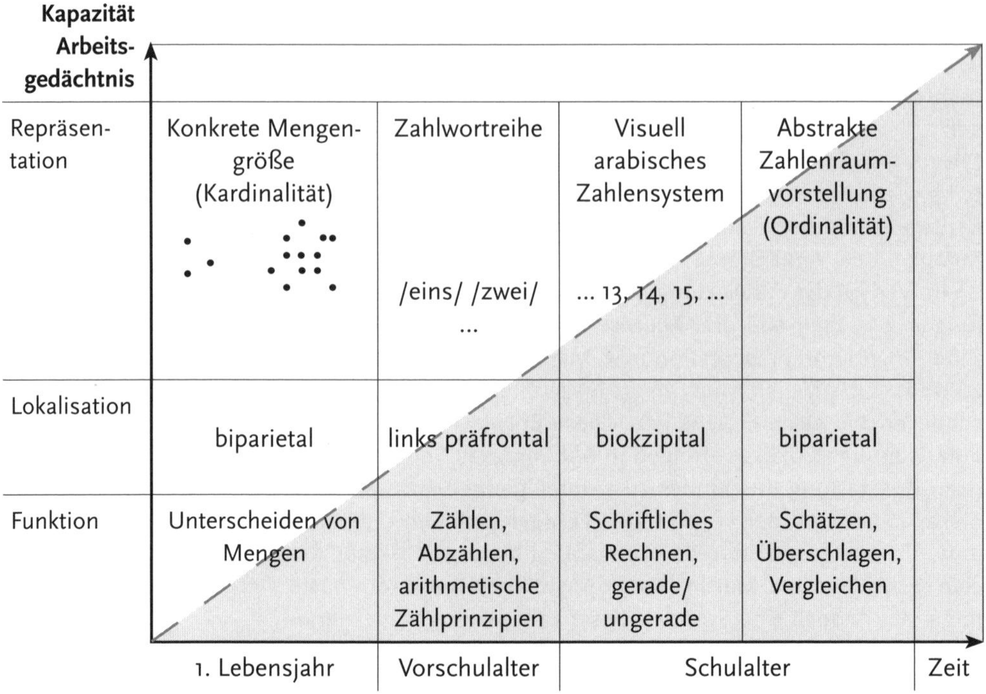

Abbildung 4 | Entwicklungsmodell der Zahlenverarbeitung (modifiziert nach von Aster, Kucian, Schweiter & Martin, 2005)

das Fundament für die Ausbildung einer inneren, abstrakten Zahlenraum- oder Zahlenstrahlvorstellung (Schritt 4). Diese wiederum stellt im Modell eine ausschließlich mentale Repräsentation ordinaler Zahlen dar und ermöglicht nicht nur, die Größen zweier abstrakter Zahlen zu vergleichen, sondern sich auch mental im Zahlenraum zu bewegen, arithmetische Operationen durchzuführen sowie Rechnungen zu schätzen und zu überschlagen. Die vier postulierten numerischen Repräsentationen sehen die Autoren in verschiedenen Hirnarealen lokalisiert. So verorten sie die konkrete Mengenrepräsentation (Schritt 1) und die abstrakte Zahlenraumvorstellung (Schritt 4) in bilateral parietalen Arealen, numerisches Faktenwissen wie das Zählen (Schritt 2) links präfrontal und arabische Zahlen (Schritt 3) im ventralen okzipitotemporalen Hirnbereich.

Die Reifung der bereichsspezifischen Hirnfunktionen hängt dabei von der Reifung zahlreicher bereichsübergreifender Funktionen wie etwa der Sprachentwicklung sowie der Entwicklung von Aufmerksamkeits- und Arbeitsgedächtnisprozessen ab (von Aster 2017).

Abgrenzung zum ZGV-Entwicklungsmodell. Das Entwicklungsmodell der Zahlenverarbeitung nach von Aster und Kollegen beschreibt die Entwicklung numerischer Präsentationen aus neurowissenschaftlicher Perspektive und zeigt auf, wie Kinder zu einer mentalen Zahlenrepräsentation gelangen, die vom konkreten Kontext losgelöst ist (konkrete Mengenrepräsentation → verbale Zahlwortreihe → visuell-arabisches Zahlensystem → abstrakte Zahlenraumvorstellung). Es beschreibt damit eine zum entwicklungspsychologisch fundierten Modell der Zahl-Größen-Verknüpfung (ZGV; Krajewski, 2013) senkrechte Dimension, die dort nicht näher betrachtet wird. Die konzeptuelle Verknüpfung von verbalen Zahlwörtern mit Größen folgt dort beispielsweise prinzipiell demselben Entwicklungsverlauf über drei Ebenen wie die Verknüpfung von arabischen Ziffern mit Größen. Wie im Modell von von Aster wird im ZGV-Modell aber angenommen, dass die Verwendung von Zahlwörtern und Ziffern zur Beschreibung konkreter Mengen bereits höher entwickelte Fähigkeiten widerspiegelt (von Aster et al., 2005: Stufen 2 und 3, ZGV-Modell: Ebene 2). Anders als bei von Aster und Kollegen geht das ZGV-Modell jedoch davon aus, dass es nicht nur bei gestörten Entwicklungsverläufen, sondern generell ein Entwicklungsstadium gibt, in dem die aufgesagten Zahlwörter von Kindern noch keine Größenrepräsentation haben, Zahlwörter und diskrete Mengen bzw. Größen also anfänglich generell noch nicht miteinander verknüpft werden (Ebene 1).

2 Vorläuferfertigkeiten mathematischen Verständnisses und ihre Diagnostik

2.1 Allgemeine Probleme bei der Identifikation relevanter Ursachenfaktoren

Motoren der mathematischen Kompetenzentwicklung

Über wesentliche „Motoren" der mathematischen Kompetenzentwicklung ab dem Vorschulalter wird schon seit längerer Zeit spekuliert. Dabei schien es wie schon bei der Legasthenieforschung zunächst einmal sinnvoll zu sein, Ursachen für die gestörte Entwicklung gleichzeitig auch als wesentliche Einflussfaktoren der normalen Entwicklung zu betrachten. Die wissenschaftliche Betrachtung des Phänomens „Rechenschwäche" und der mit dieser Problematik (wahrscheinlich) ursächlich verbundenen Faktoren setzte etwa in den 1990er-Jahren ein. Dabei wurden – ähnlich wie in der klassischen Legasthenieforschung – über lange Zeit vornehmlich neurologische Teilleistungsstörungen oder Entwicklungsverzögerungen als mögliche Ursachen der Rechenproblematik und somit auch als Vorläuferfertigkeiten der Rechenkompetenz fokussiert. So wurde in vielen medizinischen, mathematikdidaktischen oder sonderpädagogischen Veröffentlichungen die Bedeutung der visuomotorischen Koordination, der Raum-Lage-Wahrnehmung oder der visuellen Vorstellung für den Aufbau mathematischer Kompetenz betont (vgl. Milz, 1997; Lorenz, 1992) und konsequent angeraten, diese Kompetenzen bei rechenschwachen Kindern zur Behebung der Störung und auch bereits im Vorschulalter zu fördern, um ein gutes Vorankommen in der Grundschulmathematik zu gewährleisten.

In der Tat war jedoch ein kausaler Zusammenhang zwischen den genannten basalen Kompetenzen und der Rechenleistung eines Kindes keineswegs gesichert. Ähnlich wie in der mittlerweile heftig kritisierten klassischen Legasthenieforschung waren nun also auch in der Dyskalkulieforschung Defizite, die bei rechenschwachen Kindern *neben* der Lern-Leistungsstörung bestanden, ungeprüft zu Ursachen erhoben worden, „Raum" wurde mit „Zahlenraum" gleichgesetzt und damit postuliert, dass die generelle räumliche Orientierung eines Kindes die Voraussetzung für seine Orientierung im Zahlenraum sei. Diese Suche nach Ursachen der Rechenstörung erscheint aus heutiger entwicklungspsychologischer Sicht sehr unsystematisch und ohne belastbares theoretisches Fundament. Um tatsächlich von *Ursachen* sprechen zu können, müsste nachgewiesen sein, dass diese Defizite bereits *vor* der Rechenproblematik bestanden und diese *spezifisch* bedingen,

Ursachen der Rechenstörung

nicht also zu einer Lese-Rechtschreibschwäche oder anderen Problematiken führen. Außerdem müsste sich die ursächliche Beziehung über *Prozess- und Entwicklungsmodelle des Rechnens* herleiten lassen; ein vermuteter Ursache-Wirkungs-Zusammenhang bedürfte einer theoretischen Begründung. Somit ist es unabdingbar, dass Theorien über die Entwicklung numerischer Fähigkeiten und kognitive Informationsverarbeitungsmodelle (neurologische Modelle zur Verarbeitung numerischer Informationen im Gehirn) die Grundlage für die Benennung von Ursachenfaktoren der Rechenschwäche und somit auch relevanter und förderungswürdiger Vorläuferfertigkeiten darstellen.

Vorläuferfertigkeiten mathematischer Kompetenz

Auf der Basis eines solchen theoretisch und methodisch korrekten Vorgehens konnten mittlerweile tatsächlich relevante Vorläuferfertigkeiten mathematischer Kompetenz identifiziert werden. Deren übergreifende Relevanz soll im Folgenden zuerst anhand von Studien mit rechenschwachen, also bereits beschulten Kindern verdeutlicht werden, bevor im Anschluss auf Untersuchungen mit Vorschulkindern eingegangen wird.

2.1.1 Schwache Mengen-Zahlen-Kompetenz als Symptom von Rechenschwierigkeiten

Gaupp, Zoelch und Schumann-Hengsteler (2004) fanden bei deutschen Dyskalkuliker*innen der dritten und vierten Klasse Defizite hinsichtlich des Lesens und Schreibens von Zahlen und des Anordnens von Zahlen auf einem Zahlenstrahl mit Skalierung, also einem Zahlenstrahl mit abzählbaren Einheiten. Diese Kompetenzen sind im Entwicklungsmodell der Zahl-Größen-Verknüpfung von Krajewski den numerischen Basisfertigkeiten der ersten Ebene zuzuordnen. Daneben wurden bei den betroffenen Kindern Rückstände in den Mengen-Zahlen-Kompetenzen zweiter Ebene (Mengen schätzen, Zahlen vergleichen) nachgewiesen. Geary, Hamson und Hoard (2000) berichteten aus einer amerikanischen Studie mit rechenschwachen Erst- und Zweitklässlern von ähnlichen Defiziten in den numerischen Basisfertigkeiten (Zahlen lesen und schreiben) und in den Kompetenzen zweiter Ebene (Zahlen vergleichen). Die rechenschwachen Kinder demonstrierten darüber hinaus unzulängliche Zählstrategien während des Rechnens. Auch die rechenschwachen acht- und neunjährigen englischen Kinder bei Landerl, Bevan und Butterworth (2004) zeigten Schwächen beim Zahlenschreiben und beim schnellen Zählen (Ebene 1) sowie beim Zahlenvergleich (Ebene 2). Somit lassen sich bei dyskalkulischen Kindern selbst in höheren Klassenstufen noch grundlegende Defizite des mathematischen Verständnisses (Ebenen 1 und 2 des Modells der Zahl-Größen-Verknüpfung von Krajewski) erkennen, das von Kindern, denen ein unauffälliger mathematischer Kompetenzaufbau gelingt, bereits im Vorschulalter erworben wird. Diese Studien weisen demnach auf die besondere Bedeutung vorschulischer Mengen-Zahlen-Kompetenzen für den späteren erfolgreichen Erwerb der Schulmathematik hin.

Defizite schwacher Rechner

Aunola, Leskinen, Lerkkanen und Nurmi (2004) konnten in einer finnischen Studie zeigen, dass sich Defizite schwacher Rechner*innen bereits vor Schuleintritt in schwachen Zählfertigkeiten (Ebene 1) erfassen lassen. Die besondere Bedeutung des Vorschulalters zeigte sich darin, dass Defizite im Bereich der Zählfertigkeiten bereits in dieser frühen, vorschulischen Zeit kumulierten. Kinder, die bereits mit stabileren Zählfertigkeiten in ihr letztes Kindergartenjahr starteten, zeigten hinsichtlich ihres Kompetenzaufbaus in diesem Jahr einen wesentlich steileren Anstieg als Kinder mit anfänglich schwachen Zählfertigkeiten. Dies bedeutet, dass schon zu diesem frühen Zeitpunkt diejenigen Kinder, die über ein großes Ausmaß an spezifischem Vorwissen verfügen, ungleich größere Chancen haben, dieses durch die Nutzung alltäglicher Lerngelegenheiten und Erfahrungen noch auszubauen und auszuweiten, als Kinder, bei denen diese Grundlagen schwach ausgeprägt sind. Somit geht die Schere zwischen Kindern mit unterschiedlichem Niveau an Mengen-Zahlen-Kompetenzen nicht erst mit der Einschulung auf; sie ist bereits lange vor der Einschulung weit geöffnet.

Die Ausführungen zu Beginn dieses Kapitels sollten verdeutlicht haben, dass eine Ursachensuche für die Rechenschwäche nicht dadurch geschehen kann, dass Kinder, bei denen bereits eine Rechenproblematik besteht, auf weitere Schwächen hin untersucht und diese Schwächen dann zu „Ursachen" der Rechenschwäche erhoben werden. Solide Erkenntnisse darüber, welche Kompetenzen tatsächlich mit der Rechenleistung ursächlich verbunden sind, können nur durch Längsschnittuntersuchungen gewonnen werden. Nur so lassen sich grundlegende Fähigkeiten und Fertigkeiten lange vor der mathematischen Instruktion in der Schule erfassen, und es gelingt die Feststellung, welche Rückstände bei Vorschulkindern unweigerlich zu spezifischen Rechenproblemen in der Grundschule führen.

2.2 Frühe Vorhersage mathematischer Kompetenzen

In einer Vielzahl von querschnittlich angelegten empirischen Studien wurde in der jüngeren Vergangenheit versucht, bedeutsame Korrelate von schulischen Leistungen im Bereich Mathematik zu identifizieren (vgl. etwa die Übersichten bei Dornheim, 2008; Krajewski, 2003). Ein Problem dieser Studien ist generell darin zu sehen, dass nur wenige Merkmale gleichzeitig betrachtet wurden und auch keine Möglichkeit zur Abschätzung der prognostischen Relevanz dieser Merkmale bestand. Es blieb etwa unklar, ob die vielfach im schulischen Kontext als bedeutsam eingestuften Merkmale wie etwa die Intelligenz, das Arbeitsgedächtnis oder die soziale Schichtzugehörigkeit auch schon für die vorschulische Entwicklung mathematischer Kompetenzen relevant werden. In den letzten beiden Jahrzehnten hat die einschlägige Forschung sehr davon profitiert, dass eine Reihe von umfassender angelegten Längsschnittstudien durchgeführt wurde. Auf Grundlage dieser Arbeiten ist es nun besser möglich, den Beitrag eher unspezifischer und spezifischer Vorläufermerkmale für die schulische Leistungsentwicklung im Fach Mathematik genauer einzuordnen. Wir beginnen mit der Analyse des Beitrags unspezifischer Prädiktoren, die dadurch charakterisiert sind, dass sie nicht nur für die Vorhersage mathematischer Kompetenzen bedeutsam scheinen, sondern auch die Entwicklung schriftsprachlicher Kompetenzen signifikant beeinflussen. Sie weisen demnach für die schulische Entwicklung generelle Relevanz auf. Demgegenüber werden die beispielsweise im Entwicklungsmodell der Zahl-Größen-Verknüpfung von Krajewski beschriebenen „Mengen-Zahlen-Kompetenzen“ als spezifische Prädiktoren von Schulleistungen im Bereich Mathematik angesehen.

Längsschnittstudien

2.2.1 Unspezifische Prädiktoren von Schulleistungen in Mathematik

Intelligenz

Aus zahlreichen klassischen Untersuchungen ist uns bekannt, dass die sprachliche wie auch die nicht sprachliche Intelligenz mittelhoch mit den Schulleistungen der Grundschulzeit korreliert. Bei der Analyse von Daten der Münchner Längsschnittstudie SCHOLASTIK fanden etwa Bullock und Ziegler (1997) signifikante korrelative Zusammenhänge zwischen den Mathematiknoten von etwa 1100 Grundschüler*innen und ihrer Intelligenz, die mit Koeffizienten von .46 für die dritte und .49 für die vierte Klassenstufe im mittelhohen Bereich lagen. Ähnlich hohe korrelative Beziehungen zwischen der nonverbalen Intelligenz und Mathematikleistungen von Grundschüler*innen der ersten bis dritten Klassenstufe wurden im Rahmen der Validierung des Grundintelligenztests CFT 1 berichtet (Cattell, Weiß & Osterland, 1997), weiterhin auch in der Münchner SCHOLASTIK-Studie insbesondere für das Lösen von Textaufgaben (Stern, 1997). Signifikante Korrelationskoeffizienten etwas niedrigerer Größenordnung wurden auch von Esser und Wyschkon (2011) im Rahmen eines prognostischen Verfahrens berichtet: Die nonverbale Intelligenz der BUEVA-II (Basisdiagnostik umschriebener Entwicklungsstörungen im Vorschulalter – Version II) wies mit $r = .34$ einen bedeutsamen Zusammenhang zur zwei Jahre später erfassten Rechenleistung im ähnlich konzipierten Verfahren für die Grundschule (BUEGA – Basisdiagnostik umschriebener Entwicklungsstörungen im Grundschulalter; Esser, Wyschkon & Ballaschk, 2008) auf. Geary (2011) konnte in einer umfangreichen Längsschnittstudie zeigen, dass die zu Beginn der ersten Klassenstufe erfasste Intelligenz mathematische Kompetenzen bis zum Ende der fünften Klassenstufe unvermindert vorhersagte. Obwohl es an den insgesamt bedeutsamen Zusammenhängen zwischen unterschiedlichen Komponenten der Intelligenz und Leistungen im Bereich der Mathematik wenig Zweifel gibt, haben Untersuchungen von Stern (1998, 2003) im Rahmen der Münchner LOGIK-Studie dennoch belegen können, dass der Anteil der „reinen" Intelligenz an den individuellen Unterschieden im mathematischen Problemlösen relativ gering ist. Über ein spezifi-

Intelligenz und Mathematikleistungen

sches statistisches Verfahren fand sie heraus, dass der Einfluss der Intelligenz auf die Mathematikleistung insofern mit anderen Merkmalen konfundiert ist, als sich Kinder mit einer höheren Intelligenz im Verlauf der Schulzeit mehr mathematisches Wissen aneignen. Defizite in der Intelligenz können dabei durch Vorwissen im Bereich Mathematik kompensiert werden, Defizite im mathematischen Vorwissen durch die Intelligenz dagegen nicht. In dieselbe Richtung weisen die Befunde zur Validität der Testverfahren mathematischer Basiskompetenzen (MBK 0, Krajewski, 2018; MBK 1+, Ennemoser, Krajewski & Sinner, 2017; MBK 2-4+, Krajewski & Ennemoser, in Vorb.; MBK 4-13+; Ennemoser & Krajewski, in Druck). Zwar fanden sich hier jeweils die üblichen mittelhohen Korrelationen zwischen Intelligenz und Mathematikleistungen. Für alle vier Verfahren wurde in Strukturgleichungsmodellen jedoch nachgewiesen, dass mathematische Basiskompetenzen im direkten Vergleich mit der Intelligenz eine deutlich bessere prognostische Validität für die bis zu neun Jahre später erfassten schulischen Mathematikleistungen aufweisen. Die Pfade zur Vorhersage der curricularen Leistungen lagen für die mathematischen Basiskompetenzen zwischen ß = .64 und ß = .72, die für die jeweils gleichzeitig erfassten und ins Modell einbezogenen Intelligenzmaße lediglich zwischen ß = .01 und ß =.25.

Anregungsgehalt der Umwelt

Auch wenn die neuere Säuglingsforschung Belege für eine angeborene Mengenunterscheidung geliefert hat, heißt dies nun nicht, dass pädagogische Einflüsse auch in der frühen Entwicklungsphase ohne Wirkung bleiben sollten. Die einschlägige Literatur liefert vielfache Belege dafür, dass der Anregungsgehalt der Umwelt mathematische Kompetenzen beeinflusst. In denjenigen Studien zur Prognose von mathematischen Kompetenzen, die auch Merkmale der Sozialschicht miteinbezogen, haben sich diese Merkmale als bedeutsam erwiesen (vgl. etwa Griffin & Case, 1996; Jordan, Huttenlocher & Levine, 1992). Bei deutschen Kindern scheint der Einfluss der sozialen Schichtzugehörigkeit allerdings erst zum Ende der Grundschulzeit zum Tragen zu kommen (Krajewski & Schneider, 2006). Im Hinblick auf die Entwicklung früher basisnumerischer Kompetenzen kann jedoch davon ausgegangen wer-

familiärer Anregungsgehalt

den, dass der familiäre Anregungsgehalt sowie die Stimulierung des Interesses an Zahlen und Mengen durch die Erzieherinnen im Kindergarten bedeutsam sind. Klibanov, Levine, Huttenlocher, Vasilyeva und Hedges (2006) untersuchten etwa die Relation zwischen dem durch Erzieherinnen vermittelten mathematischen Input („math talk") im Kindergarten und der mathematischen Kompetenzentwicklung der Kinder. Die erfassten Kindergärten ließen sich dabei im Hinblick auf die soziale Schichtzugehörigkeit grob in drei Gruppen (hoch-mittel-niedrig) einteilen. Die Autoren fanden bei den vierjährigen Kindern in Abhängigkeit von der sozialen Schichtzugehörigkeit deutliche Unterschiede in der mathematischen Kompetenz, die auch im Verlauf eines Kindergartenjahrs erhalten blieben. Zusätzlich hatte aber auch die Varianz in der Stimulierung durch die Erzieherinnen deutliche Effekte in dem Sinn, dass die Zuwächse im numerischen Wissen dann besonders groß waren, wenn die Erzieherinnen besonders viel mathematikbezogene Anregungen gaben.

Wie die Intelligenz sind aber auch der Anregungsgehalt durch die Umwelt und die soziale Schichtzugehörigkeit als unspezifische Vorhersagemerkmale zu betrachten. Wir wissen aus zahlreichen Untersuchungen, dass Unterschiede in der Sozialschicht nicht nur mathematische Kompetenzen, sondern Schulleistungen generell vorhersagen.

Geschlecht

Aus den Befunden internationaler Vergleichsstudien wie IGLU oder PISA ist bekannt, dass weibliche Grundschüler und Jugendliche in Mathematiktests in der Regel etwas schlechter abschneiden als ihre männlichen Pendants. Die Unterschiede sind dabei jedoch meist relativ klein und lassen sich auch nicht für alle in diese Untersuchungen einbezogenen Länder bestätigen (vgl. etwa Baumert et al., 2001). Im deutschsprachigen Raum scheinen die Jungen jedoch meist bessere Leistungen zu erbringen, auch wenn die Effektstärken eher moderat ausfallen. In einer Arbeit von Brunner, Krauss und Kunter (2008) ließ sich im Rahmen einer Reanalyse der PISA-Daten aus dem Jahr 2000 zeigen, dass bei gleichzeitiger Berücksichtigung von Geschlechtsunterschieden im IQ die Geschlechtsunterschiede bei Neuntklässlern im mathematischen Kompetenzbereich deutlich größer ausfielen als bei konventioneller Betrachtung (wenn also IQ-Unterschiede keine Berücksichtigung fanden).

Geschlechtsunterschiede im Bereich mathematischer Kompetenzen

Geschlechtsunterschiede im Bereich mathematischer Kompetenzen scheinen schon recht früh beobachtbar zu sein. So zeigt eine Reanalyse der Daten von Krajewski (2003) am Beispiel von Kindergartenkindern, dass Jungen in der Mitte des letzten Kindergartenjahres auf den ersten beiden Ebenen der Zahl-Größen-Kompetenzen im Modell nach Krajewski (Zahlwortfolge sowie Zahl-Größen-Verknüpfung) einen signifikanten Vorsprung aufwiesen, der einem mittleren Effekt entsprach und von daher nicht vernachlässigbar schien. Signifikante Vorteile der Jungen zeigten sich auch im Bereich der visuell-räumlichen Vorstellung. Kurz vor dem Ende der Kindergartenzeit und auch in den Anfangsklassen der Grundschule fielen die Geschlechtsunterschiede jedoch deutlich geringer aus. In der ähnlich konzipierten Studie von Dornheim (2008) mit gleichen Altersgruppen und allerdings anders konstruierten Subtests konnten ebenfalls nur geringe Geschlechtsunterschiede nachgewiesen werden. Für die Sekundarstufe belegen neueste Untersuchungen über das gesamte Spektrum der 5. bis 13. Klasse durchgehend kleine bis mittlere Effekte zugunsten der Jungen. Dies ist umso bemerkenswerter, als in diesen Untersuchungen nicht lehrplanvalide Aufgaben im Fokus standen, sondern sich die Leistungsvorteile der Jungen bereits in mathematischen Basiskompetenzen zeigten, welche weit unterhalb des Rechnens liegen (z.B. Zahlen nach Diktat schreiben, Vorgänger/ Nachfolger benennen, Zahlen nach Größe vergleichen). Bedeutsame Vorteile der Jungen mit kleinen bis großen Effekten zeigten sich für die hier untersuchten Klassenstufen auch im Überschlagsrechnen, jedoch nicht im schnellen Abruf von arithmetischen Fakten (Ennemoser & Krajewski, in Druck).

Schaut man sich demgegenüber die Extrembereiche des Leistungsspektrums an, scheinen die Geschlechtsunterschiede ausgeprägter zu sein. Insgesamt gesehen hat es den Anschein, dass in Teilgruppen von Kindern mit sehr guten Mathematikleistungen die Jungen in der Mehrzahl sind, während sich in Teilgruppen von Kindern mit Rechenschwächen vergleichsweise mehr Mädchen befinden. In der Studie von Krajewski variierte das Geschlechtsverhältnis der Kinder mit schwachen Rechenleistungen 1:2 bis 1:4 zuungunsten der Mädchen.

Arbeitsgedächtnis

Während sich im Hinblick auf die Bedeutung des Geschlechts für die Entwicklung mathematischer Kompetenzen durchaus unterschiedliche und nicht immer konsistente Befundlagen ergeben haben, stellt sich die Situation im Hinblick auf das Arbeitsgedächtnis wesentlich eindeutiger dar. Da seine Relevanz für unterschiedliche Bereiche der mathematischen Kompetenz unstrittig ist, wird das mittlerweile auch im Bereich der Entwicklungspsychologie und der Pädagogischen Psychologie sehr populäre Modell von Baddeley (1986, 2000) im Folgenden näher beschrieben (s. Abb. 5).

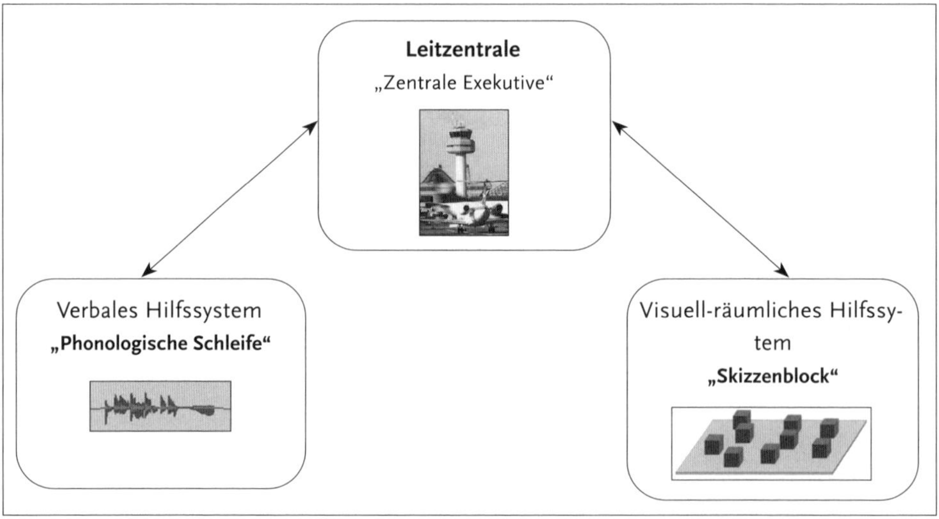

Abbildung 5 | Modell des Arbeitsgedächtnisses nach Baddeley (1986)

Das Modell des Arbeitsgedächtnisses von Baddeley stellt eine hilfreiche Grundlage zur Analyse spezifischer Beeinträchtigungen bei Kindern mit Lernstörungen und damit auch bei Kindern mit Dyskalkulie dar. Es unterscheidet mehrere Komponenten: die modalitätsübergreifende Zentrale Exekutive sowie zwei modalitätsspezifische Subsysteme, nämlich die für akustisch verbales Material zuständige Phonologische Schleife und den Visuell-räumlichen Notizblock, der für die kurzfristige Speicherung und Verarbeitung visuell-räumlicher Inhalte verantwortlich zeichnet.

Somit ist das Arbeitsgedächtnis von größter Bedeutung für das kurzfristige Bereithalten und Verarbeiten gesehener oder gehörter Inhalte und damit eine bedeutsame Instanz für eine gelingende Informationsverarbeitung bereits ab frühester Kindheit.

visuelles Arbeitsgedächtnis

Die Rolle des *visuellen Arbeitsgedächtnisses* zur kurzfristigen Speicherung und Verarbeitung visuell-räumlicher Informationen tritt insbesondere beim Umgang eines Kindes mit konkreten Mengen in den Vordergrund. Bereits im Kleinkindalter kann ein Kind zwei Mengen grob miteinander vergleichen und erkennen, auf welchem von zwei sehr unterschiedlich großen Häufchen beispielsweise mehr Mehl, Reis, Gummibärchen etc. ist. Da jedoch immer nur eine der beiden Mengen visuell fokussiert werden kann, muss das Kind die räumliche Ausdehnung der ersten Menge so lange im visuellen Arbeitsspeicher behalten, bis es die zweite Menge ebenfalls betrachtet hat; ein frühzeitiger Informationsverlust würde die Möglichkeit des Mengenvergleichs, selbst ohne Zahlbezug (Mengen-Zahlen-Kompetenzen Ebene 1), verhindern. Aber auch bei der Kopplung an Zahlen ist die Verarbeitung räumlich-visueller Informationen bedeutsam: Ein Kind, das auf einen Blick beispielsweise deutlich mehr Informationen wahrnehmen und verarbeiten kann als ein anderes Kind, wird folglich bedeutend leichter Mengen hinsichtlich ihrer Anzahl beurteilen und mit den zugehörigen Zahlen verknüpfen können (Mengen-Zahlen-Kompetenzen Ebene 2). Es wäre somit vorstellbar, dass einem Kind mit schwachem visuellem Arbeitsgedächtnis der Vergleich zweier Mengen misslingt, da es das visuelle Abbild der ersten Menge nicht mehr verfügbar hat, sobald die zweite Menge ins Blickfeld kommt. Im Hinblick auf höhere Mengen-Zahlen-Kompetenzen wäre zu vermuten, dass ein solches Kind besonders von der Arbeit mit (wenig komplexem) Veranschaulichungsmaterial profitiert, da der visuelle Eindruck der Anzahldarstellung dann während des Rechnens verfügbar gehalten wird. Überdies ist auch die Versprachlichung mathematischer Inhalte für diese Kinder von besonderer Bedeutung.

phonologisches Arbeitsgedächtnis

Daneben erschließt sich auch die bedeutende Rolle des *phonologischen Arbeitsgedächtnisses* für den Erwerb von Mengen-Zahlen-Kompetenzen unmittelbar. So werden Zahlwörter als sprachliche – und somit auditiv aufgenommene – Einheiten erlernt. Da das Arbeitsgedächtnis als Zwischeninstanz zur Speicherung im Langzeitgedächtnis gefasst werden kann, ist nachvollziehbar, dass ein Kind mit einer guten kurzfristigen Speicher- und Verarbeitungskapazität für auditiv aufgenommene Informationen bereits ab Sprachbeginn deutliche Vorteile beim Erlernen der Zahlwörter hat. Eine gute *auditiv-verbale Gedächtnisspanne* erleichtert einem Kind das Lernen der Zahlwortreihe und damit das Speichern der exakten Zahlenfolge (Ebene 1). Ein Kind mit schwächerer auditiver Kurzzeitspeicherung wird Unterschiede zwischen der eigenen (unvollkommenen) Zählfolge und der durch Erwachsene vorgegebenen Zahlwortreihe hingegen ungleich schwerer erkennen und damit beim Aufbau numerischer Basisfertigkeiten benachteiligt sein. Das phonologische Arbeitsgedächtnis ist als wesentliche Vorläuferfertigkeit des Schriftspracherwerbs hinlänglich bekannt; gemäß der neueren Forschung kommt ihm auch für den Erwerb mathematischer Kompetenzen Bedeutung zu, denn begrenzte Ressourcen in der Speicherung und Verarbeitung von lautlichen (phonologischen) Informationen sind sowohl für den Erwerb der Schriftsprache als auch für den Aufbau von Mengen-Zahlen-Kompetenzen relevant (Krajewski, Schneider & Nieding, 2008). Ein Kind, das beim einmaligen Hinhören mehr Informationen wahrnehmen und verarbeiten kann als ein anderes Kind, kann schneller zu phonologischer Bewusstheit (Bewusstheit für die Lautstruktur der Sprache) gelangen, also Vorläuferfertigkeiten der Schriftsprachentwicklung erwerben und aufgrund dessen auch erfolgreicher basale Zahlenkompetenzen (wie Zählfertigkeiten) aufbauen (Krajewski, 2008c; Krajewski & Schneider, 2009b). Der hier angesprochene Zusammenhang zwischen phonologischer Bewusstheit und Zählfertigkeiten wird weiter unten noch detailliert dargestellt.

Zentrale Exekutive

Die *Zentrale Exekutive* ist schließlich für das erfolgreiche Operieren mit Zahlen und Ziffern auf allen Ebenen der Mengen-Zahlen-Kompetenzen bedeutsam, denn sie ist für die Koordination von visuellen und auditiven Informationen zuständig; sie trifft und kontrolliert Entscheidungen und fokussiert die Aufmerksamkeit. Bereits auf der ersten Kompetenzebene ist sie dafür verantwortlich, dass beim Aufsagen der Zahlwortfolge Vorgänger und Nachfolger korrekt bestimmt werden oder die verbalen Zahlwörter mit den visuellen Ziffern gekoppelt werden können. Ihre besondere Bedeutung für die Kopplung zwischen auditiven und visuellen Informationen kommt jedoch auf der zweiten Kompetenzebene zum Tragen, wenn für die Ausbildung des Anzahlkonzepts die Zahlworte mit verschieden großen Anzahlen gekoppelt werden müssen und darüber hinaus die exakte Reihenfolge der Zahlen mit der exakten Reihenfolge der Anzahlen verknüpft werden muss. In zahlreichen internationalen Studien findet sich empirische Evidenz dafür, dass dieser Gedächtniskomponente auch beim weiteren Kompetenzerwerb, wie zum Beispiel für das Lösen von Grundrechenaufgaben und Textaufgaben, eine herausragende Bedeutung zukommt (vgl. Geary, 2011; Gersten, Jordan & Flojo, 2005; Grube & Barth, 2004; Seitz & Schumann-Hengsteler, 2000; Swanson & Beebe-Frankenberger, 2004; Thomas, Zoelch, Seitz-Stein & Schumann-Hengsteler, 2006).

Schwache Arbeitsgedächtnisleistungen

Grube (2006) stellte heraus, dass schwache Arbeitsgedächtnisleistungen sowohl auf direktem als auch auf indirektem Wege das Erlernen der schulischen Mathematik negativ beeinflussen. So führen sie zum einen unmittelbar zu schwächeren Leistungen beim Rechnen (direkter Einfluss), da sie als bedeutsame Gedächtniskomponente die Verarbeitung des schulisch vermittelten Lernstoffs behindern, aber auch Automatisierungsvorgänge, etwa beim Aufbau von Faktenwissen, erschweren. Zum anderen wirken sie sich auf den Aufbau spezifischen mathematischen Vorwissens wie die Mengen-Zahlen-Kompetenzen aus, sodass betroffene Kinder durch bereits früher beeinträchtigte Rechenkompetenzen auch aktuell zu schwachen Mathematikleistungen gelangen (indirekter Einfluss). Vergleichbare Schlussfolgerungen zogen Lee, Ng, Ng und Lim (2004) aus Daten, die sie an Zehnjährigen aus Singapur erhobenen haben. Auch ihre Befunde belegen neben einem Einfluss der Zentralen Exekutive auf die mathematischen Kompetenzen einen indirekten Einfluss dieser Gedächtniskomponente, welcher bei ihnen jedoch über erfasste Lesekompetenzen zustande kam.

unspezifisches Vorhersagemerkmal

Auch das Arbeitsgedächtnis muss wie die vorher beschriebenen Variablen als unspezifisches Vorhersagemerkmal angesehen werden, da es sowohl den Erwerb der Schriftsprache als auch den Erwerb mathematischer Kompetenzen bedeutsam vorhersagt. In einer Studie von Bull, Espy und Wiebe (2008) ließ sich beispielsweise zeigen, dass die beschriebenen Komponenten des Arbeitsgedächtnisses (erhoben im Kindergarten) sowohl die Lese- als auch die Mathematikleistungen in der ersten wie auch dritten Klassenstufe gut vorhersagten. Die visuell-räumliche Komponente des Arbeitsgedächtnisses sagte dabei mathematische Kompetenzen besonders gut vorher. Bei Geary (2011) sagte das zu Beginn der ersten Klasse erfasste visuell-räumliche Gedächtnis speziell die mathematische Kompetenzentwicklung voraus und war für den

Schriftspracherwerb weniger bedeutsam. Ähnliche Befunde lieferte die Längsschnittstudie von Krajewski, Schneider und Nieding (2008), die zusätzlich noch eine substanzielle Korrelation zwischen dem Arbeitsgedächtnis und der nonverbalen Intelligenz belegte. Fischbach, Preßler und Hasselhorn (2012) konnten anhand der Arbeitsgedächtnistestbatterie für Kinder von fünf bis zwölf Jahren (AGTB; Hasselhorn et al., 2012) in ähnlicher Weise demonstrieren, dass die beschriebenen Teilkomponenten des Arbeitsgedächtnisses für die Vorhersage von Lesen, Rechtschreiben und Mathematik bedeutsam waren und insgesamt etwa 25% der Varianz von Schulleistungen gegen Ende der zweiten Klassenstufe aufklären konnten. Wie schon bei Bull et al. (2008) hatte auch in dieser Studie das visuell-räumliche Arbeitsgedächtnis für die Schulleistung im Bereich Mathematik besondere Relevanz. Krajewski und Schneider (2009b) zeigten schließlich auf, dass die visuell-räumliche Komponente bereits im Kindergarten bedeutsamen Einfluss auf die Verknüpfung von Mengen und Zahlen nimmt.

Exekutive Funktionen

Die Bedeutung der bereits im Arbeitsgedächtnis-Modell von Baddeley (1986) verankerten exekutiven Funktionen für die Prognose von mathematischen Kompetenzen wie auch Schriftsprachleistungen darf nicht unterschätzt werden. So wies Geary (2011) darauf hin, dass in seiner Studie die „Zentrale Exekutive" (erfasst durch Updating-Aufgaben) spezifische Varianz in späteren Lese- und Mathematikleistungen aufklärte.

Einfluss exekutiver Funktionen

Höchst aktuelle und praxisrelevante Daten zur Vorhersagequalität der exekutiven Funktionen für spätere Mathematikleistungen stammen aus einer Studie von Simanowski & Krajewski (2017). Den Autorinnen gelang es, die Faktorenstruktur exekutiver Funktionen von Vorschulkindern zu prüfen und deren spezifische Einflüsse auf einzelne Bereiche mathematischer Kompetenzen, nämlich den Erwerb von Zahlwortfolge, Zahlverständnis und Rechenperformanz in der ersten Klasse, aufzuzeigen. Innerhalb der exekutiven Funktionen konnten zwei Faktoren unterschieden werden. Dabei erwies sich auf der einen Seite das „Updating" (die Fähigkeit zum Überwachen und schnellen Hinzufügen/Löschen von Arbeitsgedächtnisinhalten) als außerordentlich relevant für den Erwerb der Zahlwortfolge und des kleinen Einspluseins und damit als besonders bedeutsam für auswendig lernbare Inhalte. Auf der anderen Seite nahmen „Shifting" (die Fähigkeit, gezielt zwischen Inhalten wechseln zu können) und „Inhibition" (die

Unterdrückung einer dominanten Reaktion zugunsten einer aktuell geforderten Reaktion) vor allem Einfluss auf den Erwerb eines tiefen Verständnisses numerischer Lerninhalte. Diese Befunde belegen die Bedeutung der Konzentration auf das Wesentliche, nämlich das Numerische, bei der Förderung mathematischer Basiskompetenzen: Kinder, denen die gezielte Aufmerksamkeitssteuerung und Hemmung irrelevanter Assoziationen in Lernsituationen schwerfällt, sind in ihrer mathematischen Entwicklung gefährdet, weil sie in einer Vielzahl von Reizen, Formen, Farben etc. die Verbindung von Zahlen und Mengen schlicht nicht erkennen. Um ein adäquates Zahlverständnis aufbauen zu können, sind sie deshalb darauf angewiesen, dass irrelevante Aspekte beim Umgang mit Zahlen (beispielsweise numerisch irrelevante Elemente, Phantasien, Gestalten und Geschichten zu Zahlen) eliminiert werden. Somit bedeutet „kindgerecht" im Kontext der vorschulischen Förderung eben nicht, den Kindern möglichst phantasiereiche Abenteuer mit Zahlen zu ermöglichen, sondern sie darin zu unterstützen, das Wesentliche an Zahlen ohne äußere oder innere „Ablenker" zu erfassen und damit ebenso in die – durchaus numerisch spannende – Welt der Zahlen eintauchen zu können wie andere Kinder auch.

Phonologische Bewusstheit

linguistische Kompetenzen

Erst in neuerer Zeit wurde registriert, dass auch linguistische Kompetenzen für die Vorhersage mathematischer Leistungen bedeutsam sein können. Lange Zeit galt die phonologische Bewusstheit, also die Fähigkeit von Kindern, die Lautstruktur der gesprochenen Sprache zu verstehen und beispielsweise Silben in Wörtern oder Laute in Silben zu erkennen, als spezifischer Prädiktor für den Erwerb des Lesens und Rechtschreibens. Die Bedeutung der phonologischen Bewusstheit für die mathematische Kompetenzentwicklung wurde zunächst bei der Untersuchung von Kindern mit Schwächen im mathematischen Kompetenzbereich und im Schriftsprachbereich erkannt. Solche „komorbiden Störungen" fanden sich beispielsweise in einer Studie (von Aster, Schweiter & Weinhold Zulauf, 2007) bei etwa 4% der Zweitklässler einer deutschschweizerischen Stichprobe. Remschmidt (2000) berichtete eine Prävalenzrate von annähernd 3% bei deutschen Grundschüler*innen. Schwenck und Schneider (2003) konnten weiterhin für eine unausgelesene Stichprobe von Erstklässlern zeigen, dass kombinierte Schwächen im mathematischen und schriftsprachlichen Bereich wohl häufiger vorkommen als angenommen.

Obwohl bisher in verschiedenen Untersuchungen der Frage nachgegangen wurde, welche besonderen Defizite mit diesem gemeinsamen Auftreten von Rechen- und Schriftsprachschwäche assoziiert sind, wurde bisher der Zusammenhang zwischen bereichsspezifischen Vorläuferfertigkeiten (wie der phonologischen Bewusstheit) und den Schulleistungen im *unspezifischen* Bereich (Mathematikleistungen) kaum untersucht. Allerdings gab schon die frühe Studie von Bradley und Bryant (1985) Hinweise darauf, dass die im Kindergarten erfasste phonologische Bewusstheit nicht nur mit den drei Jahre später erhobenen Lese- und Rechtschreibleistungen (r = .50), sondern auch mit den Mathematikleistungen (r = .33) korrelierte. Auch bei Alloway, Gathercole, Willis und Adams (2005) fand sich ein bedeutsamer Zusammenhang (r = .49) zwischen der im Alter von vier bis fünf Jahren erfassten phonologischen Bewusstheit und dem kurz nach Schuleintritt erhobenen Lehrerurteil über die mathematischen Kompetenzen der Kinder. In der Untersuchung von Hecht, Torgesen, Wagner und Rashotte (2001) zeigten sich darüber hinaus mittelhohe Zusammenhänge der phonologischen Bewusstheit mit den Mathematikleistungen (r = .47 bis r = .56) bei Kindern der zweiten bis fünften Klassenstufe.

In einer neueren Längsschnittstudie (Hartlieb, 2021) konnten ebenfalls bedeutsame Effekte der im letzten Kindergartenjahr erfassten phonologischen Bewusstheit auf die frühe mathematische Kompetenz nachgewiesen werden.

Eine theoretisch plausible Erklärung für den Zusammenhang zwischen phonologischer Bewusstheit und Mathematikleistungen könnte in einem indirekten Einfluss der phonologischen Bewusstheit auf die Mathematikleistungen über die Zählfertigkeiten (numerische Basiskompetenzen; Kompetenzebene 1) gesehen werden. Als Fähigkeit, zwischen bedeutungsunterscheidenden Einheiten der gesprochenen Sprache zu differenzieren, sollte sie die Sinndifferenzierung der Zahlenfolge erleichtern und Kinder befähigen, die Zahlenfolge nicht mehr als undifferenziertes Wortganzes („einszweidreivierfünf"; vgl. Fuson, 1988: string level) wahrzunehmen, sondern die Zahlen bereits als separate Wörter einer festen Folge zu erkennen („eins zwei drei vier fünf"; vgl.

Fuson: unbreakable list). Phonologische Bewusstheit sollte sich demnach auf den Erwerb basaler Zahlenkompetenzen auswirken (Zahlen ohne Mengenbezug; Kompetenzebene 1); sie sollte darüber hinaus aber keinen direkten Einfluss auf höhere mathematische Kompetenzen (Zahlen mit Mengenbezug; Kompetenzebenen 2 und 3) und die schulischen Mathematikleistungen nehmen (vgl. Krajewski, Schneider & Nieding, 2008).

2.2.2 Spezifische Vorhersagemerkmale der Mathematikleistung

Merkmale des Langzeitgedächtnisses

Speicherschwäche

Häufig wird rechenschwachen Kindern, die beispielsweise nicht zur Abspeicherung von Zahlenfakten des kleinen Einmaleins oder Einspluseins gelangen, eine generelle „Speicherschwäche", also ein grundlegendes Defizit hinsichtlich Speicherung und Abruf aus dem Langzeitgedächtnis unterstellt. Mehrere empirische Untersuchungen weisen jedoch darauf hin, dass Dyskalkuliker spezifisch beim Umgang mit Mengen und Zahlen Probleme im raschen lexikalischen Zugriff zeigen, bei anderen, beispielsweise sprachlich-semantischen Inhalten, jedoch nicht durch reduzierte Benennungsgeschwindigkeiten auffallen (van der Sluis, de Jong & van der Leij, 2004; Willburger, Fussenegger, Moll, Wood & Landerl, 2008). Landerl, Bevan und Butterworth (2004) sehen diese Abrufdefizite darum nicht auf das gesamte semantische Netzwerk ausgeweitet, sondern auf den Abruf numerischer Informationen beschränkt. Geary, Hamson und Hoard (2000) stellen die Bedeutung des *schnellen Abrufs von Zahlenfakten aus dem Langzeitgedächtnis* als Kovariate schwacher Rechenleistungen heraus (vgl. auch Krajewski & Schneider, 2006) und unterscheiden dabei zwei Formen des Abrufdefizits. Zum einen sehen sie ein direktes Defizit beim Abruf von Fakten aus dem semantischen Netzwerk (verlangsamter Zugriff auf Zahlen im Langzeitgedächtnis). Zum anderen vermuten sie, dass dieser Zugriff durch den Abruf irrelevanter Assoziationen gehemmt wird. Letzteres bedeutet konkret, dass beim Lösen einer Aufgabe (etwa 7x4) irrelevante numerische Assoziationen, beispielsweise zu den Nachbarzahlen 8 und 5, von Dyskalkulikern schwerlich unterdrückt werden können; die fehlende Inhibition falscher Assoziationen könnte dazu führen, dass nicht mit der korrekten Lösung (28) geantwortet, sondern diese irrelevante Assoziation (40) genannt wird.

Mengen-Zahlen-Kompetenz

Das Ausmaß an vorschulisch gesammelter Zahlwort- und Ziffernkenntnis und insbesondere die Verknüpfung von Mengen und Zahlen (Kompetenzebenen 1 und 2) bilden unter Bezugnahme auf das in Kapitel 1 vorgestellte Entwicklungsmodell der Zahl-Größen-Verknüpfung von Krajewski (2007) die entscheidende Grundlage für das Verständnis der Schulmathematik. Es lässt sich zudem feststellen, dass das Verständnis von Anzahlrelationen (der Unterschied zwischen zwei Zahlen ist wieder eine Zahl, Anzahlen lassen sich in kleinere Anzahlen zerlegen und wieder zusammensetzen), welches der dritten Kompetenzebene zuzuordnen ist, bereits erste Rechenfertigkeiten und damit den Beginn arithmetischen Verständnisses widerspiegelt. Die ersten beiden Kompetenzebenen (numerische Basisfertigkeiten sowie Verständnis für Mengenrelationen und Anzahlkonzept) können hingegen als sogenannte *mathematische Vorläuferfähigkeiten* betrachtet werden (vgl. auch Kap. 1). Typische Aufgaben zur Erfassung der Mengen-Zahlen-Kompetenz prüfen die Kenntnis der Zahlwortfolge vorwärts und rückwärts, die Zuordnung von Zahlen zu Mengen und umgekehrt, den Vergleich von Zahlen und das Bilden von Differenzen zwischen Zahlen (vgl. Krajewski, 2008c).

Verständnis von Anzahlrelationen

Der „Zahlensinn" (number sense)

Nach Dehaene (1997) ist der Zahlensinn von Kindern als angeborene Fähigkeit zu verstehen, Anzahlen nicht-sprachlich zu repräsentieren und zu manipulieren. Er geht davon aus, dass im Gehirn ein sogenanntes „approximate-number"-System existiert, über das sich Zahlen näherungsweise verarbeiten lassen. Aufgaben wie die schnelle Abschätzung von Mengen aber auch die Anordnung von Zahlen im Rahmen von Zahlenstrahl-Einordnungsaufgaben (number line estimation tasks) sind diesem Konzept zuzuordnen. Bei Aufgaben dieser Art werden die Kinder beispielsweise aufgefordert, eine bestimmte Zahl auf einem Zahlenstrahl einzuordnen, der etwa von 0 bis 100 reicht. Aus der Art der Anordnung wird dann

Zahlenstrahl-Einordnungsaufgaben

auf den Aufbau des „mentalen“ Zahlenstrahls von Kindern geschlossen. Die Repräsentation von Zahlen auf dem mentalen Zahlenstrahl wird derzeit kontrovers diskutiert. Einige Forscher (etwa Siegler & Booth, 2004 Siegler & Lortie-Forques, 2014) gehen davon aus, dass bei jüngeren Kindern eine eher logarithmische Kodierung von Zahlen in dem Sinne erfolgt, dass die wahrgenommenen Abstände zwischen Zahlen auf dem mentalen Zahlenstrahl mit zunehmender Größe der Zahlen abnehmen. Bei älteren Kindern scheint dagegen eine lineare Kodierung zu funktionieren, was bedeutet, dass die Abstände zwischen benachbarten Zahlen unabhängig von ihrer Größe als gleich eingeschätzt werden. Andere Autoren (etwa Moeller, Pixner, Kaufmann & Nuerk, 2009) nehmen demgegenüber an, dass es für jüngere Kinder für ein- und zweistellige Zahlen unterschiedliche Repräsentationsformen gibt, was damit zu tun hat, dass das arabische Zahlensystem noch nicht völlig beherrscht wird. Das typische Befundmuster für jüngere Kinder wird also nicht mit qualitativen Veränderungen in der Repräsentationsform begründet, sondern damit, dass sie erst allmählich ein Verständnis zweistelliger Zahlen erwerben.

Es bestehen derzeit noch unterschiedliche Auffassungen darüber, wo die Ursachen für eine Rechenstörung liegen. Während Dehaene für rechenschwache Kinder einen „defekten“ Zahlensinn postuliert, stellt das ZGV-Modell (Krajewski, 2007) einen angeborenen Zahlensinn gänzlich in Frage. So geht Krajewski vielmehr davon aus, dass alle Kinder im Laufe ihrer Entwicklung einen so genannten Zahlensinn, den sie als „Stückzahlsinn“ sieht, erst erwerben müssen. Folglich verortet sie das Kernproblem von Rechenschwierigkeiten auf Ebene 2 des ZGV-Modells, auf der die Verknüpfung von Stückzahlen mit Zahlwörtern erfolgt. Sämtliche entwicklungs- und neuropsychologischen Befunde zu Rechenstörungen sind mit dieser Annahme kompatibel (siehe Krajewski & Ennemoser, 2013). Beispielsweise deuten Befunde mehrerer Studien zum Zahlenvergleich und zum Zahlenstrahl (im ZGV-Modell beide: Ebene 2) darauf hin, dass rechenschwache Kinder eine weniger präzise Vorstellung von Zahlen (ZGV-Modell: fehlender Erwerb von Ebene 2b) haben als normale Rechner (Landerl et al., 2017).

Mengenwahrnehmung

In mehreren Untersuchungen ließ sich zeigen, dass approximative Mengenrepräsentationen und basale visuelle Mechanismen der Mengenwahrnehmung (Subitizing) als spezifische Vorhersagemerkmale für die mathematische Kompetenzentwicklung anzusehen sind und insbesondere bei Kindern mit Dyskalkulie sehr schwach ausgeprägt sind (vgl. etwa Lonnemann, Linkersdörfer, Hasselhorn & Lindberg, 2011).

Bei rechenschwachen Kindern sind die Einschätzungen in Zahlenstrahl-Aufgaben schon ab Schulbeginn wesentlich ungenauer als bei Kindern mit unauffälligen Rechenleistungen, was damit zusammenhängen könnte, dass ihr Zahlenstrahl länger logarithmisch organisiert bleibt. Nach Landerl und Kollegen (2017) ist es nach wie vor unklar, ob Kinder mit Rechenstörungen die Entwicklung von einem logarithmischen zu einem linearen Zahlenstrahl verzögert durchlaufen und ihr mentaler Zahlenstrahl insgesamt ungenauer bleibt, oder ob die größeren Abweichungen zu normalen Rechnern damit erklärt werden können, dass ihre mentale Zahlenrepräsentation in der logarithmischen Form verhaftet bleibt. Aus Sicht des ZGV-Modells allerdings spiegeln diese Befunde rechenschwacher Kinder lediglich eine verzögerte Entwicklung von einer zunächst unpräzisen hin zu einer präzisen Größenrepräsentation von Zahlen (von Ebene 2a nach Ebene 2b) wider, welche im Entwicklungsverlauf von jedem Kind erst nach und nach in höhere Zahlenräume erweitert und ausdifferenziert werden muss.

2.2.3 Untersuchungen zum Einfluss spezifischer und unspezifischer Vorläufermerkmale auf die Entwicklung der schulischen Mathematikleistungen

Längsschnittstudien

Innerhalb des letzten Jahrzehnts hat sich die Forschung zur Vorhersage mathematischer Leistungen deutlich intensiviert. Es finden sich in neuerer Zeit zahlreiche Längsschnittstudien, die meist bei Kindergartenkindern ansetzen, in dieser Phase unterschiedliche spezifische wie auch unspezifische Vorläufermerkmale erfassen und dann in der Regel Kausalmodelle oder Wachstumsmodelle konzipieren, um den Einfluss der Vorhersagemerkmale auf die späteren Schulleistungen genauer zu bestimmen. In der Regel wurde so vorgegangen, dass noch im Kindergartenalter potenzielle Prädiktoren der späteren mathematischen Kompetenz erhoben wurden. Deren Bedeutsamkeit für die Entwicklung mathematischer Leistungen wurde dann in den Folgejahren genauer überprüft, wobei die Prognosen meist über die Anfangsphase der Schulzeit hinausreichten. Die wesentlichen Befunde neuerer Arbeiten werden im Folgenden zusammengefasst.

In einigen Studien wurde die Bedeutung von im letzten Kindergartenjahr erhobenen unspezifischen Vorläufermerkmalen wie der nonverbalen Intelligenz oder des Arbeitsgedächtnisses für die Entwicklung der Mathematikleistungen zu Beginn der Grundschulzeit erhoben. Krajewski, Schneider und Nieding (2008) konnten zeigen, dass es einen hohen korrelativen Zusammenhang zwischen der Intelligenz und dem Arbeitsgedächtnis (r = .71) und auch eine moderate Beziehung zwischen der Intelligenz im Vorschulalter und der Mathematikleistung gegen Ende der ersten Klassenstufe gab. Der Einfluss der Intelligenz verschwand aber dann, wenn gleichzeitig auch das Arbeitsgedächtnis als Vorhersagemerkmal für die Mathematikleistung verwendet wurde. Das Arbeitsgedächtnis wirkte sich bedeutsam auf die Entwicklung der basalen Zahlenkompetenzen aus, hatte weiterhin aber auch einen direkten Effekt auf die phonologische Bewusstheit. Interessanterweise konnte auch ein bedeutsamer Effekt der phonologischen Bewusstheit auf die basalen Zahlenkompetenzen (nicht aber auf höhere Mengen-Zahlen-Kompetenzen oder die Mathematikleistung) nachgewiesen werden, was die Annahme einer generellen Wirksamkeit dieses Merkmals über den Schriftspracherwerb hinaus bestätigte.

Mengen-Zahlen-Kompetenzen

Die schon erwähnte Arbeit von Aunola et al. (2004) stellt eine der ersten Längsschnittstudien zur Überprüfung des Effekts früher (vorschulischer) Mengen-Zahlen-Kompetenzen auf die schulische Entwicklung im Bereich Mathematik dar. Aunola und Kollegen konnten zeigen, dass sich die im Vorschulalter vorhandenen Zählfertigkeiten (Basisfertigkeiten, ZGV-Modell Ebene 1) als zuverlässiger Prädiktor der Mathematikleistungen in der ersten Klasse erwiesen. Gersten, Jordan und Flojo (2005) kamen nach Durchsicht internationaler Arbeiten zur Früherkennung von Rechenschwierigkeiten zum Ergebnis, dass darüber hinaus die Fähigkeit zum Zahlvergleich (ZGV-Modell Ebene 2) und die Vollkommenheit von Zählstrategien beim Rechnen als zuverlässige Prädiktoren der Mathematikleistungen zu betrachten sind.

Darüber hinaus sind nicht-symbolische Zähl- und Schätzfertigkeiten, wie sie etwa in Vergleichen von Größen und Mengen erfasst werden, für die Vorhersage schulischer Mathematikleistungen bedeutsam (s. Desoete, Ceulemans, De Weerdt & Pieters, 2012).

Empirische Evidenz für die besondere Vorhersagekraft der frühen Mengen-Zahlen-Kompetenzen und ihre Bedeutung für die Früherkennung von Rechenschwäche ließ sich auch an deutschen Kindern gewinnen (Krajewski, 2003; Krajewski & Schneider, 2006). Darüber hinaus ergab sich jedoch noch ein weiterer Befund, der der naiven Alltagsvorstellung in Bezug auf die Ursachen mathematischer Leistungsunterschiede widersprechen mag: Die Intelligenz eines Kindes leistete demgegenüber keinen zusätzlichen Beitrag zur Vorhersage der späteren Mathematikleistungen (Krajewski & Schneider, 2006, 2009a; Weißhaupt, Peucker & Wirtz, 2006; vgl. auch Stern, 2003; Weinert, Helmke & Schneider, 1990). Krajewski und Schneider (2006) untersuchten im Rahmen einer Längsschnittstudie, die mit etwa 150 Vorschulkindern begonnen wurde und diese Kinder bis zum Ende der Grundschulzeit begleitete, die Rolle von unspezifischen und spezifischen Vorhersagemerkmalen für die Entwicklung mathematischer Leistungen im Grundschulalter. Wie aus Abbildung 6 hervorgeht, hatten die unspezifischen Prädiktoren der Zugriffsgeschwindigkeit und der nonverbalen Intelligenz einen bedeutsamen direkten Einfluss auf die spezifischen Prädiktoren Mengen-Zahlen-Kompetenzen (MZK) Ebene 1 und Ebene 2, jedoch keinen direkten Einfluss auf die später erhobene Mathematikleistung. Diese wurde im Wesentlichen von den spezifischen Vorhersagemerkmalen bestimmt. Aus der Abbildung lässt sich die besondere Rolle der Mengen-Zahlen-Kompetenzen zweiter Ebene für die Mathematikleistungen bis zum Ende der Grundschulzeit ablesen. So war es möglich, etwa 25% der Varianz in den Mathematikleistungen am Ende der vierten Klasse durch die bereits vier Jahre vorher erhobenen Ebene-2-Kompetenzen zu erklären.

soziale Schichtzugehörigkeit

Zusätzlich interessant schien das Faktum, dass die soziale Schichtzugehörigkeit für die Prognose der Mathematikleistungen im ersten Schuljahr noch keine besondere Rolle spielte, dagegen einen bedeutsamen Einfluss auf die Ausprägung der Mathematikleistung in der vierten Klassenstufe nahm. Im Gegensatz zur Intelligenz nahm der Einfluss der sozialen Schicht also über die Zeit hinweg zu, sodass am Ende der Grundschulzeit 18% der Unterschiede in den Mathematikleistungen durch die Schichtzugehörigkeit der Kinder aufgeklärt wurde. Dieser letztgenannte Befund bedarf besonderer Aufmerksamkeit, denn er legt Auswirkungen sozialer Ungleichheit nahe: Er ist möglicherweise darauf zurückzuführen, dass sich Eltern aus höherem sozialem Milieu

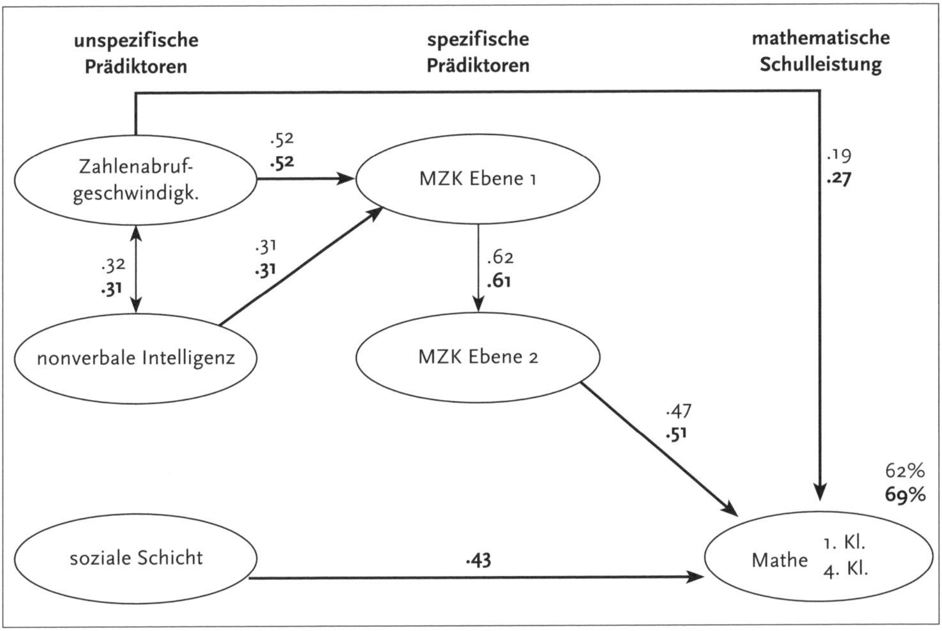

Abbildung 6 | Vorhersage der Mathematikleistungen in der vierten Klasse aus den im Kindergarten erhobenen Prädiktoren (MZK – Mengen-Zahlen-Kompetenzen); nur signifikante Pfade dargestellt (vgl. Krajewski & Schneider, 2006)

eher als Eltern aus benachteiligten sozialen Milieus zusätzliche private Förderungen ihrer Kinder leisten – insbesondere beim Herannahen des Übertritts in weiterführende Schulen, der in vielen Bundesländern nach dem vierten Schuljahr stattfindet.

In einer weiteren Studie überprüften Krajewski und Schneider (2009b) die Frage, welche Bedeutung die im Alter von etwa fünfeinhalb Jahren erfassten Merkmale der phonologischen Bewusstheit und des visuell-räumlichen Arbeitsgedächtnisses für die Vorhersage der numerischen Kompetenzen auf den im Modell der Zahl-Größen-Verknüpfung von Krajewski beschriebenen drei Ebenen sowie der Mathematikleistung gegen Ende der dritten Klassenstufe haben. Es ließ sich zeigen, dass die phonologische Bewusstheit besonders starken Einfluss auf die Entwicklung der numerischen Basiskompetenzen der ersten Ebene nahm und die weiteren Ebenen sowie die Mathematikleistung lediglich indirekt beeinflusste.

Demgegenüber sagte das visuell-räumliche Arbeitsgedächtnis die Kompetenzen der Ebenen 2 und 3 bedeutsam vorher, hatte jedoch ebenfalls nur einen indirekten Einfluss auf die Mathematikleistung gegen Ende der dritten Klassenstufe. Individuelle Unterschiede in den Mathematikleistungen wurden im Wesentlichen durch die drei Ebenen numerischer Kompetenzen vorhergesagt.

Da die Längsschnittstudie von Dornheim (2008) ähnlich angelegt war und im Hinblick auf die Kriteriumsmerkmale die gleichen Mathematiktests verwendete, scheint ein Vergleich ihrer Befunde mit denen von Krajewski und Schneider interessant. Auch in der Studie von Dornheim erwies sich das im Vorschulalter erhobene Zahlen-Vorwissen als besonders bedeutsamer Prädiktor, der dabei mehr Varianz in den Mathematikleistungen erklären konnte als das Mengen-Vorwissen. Ähnlich wie bei Krajewski und Schneider (2006) hatte die allgemeine Intelligenz einen vergleichsweise geringen Einfluss auf die Entwicklung mathematischer Leistungen in der frühen Grundschulzeit (erfasst gegen Ende der ersten und zweiten Klassenstufe). Allerdings erwiesen sich auch die zusätzlich erhobene räumliche Intelligenz sowie das phonologische Arbeitsgedächtnis als relevant für die Vorhersage der Mathematikleistungen. Dornheim folgerte aus ihren Befunden, dass eine differenzierte Frühdiagnose im Kindergarten für die Prävention von Rechenschwäche in der Grundschule sehr bedeutsam ist.

Zahlen-Vorwissen

Eine Reihe von weiteren Studien widmete sich der Frage, ob sich ähnliche Befundmuster auch dann ergeben, wenn die mathematische Kompetenzentwicklung bis in die späte Grundschulphase hinein sehr intensiv beobachtet wird. In einer umfassenden amerikanischen Längsschnittstudie (Jordan, Kaplan, Ramineni & Locuniak, 2009) wurden die numerischen Kompetenzen von 378 Vorschulkindern über insgesamt sechs Messzeitpunkte bis Mitte der ersten Klassenstufe erfasst und dann in Relation zur mathematischen Leistungsentwicklung vom Ende der ersten bis zum Ende der dritten Klassenstufe gesetzt. Als wesentlicher Befund ließ sich festhalten, dass die vor Schuleintritt beobachteten numerischen Kompetenzen auch komplexere mathematische Leistungen in der dritten Klassenstufe gut vorhersagen konnten. In Übereinstimmung mit den Ergebnissen von Krajewski und Schneider (2006) schnitten Kinder aus benachteiligten sozialen Milieus gegen Ende der dritten Klassen-

komplexere mathematische Leistungen

stufe vergleichsweise am schlechtesten ab und zeigten zwischen dem ersten und dritten Schuljahr auch die niedrigsten Zugewinne. Im Unterschied zur Arbeit von Krajewski und Schneider wiesen diese Kinder aber auch schon im Vorschulalter deutliche Rückstände im Bereich der basisnumerischen Kompetenzen auf.

Einen etwas anderen theoretischen Zugang wählten LeFevre, Fast, Skwarchuk, Smith-Chant, Bisanz, Kamawar und Penner-Wilger (2010), die in Anlehnung an neuropsychologische Ansätze wie etwa das Triple-Code-Modell von Dehaene (1992) davon ausgingen, dass numerische Informationsverarbeitung von linguistischen Kompetenzen, visuell-räumlichen Aufmerksamkeitsprozessen und der Fähigkeit zur Mengenschätzung und Mengenvergleichen abhängt. Das von den Autoren auf dieser Grundlage entwickelte „Pathways"-Modell ist in Abbildung 7 wiedergegeben. Aus der Abbildung lässt sich ablesen, dass die drei erwähnten kognitiven Vorläufermerkmale frühes numerisches Wissen beeinflussen, das wiederum unterschiedliche mathematische Fertigkeiten in der Grundschule wie etwa Kompetenzen im Bereich Geometrie, der Arithmetik und der Mengenabschätzung vorhersagen kann.

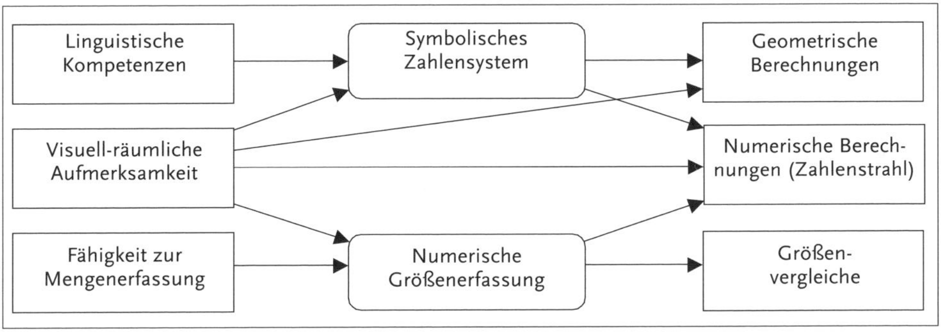

Abbildung 7 | Das „Pathways"-Modell (leicht modifiziert nach LeFevre et al., 2010)

Die Befunde der Längsschnittstudie von LeFevre et al. (2010) legen den Schluss nahe, dass frühe linguistische Kompetenzen stärker das Zahlwort-Wissen im Kindergarten beeinflussen, während die Fähigkeit zur Mengenschätzung und zum schnellen Mengenvergleich (Subitizing) die nicht sprachlichen arithmetischen Kompetenzen stärker vorhersagt. Die schon von Krajewski und Schneider (2009b) betonte Bedeutung des visuell-räumlichen Arbeitsgedächtnisses für unterschiedliche mathematische Fertigkeiten wurde auch in dieser Studie belegt.

Auswirkungen von früh erkennbaren Defiziten im linguistischen und arithmetischen Bereich auf die spätere schulische Entwicklung wollten auch neuere Studien genauer überprüfen. So untersuchten etwa Korpipää, Moll, Aunola et al. (2020) an einer sehr großen Stichprobe (mehr als 1700 Kindergartenkinder) die Effekte unterschiedlicher kognitiver Profile auf die spätere Leistungsentwicklung im Lesen und Rechnen, erfasst gegen Ende der ersten und siebten Klassenstufe. Als wesentliches Ergebnis der Studie ließ sich festhalten, dass insbesondere dann eine größere Wahrscheinlichkeit für überdauernde Probleme im Schriftsprach- und mathematischen Bereich bestand, wenn die Vorschultestung sowohl linguistische Probleme (phonologische Defizite und Buchstabenwissen, Benenn-Geschwindigkeit) als auch Probleme im Umgang mit Zahlen ergeben hatte. Waren die frühen Probleme auf einen der beiden Bereiche beschränkt, stellte sich die Prognose der weiteren Leistungsentwicklung als deutlich schwieriger heraus. Ähnliche Befunde wurden auch von Snowling, Moll und Hulme (2021) berichtet.

Die in diesem Unterkapitel beschriebenen längsschnittlich angelegten Untersuchungen belegen also zum einen die besondere Bedeutung früher vorschulischer Mengen-Zahlen-Kompetenzen für den erfolgreichen Erwerb der Grundschulmathematik, zeigen aber auch die Relevanz früher phonologischer Fähigkeiten und des vorschulischen (visuell-räumlichen) Arbeitsgedächtnisses für die Entwicklung mathematischer Fertigkeiten im Grundschulalter auf. Eine Durchsicht der Mathematik-Lehrpläne deutscher Bundesländer zeigt, dass Mengen-Zahlen-Kompetenzen durchaus Berücksichtigung finden und dadurch im Verlauf des ersten Schuljahres „abgearbeitet" sein müssten. Tatsächlich finden sich jedoch auch bei rechenschwachen Kindern höherer Schulklassen hier noch gravierende Defizite. Dieser Umstand weist darauf hin, dass der Umgang mit Zahlen nicht unbedingt belastbare Mengen-Zahlen-Kompetenzen etablieren muss, die als Grundlage für ein echtes arithmetisches Verständnis unabdingbar sind. So setzen verschiedene Ansätze zur Therapie von schulischen Rechenschwierigkeiten bereits bei den im Entwicklungsmodell der Zahl-Größen-Verknüpfung (Abb. 1) be-

Mengen-Zahlen-Kompetenzen

schriebenen Mengen-Zahlen-Kompetenzen an. Wie noch später genauer gezeigt werden wird, beschreiben etwa Jacobs und Petermann (2007) zunächst drei Module der Dyskalkulietherapie, die auf die Therapie von Basiskompetenzen (wie das Erfassen und Vergleichen von Mengen ohne Zählen, vgl. Ebene 1), die Vermittlung des semantischen Gehalts von Zahlen (wie die Mengen-Zahl-Zuordnung, vgl. Ebene 2) und von Konzeptwissen (wie das Verständnis des Zehnersystems, vgl. Ebenen 2 und 3) abzielen. Erst wenn diese Grundlagen gelegt werden konnten, erscheint es sinnvoll, sich den Rechenfertigkeiten der Kinder zu widmen.

2.3 Testverfahren zur Erfassung von Vorläuferfertigkeiten der Grundschulmathematik

Im Alltag von Vorschuleinrichtungen und therapeutischen Institutionen kommen zumeist eher informelle Verfahren oder Beobachtungsbögen zum Einsatz, die auf den Umgang der Kinder mit Formen, Farben, räumlicher Orientierung und weiteren stark visuell konzentrierten Kompetenzen fokussieren. Solche Instrumentarien sind in der Regel nicht modellbasiert konstruiert, sondern ähneln eher einem Sammelsurium an Merkmalen, die mit mathematischer Kompetenz in Zusammenhang stehen könnten, in Bezug auf ihre prognostische Validität jedoch keineswegs sorgfältig überprüft sind. So ist zu fordern, dass sich die frühe Diagnostik von Auffälligkeiten in der mathematischen Entwicklung an Kompetenzmodellen wie etwa dem von Krajewski (vgl. Abb. 1) orientieren sollte. Nur so lassen sich spezifische und belastbare Vorhersagen generieren. Wie bereits erwähnt, können die frühen Mengen-Zahlen-Kompetenzen eines Kindes aufgrund von Verschiebungen (bzgl. Abschnitte der Zahlenfolge, Zuordnung zu groben Mengenkategorien, Repräsentationsform) nicht immer eindeutig einer der drei Kompetenzebenen zugeordnet werden. Diese Verschiebungen sollten jedoch dadurch kontrollierbar sein, dass man sich bei der Testung innerhalb eines konstanten Zahlenabschnittes (z.B. Zahlenraum bis 10) bewegt und zudem für die Erfassung aller Kompetenzen durchgehend konkretes *oder* bildliches Material *oder* abstrakte Ziffernzeichen einsetzt (vgl. Krajewski & Ennemoser, 2013).

standardisierte Testverfahren

Für den deutschen Sprachraum liegen mittlerweile einige standardisierte Testverfahren vor, die bereits vor der Einschulung die Erfassung mathematischer Basiskompetenzen bzw. für die spätere Bewältigung der Grundschulmathematik als relevant erachtete Basisqualifikationen erlauben sollen (vgl. hierzu auch Kap. 4). So soll der **Osnabrücker Test zur Zahlbegriffsentwicklung** (OTZ; van Luit, van de Rijt & Hasemann, 2001) bereits bei $4^1/_2$-Jährigen Zahlenwissen und Zahlverständnis überprüfen. Das Verfahren erfasst insbesondere numerisches und nicht numerisches quantitatives Wissen, etwa die Fähigkeit zum Vergleichen, weiterhin das Verständnis für Zählprinzipien. Die Autoren unterscheiden acht Komponenten des frühen Zahlbegriffs, zu denen jeweils fünf Aufgaben entwickelt wurden. Da alle acht Komponenten auf einem einzigen Faktor laden und es sich demzufolge um eine eindimensionale Aufgabenskala zu handeln scheint, wird davon ausgegangen, dass durch den Test ein Kontinuum der frühen Zahlbegriffsentwicklung abgebildet wird. Die beiden Paralleltest-Versionen umfassen jeweils 40 Aufgaben, die in einer knappen halben Stunde durchgeführt werden können. Bei der Auswertung zählt lediglich die Bearbeitungsgenauigkeit, während Geschwindigkeitsaspekte außer Acht gelassen werden. Die Durchsicht des Diagnostikums lässt jedoch Fragen bezüglich der Spezifität der hier erhobenen Merkmale offen, da in mehreren Subtests besonders auch Aspekte der visuellen Wahrnehmung abgeprüft werden und ein großer Anteil der Testleistungen zudem mit der Arbeitsgedächtniskapazität konfundiert sein dürfte.

Etwas problematisch erscheinen überdies die Angaben zur Normstichprobe, die vor mehr als 10 Jahren erhoben wurde und für die deutsche Testversion auf den Daten von lediglich 330 Kindern basiert. Wie die Autoren jedoch betonen, entsprachen die Testleistungen der deutschen Kinder denjenigen der größeren niederländischen Eichstichprobe (N = 823). Positiv kann angemerkt werden, dass die Normierung in Halbjahresschritten vorliegt.

Während der OTZ lange Zeit das einzige vorschulische Verfahren zur Erfassung mathematischer Kompetenzen darstellte, sind in neuerer Zeit mit der ZAREKI-K, dem TEDI-MATH (detailliert beschrieben unter 4.1), dem MBK-0 und dem MARKO-D weitere Tests hinzugekommen, die auf ähnliche Altersgruppen abzielen und ein breiteres Aufgabenspektrum abdecken, die Aspekte des Zahlenverständnisses, der Zahlenverarbeitung und des rechnerischen Operierens bei Kindergartenkindern überprüfen und somit eine wesentlich spezifischere vorschulische Vorhersage späterer Mathematikleistungen erlauben dürften.

vorschulische Vorhersage späterer Mathematikleistungen

Die **neuropsychologische Testbatterie für Zahlenverarbeitung und Rechnen – Kindergartenversion (ZAREKI-K;** von Aster, Bzufka & Horn, 2009) wurde im Anschluss an das ZAREKI-Verfahren für Grundschulkinder (s.u.) entwickelt und soll eine Risikodiagnose für spätere Rechenstörungen im Schulalter ermöglichen. Die ZAREKI-K ist als Individualverfahren für Kinder im Alter von 4 bis 5 Jahren konstruiert und besteht aus 12 Untertests, die genau wie die ZAREKI für Schulkinder (allerdings leichtere) Aufgaben zum Zahlennachsprechen, Kopfrechnen, Anordnen von Zahlen auf einem Zahlenstrahl und kognitive Mengenbeurteilung enthalten, weiterhin einfache Aufgaben zu basisnumerischen Kompetenzen wie Zählen, Abzählen von visuell dargebotenen Punktmengen, Verändern von Mengen und Zahlerhaltung. Die Durchführungszeit liegt zwischen 30 und 40 Minuten. Die Gütekriterien der Objektivität und Reliabilität sind nach Autorenangaben erfüllt. Allerdings scheint auch hier die Normstichprobe mit 381 Kindern aus dem Kanton Zürich relativ klein und nur eingeschränkt repräsentativ. Was die Validität des Verfahrens angeht, so berichteten von Aster und Kollegen (von Aster et al., 2007) von einer erneuten Erhebung der Normstichprobe gegen Ende des zweiten Schuljahres. Diese Studie konnte belegen, dass Kinder, die in der zweiten Klassenstufe als rechenschwach diagnostiziert wurden, bereits im letzten Kindergartenjahr mit den Aufgabenstellungen der ZAREKI-K unterdurchschnittliche Leistungen erbracht hatten. Dieser Befund deutet darauf hin, dass sich die ZAREKI-K durchaus zur frühen Identifikation von Risikokindern für Rechenschwäche (Dyskalkulie) eignet.

Der 2008 erschienene **TEDI-MATH** (Test zur Erfassung numerisch-rechnerischer Fertigkeiten vom Kindergarten bis zur 3. Klasse; Kaufmann et al.) ist sowohl im Kindergarten- als auch im Schulalter einsetzbar. Da seine Testgütemaße jedoch erst ab dem Schulalter akzeptable Werte erreichen, soll das Verfahren in Kap. 4.1 (schulische Testverfahren zur Erfassung früher mathematischer Kompetenzen) vorgestellt werden.

mathematische Basiskompetenzen im Kindergartenalter

Ein neues, entwicklungspsychologisch orientiertes Verfahren erfasst **mathematische Basiskompetenzen im Kindergartenalter** (**MBK-0**; Krajewski, 2018), wobei sich die Konstruktionsprinzipien eng am Entwicklungsmodell von Krajewski (2007) anlehnen (vgl. Kap. 1 und 2). Das in zwanzigjähriger Forschungstätigkeit entwickelte Verfahren ist für den Einsatz bei dreieinhalb- bis siebenjährigen Kindern bestimmt und ermöglicht die differenzierte Feststellung des individuellen kindlichen Entwicklungsstandes in Bezug auf Zahlen-Größen-Kompetenzen. Insbesondere im Rahmen der Einschulungsdiagnostik ist dieses Verfahren von besonderem Wert, denn es lassen sich gezielt Entwicklungsrisiken dieser mathematischen Vorläuferfertigkeiten festmachen, sodass Kinder noch vor Schuleintritt einer spezifischen präventiven Förderung zugeführt werden können. Daneben dient es auch zur Verlaufskontrolle und Evaluation von mathematischen Frühfördermaßnahmen. Das Verfahren gliedert sich in drei Bereiche und überprüft modellkonform auf Ebene 1 numerische Basiskompetenzen wie etwa die Kenntnis der verbalen Zahlenfolge (Zahlenfolge vorwärts und rückwärts, Nachfolger- und Vorgängerzahlen) und der arabischen Ziffern von 1 bis 20, während auf Ebene 2 das Anzahlkonzept (Menge-Zahl-Zuordnungen, Mengenvergleich, Anzahlvergleich, Anzahlseriation) erfasst wird. Die Kompetenzen auf Ebene 3 werden schließlich anhand von Aufgaben zur Erfassung von Anzahldifferenzen sowie zu basalen Rechenfertigkeiten geprüft (vgl. die ausführliche Darstellung bei Krajewski & Ennemoser, 2013).

Die Durchführung des Verfahrens, das in einer Lang- (25 Minuten) und Kurzform (15 Minuten) vorliegt, erfolgt im Einzeltest; die Ergebnisse werden vom Untersucher auf einem Protokollbogen dokumentiert. Da die richtigen Antworten direkt auf dem Protokollbogen vermerkt sind, ist eine schnelle Auswertung möglich. Aus den Rohwerten werden die Summenwerte für die drei Kompetenzebenen sowie der Gesamtwert gebildet. Anhand dieser Werte kann die numerische Entwicklung eines Kindes differenziert mit den Leistungen einer gleichaltrigen Normgruppe verglichen werden. Hierfür stellt das Manual T-Normen und Prozentrangwerte zur Verfügung. Diese liegen altersbasiert (3;6 bis 7 Jahre) in Halbjahresabständen vor, zusätzlich sind am Einschulungszeitpunkt orientierte Normen für das erste, zweite und letzte Drittel des letzten Kindergartenjahres verfügbar. Letztere ermöglichen die

Feststellung, wie gut das untersuchte Kind – unabhängig von seinem Alter – im Vergleich mit Kindern abschneidet, die genauso nah an der Einschulung stehen wie das untersuchte Kind. Besonders wertvoll ist überdies die Möglichkeit einer taggenauen Auswertung, die durch das beigelegte Normwerteprogramm gegeben ist. Die Normstichprobe ist mit mehr als 3800 Kindern aus vier Bundesländern hinreichend groß. Die üblichen Gütekriterien wie Objektivität, Reliabilität und Validität werden von dem Verfahren erfüllt. Die interne Konsistenz beträgt .94, die Retestreliabilität lag für einen 10-Monatsabstand bei .78. In mehreren Längsschnittstudien ließ sich ein systematischer und substanzieller Zusammenhang (Korrelationen zwischen .56 und .73) zwischen den im Kindergarten nachweisbaren mathematischen Basiskompetenzen und den späteren Mathematikleistungen in der Grundschule zeigen (vgl. Krajewski, 2003; Krajewski & Schneider, 2006; Krajewski & Schneider, 2009b; Simanowski & Krajewski, 2017). Selbst mit den Mathematikleistungen am Ende der neunten Klasse ließen sich noch substanzielle Zusammenhänge ($r = .50$) feststellen (Krajewski & Ennemoser, 2018), sodass die prognostische Validität des MBK-0 als sehr solide einzustufen ist. Neben dem MBK-0, der bis zum Ende der Kindergartenzeit einsetzbar ist, findet sich auch ein gruppentaugliches, an Krajewskis Entwicklungsmodell angelehntes Verfahren auf dem Markt, das die Verfügbarkeit mathematischer Basiskompetenzen ab Beginn der ersten Klasse (MBK-1+; Ennemoser, Krajewski & Sinner) erfasst (s.u.).

Mit dem **MARKO-D** (Ricken, Fritz Stratmann & Balzer, 2013) steht ein weiteres neues Verfahren zur Verfügung, das ebenfalls nach theoretischen Vorgaben konstruiert wurde und sich eng an das oben beschriebene Entwicklungsmodell von Fritz und Ricken anlehnt. Wie die Autoren herausstellen, genügt das Modell den Bedingungen eines eindimensionalen dichotomen Raschmodells (vgl. auch Ricken, Fritz & Balzer, 2011). Der Test besteht aus 55 Items und ist für Kindergartenkinder zwischen vier und etwa sechseinhalb Jahren konzipiert. Zur Auflockerung der Testsituation wird die Vorgabe der Aufgaben in einen Geschichtenkontext eingebettet, wobei zwei Eichhörnchen versuchen, Mengen und Zahlen zu bestimmen und zu vergleichen. Die Aufgaben sind den schon oben beschriebenen fünf Niveaus („Zählen", „Mentaler Zahlenstrahl", „Kardinalität und Zerlegbarkeit", „Enthaltensein" und „Rationaler Zahlbegriff") zuzuordnen. Ein Beispielitem für das Niveau „Mentaler Zahlenstrahl" wäre etwa: „Wie heißt die Zahl, die zwischen 5 und 7 liegt?". Für die höchste Ebene (Rationaler Zahlbegriff) wäre etwa die Aufgabe zu lösen „Bringt mir bitte 8 Blumen. Es sollen 2 mehr blaue als rote sein". Die Testdurchführung ist in der Regel unkompliziert und nimmt im Einzeltest etwa 20-30 Minuten in Anspruch. Der vom Kind erzielte Gesamtwert lässt sich einer Skala zuordnen, die verschiedene Niveaus repräsentiert. Die Autoren sehen demnach die Möglichkeit gegeben, den Wert als Hinweis für das erreichte Niveau der mathematischen Konzeptentwicklung zu interpretieren. Das Verfahren wurde an 1095 Kindern normiert und ist als Einzeltest durchführbar. Die Gütekriterien sind im Hinblick auf die Zuverlässigkeit des Verfahrens mit .91 für die interne Konsistenz und mit .89 für die Retestreliabilität gegeben, und auch die Gültigkeit scheint im Hinblick auf die Inhalts- und Kriteriumsvalidität erfüllt. Für letztere wird eine Korrelation von .77 mit dem Osnabrücker Test zur Zahlbegriffsentwicklung (OTZ) angegeben. Wie Lambert (2015) anmerkt, kann die Bestimmung des erreichten Niveaus für ungeübte Anwender kompliziert sein. Es ist anzunehmen, dass über das Verfahren spätere Schulleistungen vorhergesagt werden können, auch wenn entsprechende Analysen noch fehlen.

mathematische Konzeptentwicklung

Mit dem **KiKi (Kieler Kindergartentest Mathematik zur Erfassung mathematischer Kompetenz von vier- bis sechsjährigen Kindern im Vorschulalter)** wurde in den letzten Jahren ein weiteres neues Testverfahren entwickelt und validiert, das sich für den Einsatz im Kindergarten eignet (vgl. Grüßing, Heinze, Duchhardt, Ehmke, Knopp & Neumann, 2013; Jordan, Duchhardt, Heinze, Tresp, Grüßing & Knopp, 2015). Im Unterschied zu den meisten anderen Testinstrumenten, die sich primär auf den mathematischen Inhaltsbereich „Mengen, Zahlen und Operationen" beziehen, wird das Konzept mathematischer Kompetenz im KiKi weiter gefasst. Das Verfahren enthält neben Aufgaben aus den genannten Inhaltsbereichen auch solche zur Geometrie, zum Umgang mit Größen sowie zu einem intuitiven Wahrscheinlichkeitsbegriff. Der Itempool des KiKi besteht derzeit aus 122 Testitems, die einem Experten-Rating unterzogen und zunächst in kleineren Fallstudien erprobt wurden. In einer ersten größeren Pilotierungsstudie mit insgesamt 469 Kindergartenkindern im Alter von vier bis sechs Jahren wurden zufriedenstellende Gütekriterien registriert. Die Endversion des Tests soll nach Angaben der Autoren für fünf Altersgruppen zwischen vier und sechseinhalb Jahren verfügbar sein.

Insgesamt betrachtet haben sich die Möglichkeiten zur gezielten Erkundung und Diagnose des mathematischen Wissens im Vorschulalter im letzten Jahrzehnt enorm verbessert. Neben den beschriebenen standardisierten Verfahren stehen mittlerweile auch umfassendere Prozeduren zur Lernstandserhebung im Vorschulalter bzw. zum Schulbeginn zur Verfügung, die sowohl sprachliche als auch mathematische Kompetenzen erfassen. Das von Moser und Berweger (2007) entwickelte Programm „**wortgewandt & zahlenstark**" wurde bislang vorwiegend in der deutschsprachigen Schweiz eingesetzt. Der Subtest zur Erfassung mathematischer Kompetenzen basiert in seinem theoretischen Ansatz auf den frühen Arbeiten von Krajewski und bezieht Aufgaben zum Ordinal- und Kardinalaspekt, zur Kenntnis der Zahlensymbole sowie zum Rechenzahlaspekt ein (für eine ausführlichere Beschreibung vgl. Moser & Bayer, 2011). Die Durchführung des Rechentests nimmt dabei zwischen 30 und 60 Minuten in Anspruch. Ähnlich wie beim MARKO-D lassen sich die erzielten Rohwerte unterschiedlichen Niveaustufen zuordnen, die hierarchisch angeordnet sind. Dazu wurden die Rohdaten der Normstichprobe von etwa 1000 Kindern raschskaliert. Das Verfahren kann im Hinblick auf seine Gütekriterien überzeugen.

Mit der **„Würzburger Vorschultest-Batterie"** (Endlich, Berger, Küspert, Lenhard, Marx, Schneider & Weber, 2016) steht neuerdings ein umfassendes Diagnostikum für das letzte Kindergartenjahr zur Verfügung, das neben frühen schriftsprachlichen und sprachlichen Fähigkeiten auch mathematische Vorläuferfertigkeiten in einem separaten Modul erfasst. Die Konzeption dieses Moduls orientiert sich an den Arbeiten von Krajewski (2003). Es werden mathematische Basisfertigkeiten wie das Abzählen, Mengenvergleiche, die Bildung von Reihenfolgen (Seriation), die Kenntnis arabischer Ziffern und das mathematische Modellieren von Addition und Subtraktion anhand einfacher Textaufgaben jeweils über mehrere Subtests erfasst. Für eine Teilstichprobe einer größer angelegten Normierungsstudie ließ sich die Vorhersagequalität des Vorschul-Moduls (Gesamtwert) für die Mathematikleistung in der ersten Klassenstufe bestätigen (vgl. Endlich, Lenhard, Marx & Schneider, 2015): die Korrelation mit dem Deutschen Mathematiktest für erste Klassen (DEMAT 1+; Krajewski et al., 2002) fiel mit $r = .58$ durchaus substanziell aus.

Fähigkeitsindikatoren Primarschule

Einen anderen Ansatz verfolgt das computerbasierte Diagnoseinstrument **FIPS** (**Fähigkeitsindikatoren Primarschule**; Bäuerlein et al., 2012; Bäuerlein, Niklas & Schneider 2014), das für den Einsatz zu Beginn und gegen Ende der ersten Grundschulklasse vorgesehen ist. Dieses Verfahren stellt eine Weiterentwicklung des im englischsprachigen Raum schon seit zwei Jahrzehnten verfügbaren Diagnoseinstruments PIPS (Performance Indicators in Primary Schools; z.B. Tymms & Albone, 2002) dar. Mit FIPS soll die Lernausgangslage von Schulanfängern in den Bereichen Schriftsprache, phonologische Bewusstheit und mathematische Kompetenz ermittelt werden. Im Hinblick auf den letztgenannten Bereich wurden Aufgaben zum Rechnen mit Bildern und Symbolen, zum Lesen von Zahlen und zu elementaren Rechenvorgängen (einfache Addition und Subtraktion) konstruiert. Zu Beginn der Grundschule sollen alle Kinder der Klasse von der Lehrperson mit FIPS untersucht werden, was der Lehrerin/dem Lehrer von Beginn an eine genauere Kenntnis des Leistungsstands vermitteln soll. Schüler*innen und Lehrer*innen sitzen gemeinsam am Bildschirm, und die Lehrkraft zeichnet mit der Computermaus die Ergebnisse des Kindes auf, die automatisch auf die Festplatte des Computers übertragen werden. Das Programm arbeitet adaptiv, interagiert also mit dem Kind und passt die Aufgabenauswahl fortwährend dem Leistungsniveau des Kindes an. Werden mehrere Items in Folge nicht richtig beantwortet, wird automatisch zum nächsten Aufgabenbereich gewechselt. Über den Vergleich der Ergebnisse zu Beginn und gegen Ende der Schulzeit können sowohl individuelle Veränderungen genauer registriert als auch Gesamtzuwächse für die betroffene Klasse beurteilt werden. Für jedes Kind lässt sich das Leistungsprofil für die Bereiche Schriftsprache, phonologische Bewusstheit und mathematische Kompetenz bestimmen und die Entwicklung intraindividuell wie auch im Vergleich mit anderen Schüler*innen einordnen (vgl. ausführlicher Bäuerlein, Beinicke, Faust, Franz, Jost & Schneider, 2011). Das an etwa 1100 Kindern normierte Verfahren verfügt über passable Zuverlässigkeitswerte. Für die Subskala Mathematik wurden Reliabilitätskennwerte zwischen .86 (Schulbeginn) und .80 (Ende der ersten Klasse) ermittelt. Auch die Gültigkeit der Subskala Mathematik ist gegeben, da ihre Korrelation mit einem Mathematiktest (DEMAT 1+; Krajewski, Küspert & Schneider, 2002) mit $r = .62$ durchaus bedeutsam ausfällt. Eine aktualisierte zweite Auflage des Verfahrens mit neuen Normen befindet sich im Druck (Bäuerlein, Beinicke, Schorr & Schneider, im Druck)

2.4 Förderung von Vorläuferfertigkeiten

Zeigt ein Vorschulkind große Rückstände in den aufgeführten Bereichen der mathematischen Kompetenzentwicklung, können diese darauf zurückführbar sein, dass dieses Kind in seiner alltäglichen Erfahrungs- und Lernumwelt bislang kaum Gelegenheit hatte, spezifische Erfahrungen mit Mengen und Zahlen zu machen; somit wären Umweltbedingungen für diese Defizite verantwortlich. Eine Kompensation könnte dadurch erreicht werden, dass dieses Kind nun vermehrt zu Erfahrungen und Erkenntnissen an Mengen und Zahlen hingeführt wird. Eine solche fördernde Begleitung könnte es also auch Kindern, die in einem wenig förderlichen häuslichen Umfeld aufwachsen, ermöglichen, mit einem soliden Fundament an spezifischem Vorwissen auf die Grundschulmathematik zuzugehen. Defizite in den beschriebenen mathematischen Kompetenzen sind jedoch nicht generell auf ein Übungsdefizit beschränkt, denn auch Kinder, die häuslich oder institutionell umfassend angeregt und gefördert werden, können durch einen Mangel an spezifischen Vorläuferfertigkeiten auffallen; damit muss auch von eher umweltunabhängigen Ursachen ausgegangen werden, die ihren Ursprung in defizitären basalen und bereichsübergreifenden Fähigkeiten des betreffenden Kindes zu haben scheinen. Wie bereits erwähnt, ist dabei die häufig zitierte enorme Bedeutung der Intelligenz oder des logischen Denkens zu relativieren, da empirischen Daten zufolge die allgemeine nichtsprachliche Intelligenz nur eine untergeordnete Rolle in der mathematischen Entwicklung eines Kindes zu spielen scheint (Krajewski & Schneider, 2006; Krajewski, Schneider & Nieding, 2008; Stern, 1997; Weißhaupt et al., 2006). Demgegenüber kommt den Gedächtnisressourcen eines Kindes eine herausragende Bedeutung beim Erwerb mathematischer Kompetenzen zu (Grube & Barth, 2004; Krajewski, Schneider & Nieding, 2008; Lepach, Petermann & Schmidt, 2007; Thomas, Zoelch, Seitz-Stein & Schumann-Hengsteler, 2006; von Aster et al., 2007).

Gedächtnisressourcen

exekutive Funktionen

Jüngere Studien weisen zudem auch Exekutivfunktionen wie der Fähigkeit, irrelevante Inhalte zu hemmen (Inhibition), zwischen relevanten Inhalten gezielt zu wechseln (Shifting) und aktuelle Informationen lange genug aufrechtzuerhalten (Updating) Bedeutung für das Verständnis der Mathematik zu (vgl. Clark, Pritchard & Woodward, 2010; LeFevre et al., 2013; Roebers, Röthlisberger, Cimeli, Michel & Neuenschwander, 2011; Simanowski & Krajewski, 2017).

direkte Instruktion

Wie sich zudem in einer dreijährigen Förderstudie von Ennemoser, Krajewski, Vossen und Haschke (2013) zeigte, ist im Kindergarten- und Schuleintrittsalter eine direktiv-instruktive (d.h. strikt erzieher- bzw. lehrergeleitete) mathematische Förderung einer mathematischen Förderung, welche in kooperativen Lernsettings durchgeführt wird, langfristig überlegen. So führte nur die direkt-instruktive Förderung, nicht jedoch eine inhaltsgleiche, aber in Partnerarbeit durchgeführte mathematische Förderung zu einer langfristigen Übertragung der Förderinhalte auf die mathematischen Schulleistungen. Wenn es darum geht, Kinder durch die Förderung eines adäquaten Zahlverständnisses für den Erwerb der Grundschulmathematik fit zu machen, sollte dies demnach in direktem, anleitenden Austausch mit der pädagogischen Fachkraft erfolgen und nicht darauf vertraut werden, dass in der Förderung ein Austausch mit Gleichaltrigen ausreichend ist.

mathematische Frühförderung

Für den deutschsprachigen Raum existieren mittlerweile eine Reihe von Fördermaterialien und -programmen, die bereits bei Vorschulkindern auf spielerische Weise mathematische Vorkenntnisse und damit eine solide Basis für den anstehenden Erwerb der Grundschulmathematik liefern sollen (vgl. etwa die Übersicht bei Werner, 2009). Mit dem Konzept „*Ganzheitliche mathematische Frühförderung*“ (Umland & Ott, 2008) stellen die Autorinnen „ausgearbeitete Praxiseinheiten zur Vorbereitung auf das Schulfach Mathematik“ zur Verfügung, die auf das Lernen mit verschiedenen Sinnen fokussieren und Wert darauf legen, dass „in der Vorschule kindgerecht und spielerisch erlebt werden soll, was später in der Schule abstrakt dargestellt wird.“ (ebd. S. 4). Die Inhalte leiteten die Autorinnen aus ihren Beobachtungen von Kindergartenkindern ab. So werden die Zahlen von 1 bis 10 vorgestellt, anschließend werden die Formen Quadrat, Rechteck, Dreieck und Kreis behandelt, es folgen Übungen zur Verbesserung der Raum-Lage-Wahrnehmung, zum Teilen von Mengen,

Nutzen der Zahlen zur Benennung von Jahreszahlen, Tag und Stunde, Messen und Wiegen; schließlich werden Additions- und Subtraktionsaufgaben vorgestellt. Die Durchsicht des Programms verdeutlicht, dass hier unter dem Label der Ganzheitlichkeit diverse mengen- und zahlenrelevante Bereiche aus dem alltäglichen Erleben der Kinder behandelt werden, dies jedoch in sehr unsystematischer Weise, ohne dass ein Bezug zu den Schritten des Aufbaus mathematischer Vorläuferfertigkeiten erkennbar ist. Die Zusammenstellung lässt erkennen, dass Inhalte der Kompetenzebenen 1 und 2 nur unvollständig behandelt werden, sodass ein Übergang zum Rechnen, wie er im letzten Schritt der Förderung erfolgt, gerade für schwächere Kinder deutlich verfrüht sein dürfte.

Die Fülle und die höchst unterschiedliche fachliche wie auch didaktische Qualität der derzeit auf dem Markt befindlichen Förderangebote macht es erforderlich, Kriterien zu erarbeiten und zu überprüfen, die ein geeignetes Programm erfüllen sollte. Dazu gehört etwa eine systematische Begleitforschung und eine methodisch angemessene Überprüfung der Programmwirkungen (vgl. etwa Krajewski & Simanowski, 2017; Landerl et al., 2017). Es sollte zumindest ein Vergleich mit einer unbehandelten Kontrollgruppe vorliegen, die Vor- und Nachtestungen nicht von den Personen durchgeführt werden, die auch selbst gefördert haben, bei den Analysen keine Kinder ausgeschlossen werden, nur weil sie auf das Training nicht angesprochen haben und die Nachhaltigkeit der Trainingswirkung dadurch aufgezeigt werden, dass nicht nur unmittelbar nach Trainingsende, sondern auch noch eine längere Zeit danach, positive Trainingseffekte nachweisbar sind. Bei Zugrundelegung solcher Maßstäbe reduziert sich das empfehlenswerte Angebot an Fördermaßnahmen im vorschulischen Bereich erheblich.

Überprüfung der Programmwirkungen

Mit „**Spielend Mathe**“ hat Quaiser-Pohl (2008) ein Programm zur Förderung mathematischer und allgemeiner intellektueller Fähigkeiten vorgelegt, dessen Wirksamkeit mittlerweile auch überprüft wurde. Das Programm baut auf Erkenntnissen zur Entwicklung mathematischer Kompetenzen und mathematik-didaktischen Überlegungen auf und testet den Zahlbegriff der Kinder wie auch deren Mengenverständnis, die visuelle Unterscheidungsfähigkeit, die Raumvorstellung und den Umgang mit Symbolen sowie die Kenntnis einfacher Rechenope-rationen. Die mathematischen Inhalte der einzelnen Fördereinheiten werden den Kindern in spielerischer Form und altersangemessen vermittelt. Die Reihenfolge der Förderinhalte kann relativ flexibel vermittelt werden, und die Durchführung sollte möglichst in Kleingruppen erfolgen. Das Programm ist sowohl für mathematisch begabte, normal begabte als auch „rechenschwache" Kinder konzipiert.

Die Überprüfung der Wirksamkeit von „Spielend Mathe" erfolgte mit etwa 180 Vorschulkindern aus zwölf Kindergärten, nachdem das Programm über einen Zeitraum von zehn Wochen durchgeführt worden war. Die Ergebnisse der Evaluationsstudie mit Prä-/Posttest-Design sowie zwei späteren Follow-up-Untersuchungen dokumentierten einen deutlichen Leistungszuwachs. Die Autorin folgerte aus den Ergebnissen, dass das Programm die Startbedingungen bei der Einschulung bedeutsam verbessert. Weitere Follow-up-Untersuchungen stehen noch aus, sodass die Nachhaltigkeit der Fördermaßnahme noch nicht abschließend beurteilt werden kann.

Etwa zum gleichen Zeitpunkt wurde auch das Programm „**Zahlenzauber**" (Clausen-Suhr, 2008) entwickelt. Ziel dieses Programms ist es, den Kindern im letzten Kindergartenjahr grundlegende mathematische Kenntnisse zu vermitteln, die den Schulstart im Fach Mathematik erleichtern sollen. Das Angebot ist bausteinartig angelegt und ermöglicht den Erzieherinnen eine flexible Vermittlung des Lernangebots. Das Programm stellt eine Kombination aus entdeckenden Lernformen und Elementen der direkten Instruktion dar, wobei insbesondere für lernschwächere Kinder angenommen wird, dass sie von entdeckenden Lernformen weniger profitieren.

Eine Evaluationsstudie mit ca. 240 Kindern hat gezeigt, dass die geförderten Kinder gegenüber einer Kontrollgruppe nachweislich bessere Leistungswerte aufwiesen und ihren Vorsprung in die erste Klasse hinein halten konnten. Mittlerweile liegen auch Ergebnisse einer weiteren Längsschnittstudie vor (Clausen-Suhr, Schulz & Bricks, 2008), die den deutlichen Fördererfolg einer trainierten Gruppe gegenüber einer Kontrollgruppe bestätigt. Das Programm bietet insbesondere lernschwachen Kindern gute Verbesserungsmöglichkeiten.

In Kindertageseinrichtungen ist das Förderprogramm „**Komm mit ins Zahlenland**" (Friedrich & de Galgòczy, 2004) mittlerweile weitverbreitet. Es basiert auf einem wissenschaftlichen Projekt, das seit 2003 vom Ministerium für Kultus, Jugend und Sport des Landes Baden-Württemberg und von der Robert-Bosch-Stiftung gefördert wurde. Das Training legt besonderen Wert auf eine phantasievolle Ausgestaltung von Übungen mit Mengen und Zahlen. Die Autoren interpretieren den Begriff „Zahlenraum" hier als Lebensraum der Zahlen, welche beseelte Merkmale besitzen und in personalisierter Weise mit Eigenschaften belegt werden. So hat in diesem Zahlenland jede Zahl ihren festen Wohnort, eine einzigartige Geschichte und eine von den anderen Zahlen grundverschiedene Identität. Nach Berichten aus der Praxis lieben Vorschulkinder diese phantasievollen und inspirierenden Übungen, sodass von einer kindgerechten und anregenden Beschäftigung auszugehen ist. Das Programm betont den Aspekt „ganzheitlichen Lernens", also die möglichst vielfältige Darbietung des Lernstoffs. Die primären Lernziele bestehen in der Veranschaulichung der Zahlengrößen und der Vermittlung ordinaler wie auch kardinaler Zahlenaspekte. Das didaktische Konzept von Zahlenland widerspricht allerdings dem Prinzip, dass Anschauungshilfen nicht mit den abstrakten Zahlvorstellungen in Konflikt geraten sollten (vgl. Lambert, 2015; Landerl et al, 2017). Ob also mit solchen Übungen tatsächlich das kindliche Verständnis für die abstrakte Bedeutung der Zahlen gefördert wird, ist kritisch zu sehen. Es könnte durchaus sein, dass die Aufmerksamkeit der Kinder – und insbesondere der Kinder mit wenig spezifischem Vorwissen – auf die emotionalen und belebten Komponenten der hier geschaffenen Situationen gelenkt wird, sodass die Erkenntnis des Wesentlichen, nämlich des numerischen Gehaltes der Situation, sogar verstellt werden kann (vgl. Fuson, 2009). Die Ausbildung höherer Kompetenzen, insbesondere der Kompetenzebene 3, wird mit der Reise durchs Zahlenland besonders für schwächere Kinder erschwert. So verstellt beispielsweise die Gestaltung der Zahlenpuppen (zwei Brillengläser für die Zahl 2; die Fähigkeit, drei Wünsche zu erfüllen für die Zahl 3; fünf Knöpfe für die Zahl 5) die Erkenntnis der Anzahldifferenz geradezu, da sich aus zwei Brillengläsern und drei erfüllten Wünschen insgesamt keine fünf Knöpfe ergeben. Es ist zu befürchten, dass gerade durch die zentrale Gestaltungsidee dieses Konzepts, nämlich die Beseelung der Zahlen, der Aufbau eines tiefen mathematischen Verständnisses behindert werden kann (vgl. von Aster, 2005).

ganzheitliches Lernen

Evaluationsbefunde

Trotz dieser theoretisch verankerten Bedenken sind die bislang vorgelegten Evaluationsbefunde zum Programm überwiegend positiv, wenn auch nicht konsistent. So legten die Befunde der Evaluationsstudie von Friedrich und Munz (2006) den Schluss nahe, dass die geförderten Kinder unmittelbar nach Trainingsende gegenüber den nicht geförderten Kontrollgruppenkindern deutliche Vorteile in einem informellen Test aufwiesen, der allerdings nur etwa zur Hälfte aus mathematikbezogenen Items bestand. Wenn auch Friedrich und Munz in der Diskussion ihres Beitrags auf nachhaltige Wirkungen der Förderung auch noch nach einem Jahr verwiesen, wurde dafür keine Datenbasis präsentiert. In einer weiteren Evaluationsstudie von Pauen und Pahnke (2008) wurde „Zahlenland" in seiner Wirkung mit dem Programm „Mathe 2000" von Wittmann (2006) verglichen, das auf die Förderung des logisch-mathematischen Denkens durch spielerische Übungen abhebt. Die Autorinnen verglichen die Ergebnisse der recht kurzen (zehnwöchigen) Förderphase anhand eines eigens konstruierten Tests, der sich vorwiegend auf die Trainingsinhalte bezog. Es wurden für beide Programme vergleichbare und teilweise beträchtliche Trainingszugewinne registriert, die mehrheitlich signifikant ausfielen. Ein gewisser Schönheitsfehler dieser Studie ist darin zu sehen, dass keine unbehandelte Kontrollgruppe einbezogen wurde, also nicht ausgeschlossen werden kann, dass hier lediglich ganz natürliche Entwicklungszuwächse abgebildet wurden. In einer umfangreichen Evaluationsstudie von Krajewski, Nieding und Schneider (2008), die sich auf das noch genauer darzustellende Programm „Mengen, zählen, Zahlen" (s.u.) bezog und auch „Zahlenland" in einer Vergleichsbedingung miteinbezog, schnitten die mit „Zahlenland" geförderten Kinder im Vergleich zu einer unbehandelten Kontrollgruppe nicht besser ab.

Es ist also auch aufgrund der skizzierten Befundlage zu „Zahlenland" nicht von der Hand zu weisen, dass eine alltagsbezogene, phantasieanregende und somit vermeintlich kindgerechte Förderung unter Umständen ihr wesentliches Ziel, nämlich den Aufbau nachhaltig hilfreichen mathematischen Vorwissens, nicht im gewünschten Ausmaß erreicht. Es erscheint uns vergleichsweise sinnvoller, dass Förderkonzepte, die Kinder mit Auffälligkeiten in der frühen mathematischen Entwicklung vor späteren schulischen Lern-Leistungsproblemen schützen sollen, sich an den folgenden Anforderungen nach Krajewski (2008b) orientieren: (1) spezifischer Inhalt, (2) geeignete Darstellungsmittel, (3) numerische Sprache und (4) systematischer Kompetenzaufbau. Die Förderung sollte sich an mathematische Einsichten richten und damit auf mathematische Inhalte abzielen (*inhaltsspezifisch*, vgl. Moser-Opitz & Schmassmann, 2003; von Aster, 2003). Dies bedeutet, dass mathematische Einsichten durch die begleitete und gelenkte Auseinandersetzung mit mathematischen Inhalten vermittelt werden sollten. Zwar verfügen sogenannte Risikokinder, wie oben beschrieben, häufig auch über eingeschränkte Ressourcen in ihrer Fähigkeit, Informationen aufzunehmen, diese kurzzeitig im Gedächtnis zu speichern und zu verarbeiten. Wie Befunde aus der Gedächtnisforschung zeigen, scheint der Versuch, diese basalen Defizite durch Förderung auszugleichen, jedoch bislang noch wenig Erfolg versprechend (vgl. Mähler & Hasselhorn, 2001).

Kinder, die insbesondere aufgrund eingeschränkter Gedächtnisressourcen aus ihren alltäglichen Beobachtungen weniger spezifisches mathematisches Vorwissen extrahieren konnten, sollten im Rahmen der Förderung die Chance erhalten, sich explizit auf die spezifisch-mathematischen Mengen-Zahlen-Kompetenzen zu konzentrieren; Beeinträchtigungen, die die Kinder in anderen Bereichen zeigen, sollten bei der inhaltsspezifischen Förderung natürlich immer im Auge behalten werden.

Daraus ergibt sich als zweite Anforderung an eine mathematische Förderung, dass zur Entlastung der begrenzten Gedächtnisressourcen auch immer *geeignete Darstellungsmittel* eingesetzt werden sollten. Geeignete Darstellungsmittel sind beispielsweise Materialien, die aufsteigende Zahlen durch konstant zunehmende Flächen, Längen und Volumina repräsentieren. Diese machen die abstrakte Struktur der Zahlen „sichtbar“, indem sie das vom Kontext bereinigte mathematische „Skelett“ konkreter Handlungen besonders gut wiedergeben und den Kindern so ein abstraktes Modell über den Aufbau der Zahlen „vor Augen führen“. Dies ermöglicht es den Kindern, die Struktur der Zahlen am konkreten Darstellungsmittel klar zu erkennen. Eine Ablenkung durch weitere im *Veranschaulichungsmaterial* enthaltene Assoziationen (irrelevante Inhalte von Phantasien, Geschichten, Erlebnissen) sollte hingegen vermieden werden, um die Kinder zum Kern der mathematischen Erkenntnisse zu führen (vgl. Fuson, 2009). Sie müssen sich so den Zahlenraum nicht unter hoher Beanspruchung ihrer begrenzten Gedächtniskapazität erst „innerlich im Kopf" konstruieren und haben damit Ressourcen frei, um sich auf den eigentlichen numerischen Inhalt der Zahlen zu konzentrieren.

Um den Kindern diesen numerischen Inhalt auch *bewusst* zu machen, sollte drittens das am Darstellungsmittel *numerisch Sichtbare auch verbalisiert* werden. Zusammenhänge zwischen Zahlen sollten also durch sprachliche Formulierungen wie „vier sind mehr als drei", „von der Zwei zur Drei kommt eins dazu" bewusst in den Vordergrund gestellt und reflektiert werden. Dieses sprachlich unterstützte Vorgehen ebnet den Weg zum Verständnis der dargestellten Beziehungen zwischen Mengen und somit auch zwischen Anzahlen.

numerische Einsichten

Numerische Einsichten sollten nach Krajewski schließlich auch *systematisch aufgebaut* werden, sodass die Abfolge der Erkenntnis- und Lernschritte bei der numerischen Förderung der natürlichen Entwicklung beim Aufbau von Mengen-Zahlen-Kompetenzen folgt und dabei keine Lücken lässt. Damit soll sichergestellt werden, dass auf einer soliden Basis ein wirklich tiefes Verständnis der Zahlen, des Zahlenraums und insbesondere auch der Beziehungen zwischen Zahlen geschaffen wird.

Ein diesen Ansprüchen prinzipiell genügendes Förderprogramm wurde mit „**Mengen, zählen, Zahlen**" (**MZZ**; Krajewski, Nieding & Schneider, 2007) vorgelegt. Dieses verfolgt das Ziel, unter Rückgriff auf abstrakte Veranschaulichungsmittel, welche die Struktur der Zahlen „greif- und sichtbar" machen, mathematische Einsichten zu vermitteln. Die Gestaltung der Veranschaulichungsmittel (u.a. Zahlentreppe, Anzahlkarten, Anzahlstreifen) leitet die Kinder über das Be-Greifen und Be-Schreiben zum Er-Kennen und ermöglicht ihnen mathematische Erkenntnisse am Gegenstand. Das Förderkonzept basiert auf dem in Abbildung 1 beschriebenen Entwicklungsmodell der Zahl-Größen-Verknüpfung und führt die geförderten Kinder sehr kleinschrittig und systematisch zu sicheren Mengen-Zahlen-Kompetenzen. Während der achtwöchigen Förderphase sind wöchentlich drei etwa halbstündige Fördersitzungen zu absolvieren; dabei sollte die Gruppengröße der Vorschulkinder sechs nicht überschreiten, um gerade die Kinder mit dem schwächsten Vorkenntnisniveau nicht aus dem Blick zu verlieren. So werden unter Anleitung der Erzieherinnen zunächst spielerisch numerische Basisfertigkeiten der Kinder (Zählfertigkeiten und Ziffernkenntnis im Zahlenraum bis 10; Ebene 1) gefestigt und zum Anzahlkonzept verknüpft (Zahlen werden Anzahlen und aufsteigenden Zahlen zunehmende Anzahlen zugeordnet; Ebene 2). Im Anschluss wird die Bewusstheit für Anzahlrelationen (Ebene 3) aufgebaut. So wird den Kindern einerseits vermittelt, dass zu größeren Zahlen mehr Dinge gehören und dass man die durch das Zählen erhaltenen Anzahlen auch nach aufsteigender Größe exakt an die Zahlenfolge anordnen kann (präzises Anzahlkonzept). Andererseits erfahren sie, dass sich zwei aufeinanderfolgende Zahlen immer um eins unterscheiden (Anzahldifferenz, Ebene 3) und dass sich Zahlen aus kleineren Zahlen zusammensetzen lassen (Teil-Ganzes-Zahlbeziehungen, Ebene 3). Während der Übungseinheiten und insbesondere am Ende jeder Fördersitzung wird viel Wert darauf gelegt, dass die Kinder den numerischen Gehalt und die numerischen Beziehungen auch verbalisieren (z.B. „mehr als“, „weniger als“) und dass sie bewusst über ihre numerische Handlungen reflektieren (z.B. beim Zählen: „Du sagst ‚vier‘, tippst aber nur *ein* Kärtchen an. Warum?“). Damit wird das Prinzip des gelenkten Entdeckens noch intensiviert und Wissen gefestigt. Der Aufbau des Programms ist in Abbildung 8 skizziert.

Kasten 1: Förderschwerpunkt „Größenrepräsentation von Zahlen“

Ziele. Das Kind soll „sich bewusst machen“ und besser verstehen, dass hinter Zahlen Mengen bzw. Größen stehen. Zahlwörter, Ziffern und Mengen werden zum Anzahlkonzept verknüpft (Kompetenzebenen 1 und 2). Dies wird über folgende Teilziele erreicht:

- Beherrschen der Zahlenfolge und der Ziffern von 1 bis 10 (Ebene 1)
- Einordnen von Zahlen in die Zahlenfolge, z.B. 4, 5, ?, 7 (Ebene 1)
- Zuordnen von Mengen zu Zahlen und umgekehrt (Ebene 2)
- Übertragung von Mengen und Zahlen in korrespondierende Darstellungsweisen (Zahlwort, Ziffer, Menge) (Ebene 2)

Materialien. Es werden Materialien verwendet, bei denen die *Anzahl* der Elemente mit der *Ausdehnung* bzw. mit dem *Volumen* der Gesamtmenge korrespondiert. Eine „größere“ Zahl wird also auch „sichtbar mehr“. Für alle Zahlen werden die gleichen Materialien verwendet (z.B. 3 Kinder, 3 blaue Chips, 3 Finger für die Zahl 3; und entsprechend 5 Kinder, 5 blaue Chips, 5 Finger für die Zahl 5).

Leitfragen. Folgende Fragen sollen das Kind zur gedanklichen Auseinandersetzung mit den Aufgaben und Materialien anregen: Zähle, wie viele das sind! Welche Zahl ist das? Wohin gehört diese Zahl? Welche Zahl kommt zwischen diese beiden Zahlen? Warum sage ich vier, tippe aber nur eins an? Welche Menge passt zu dieser Zahl? Was haben alle Kärtchen zu einer Zahl gemeinsam? Wodurch unterscheiden sich die Zahlen voneinander? Woher weißt du das? Wie hast du das herausgefunden?

Sitzungen. 6

Kasten 2: Förderschwerpunkt „Größenordnung der Zahlen“

Ziele. Dem Kind soll vermittelt werden, dass Zahlen auf Grund ihrer Mächtigkeit (Anzahl, Größe) miteinander verglichen werden können und die Zahlenfolge daher eine Folge aufsteigender Größen ist (Kompetenzebene 2). Dies wird über folgende Teilziele erreicht:

- Beherrschung der Begriffe: mehr = mehr Dinge = größere Zahl = längerer Zahlenstreifen = größere Zahlenstufe; weniger = weniger Dinge = kleinere Zahl = kürzerer Zahlenstreifen = kleinere Zahlenstufe

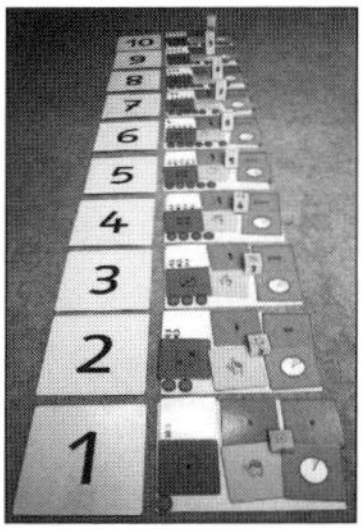

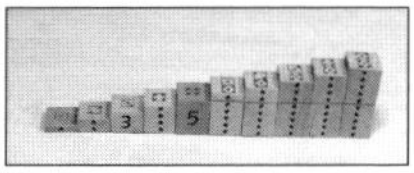

- Anzahlen eins bis zehn in die richtige Reihenfolge bringen
- Vergleichen von Zahlen und Verbalisierung von Unterschieden; z.B.: „Vier Chips sind mehr als drei Chips."
- Bestimmung der genauen Position einzelner Anzahlen in der Zahlenfolge
- Anzahlen mit Längen und Höhen verknüpfen und dabei Folgendes erkennen: Große Anzahlen bilden große Stufen und lange Reihen. Kleine Anzahlen bilden kleine Stufen und kurze Reihen.
- Erkennen, dass zur nächsten Zahl immer eins dazukommt (Zunahme-um-eins-Prinzip; Ebene 3)

Leitfragen. Beispiele dafür sind: Bei welcher Zahl sind mehr/weniger Dinge? Welche Dinge sind dort mehr/weniger als hier? Wie viele Dinge liegen bei dieser Zahl mehr als bei der anderen? Welche Zahl ist kleiner und welche Zahl ist größer? Welche Menge (Anzahl) fehlt in der Reihe? Warum ist die Reihe bei der 4 länger/kürzer als bei der 3/7? Warum ist der Turm, die Zahlenstufe bei der 6 größer/kleiner als bei der 4/8? Wo liegt eins mehr, eins weniger? Welcher Punkt, Streifen, Finger ist von der vorherigen Zahl zu dieser Zahl hinzugekommen? Woher weißt du das? Wie hast du das herausgefunden?

Sitzungen. 12

Kasten 3: Förderschwerpunkt „Teil-Ganzes-Beziehungen und Differenzen zwischen Zahlen"

Ziele. Hier wird gezielt das Verständnis gefördert, dass Beziehungen zwischen Mengen mit Zahlen dargestellt werden können. Die Kinder sollen sich darüber klar werden, dass sich Zahlen in andere Zahlen zerlegen und aus ihnen zusammensetzen lassen und dass der Unterschied zwischen zwei Zahlen wieder eine Zahl ist (Kompetenzebene 3). Dies wird über folgende Teilziele erreicht:

- Ermitteln der Anzahl einer Gesamtmenge (Gesamtzahl)
- Veranschaulichen und feststellen, dass sich größere Zahlen aus kleineren Zahlen zusammensetzen
- Veranschaulichen und feststellen, dass der Unterschied zwischen zwei Zahlen wieder eine Zahl ist

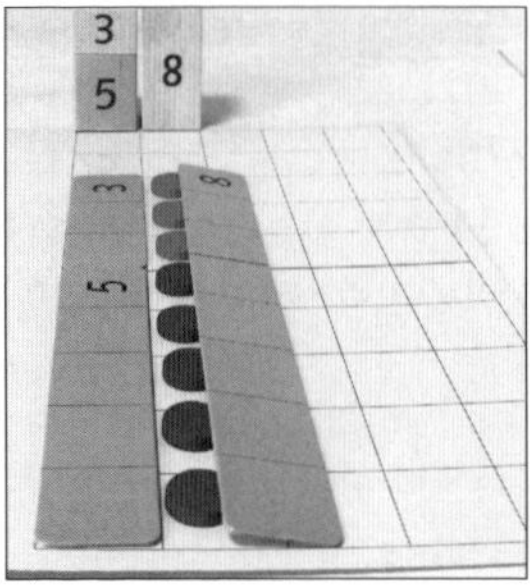

Leitfragen: Wie viel sind beide Zahlen zusammen? Welche Zahl ist so hoch wie beide zusammen? Welche Zahl ist so lang wie beide zusammen? Welche Karte hat so viele Kinder wie beide zusammen? Wie viele Dinge gehören zu dieser Zahl mehr/weniger als zur anderen Zahl? Wie viel ist diese Zahl mehr/weniger als diese Zahl? Woher weißt du das? Wie hast du das herausgefunden?

Sitzungen: 6

Abbildung 8 | Darstellung der Förderschwerpunkte im Programm „Mengen, zählen, Zahlen" (MZZ; aus Krajewski, 2014

Effekte dieser Förderung

Die Effekte dieser Förderung ließen sich in wissenschaftlichen Studien belegen. So konnten in einer Pilotstudie, in der 69 Kinder am Beginn ihres letzten Kindergartenjahres mit der ersten Version des Förderprogramms „Mengen, zählen, Zahlen" gefördert wurden, sowohl kurz- als auch langfristige Effekte des Programms auf die frühen mathematischen Kompetenzen der Kinder nachgewiesen werden. Es zeigte sich zudem, dass mit diesem Konzept eine differenzierte mathematische Frühförderung möglich und besonders dann erfolgreich ist, wenn sie sich am jeweiligen Entwicklungsstand der Kinder orientiert. Darüber hinaus fanden sich Hinweise, dass die MZZ-Förderung möglichst nahe an den Schuleintritt gelegt werden sollte, um die Übertragung der Effekte auf die mathematischen Schulleistungen wahrscheinlicher zu machen (Krajewski, Nieding & Schneider, 2008; Krajewski, Renner, Nieding & Schneider, 2008). In einer kürzlich abgeschlossenen Nachfolgestudie mit 567 Kindergartenkindern (Renner, Krajewski & Schneider in Vorb.) deutet sich an, dass gerade vorwissensschwache Vorschüler*innen („Risikokinder") besonders gut auf eine Förderung mit dem MZZ ansprechen, also auf eine Förderung, die auf die abstrakte Zahlenstruktur abzielt, und dass diese kurz- und langfristig der alltäglichen Förderung im normalen Kindergartenalltag sowie der Förderung mit einem anderen mathematischen Programm überlegen ist. Da diese Studie noch nicht öffentlich zugänglich ist, werden die Befunde im Folgenden etwas genauer dargestellt. Es wurden drei Gruppen gebildet, die sich bezüglich Gedächtnis- und Intelligenzleistung nicht unterschieden. Dieses Design ermöglicht es, zwei unterschiedliche Förderprogramme, die zeitlich parallel am Ende des letzten Kindergartenjahres durchgeführt wurden, direkt miteinander zu vergleichen. Die erste Fördergruppe wurde mit dem MZZ trainiert, das den Kindern vor allem die abstrakte Struktur der Zahlen nahe bringt, also den Schwerpunkt auf die Erkenntnis legt, dass Zahlen abstrakte Symbole für eine Menge sind. Die zweite Fördergruppe nahm am „Zahlenland"-Programm teil, welches andere Details in den Vordergrund stellt: Dort werden die Zahlen personifiziert, mit menschlichen Eigenschaften versehen und phantasievoll mit märchenhaften Geschichten verknüpft. Als Vergleichsreferenz diente eine Kontrollgruppe, deren Kinder am normalen Kindergartenalltag teilnahmen, also kein spezielles Training bekamen.

Die Kinder aus der MZZ-Fördergruppe waren im Nachtest, der unmittelbar vor Schuleintritt erfolgte, den Kindern aus den beiden anderen Versuchsgruppen in ihren Mengen-Zahlen-Kompetenzen signifikant überlegen. Betrachtet man speziell diejenigen Kinder, die im Vortest in ihren mathematischen Vorläuferkompetenzen zum unteren Leistungsdrittel gehörten, so sieht man, dass diese „Risikokinder" besonders deutlich von der Förderung mit dem MZZ profitierten. Diejenigen Kinder hingegen, die mit dem „Zahlenland"-Programm gefördert wurden, entwickelten sich parallel zu den Kindern aus der Kontrollgruppe, die keine spezifische Förderung erhalten hatten. Es zeigt sich also, dass die Kinder von einem mathematikspezifischen Training profitieren, nicht jedoch von einem eher märchenhaften, phantasieanregenden Programm wie dem „Zahlenland". Dies gilt für die Gesamtgruppe, besonders aber für die „Risikokinder". Die Erhebung der langfristigen Fördereffekte, die ein Jahr später am Ende der ersten Klasse erfolgte, zeigte erneut die Überlegenheit der mit dem MZZ geförderten Kinder gegenüber den beiden Vergleichsgruppen, womit sich auch langfristige positive Auswirkungen des MZZ nachweisen ließen, die bis in die Grundschulzeit hinein andauerten. Die mit dem MZZ geförderten Kinder zeigten am Ende der ersten Klasse bessere Leistungen in Aufgaben zur Erfassung mathematischer Kompetenzen als Kinder der Zahlenlandgruppe und der Kontrollgruppe, wobei die Teilnahme am Zahlenlandprogramm gegenüber dem normalen Kindergartenalltag keinen Gewinn brachte. Auch in der Schulerhebung zeigte sich dieser Effekt wiederum besonders deutlich bei denjenigen

langfristige Fördereffekte

Kindern, die im Vorschulalter als „Risikokinder" eingestuft worden waren.

Es hat demnach den Anschein, dass vor allem Kinder mit relativ schlechten Startbedingungen und zu Beginn niedrigen mathematischen Basiskompetenzen von der strukturorientierten inhaltsspezifischen Förderung mit dem MZZ-Programm im letzten Kindergartenjahr profitieren. Da sich positive Effekte des im Kindergarten durchgeführten MZZ-Programms auf die mathematischen Leistungen der Kinder bis in die Grundschulzeit hinein nachweisen ließen, kann also davon ausgegangen werden, dass sich auch Kinder mit einem gewissen Entwicklungsrisiko im Bereich des Rechnens und der Mathematik durch eine frühzeitige geeignete Förderung verbessern können, wodurch spätere Probleme in der Schule vermieden werden. Eine erfolgreiche Prävention der Rechenschwäche, beispielsweise mit Materialien und Aufgaben des MZZ, scheint nach den Ergebnissen dieser Studie durchaus möglich zu sein. Zu diesem Befundmuster passt auch das Ergebnis einer Studie von Hasselhorn und Linke-Hasselhorn (2013), die zeigen konnten, dass eine MZZ-Förderung auch bei vom Schuleintritt zurückgestellten Vorschulkindern erfolgreich ist und zu großen Effektstärken auf die mathematischen Grundkompetenzen der Kinder führt.

Prävention von Rechenschwäche

Von besonderer Bedeutung erscheint, dass eine solche systematische und zur abstrakten Erkenntnis leitende Förderung auch noch bei rechenschwachen Kindern in der zweiten Hälfte des ersten Schuljahres äußerst wirksam ist. So ließen sich in drei Studien die schulischen Mathematikleistungen von schwachen Erstklässlern mithilfe der zweiten und dritten Einheit des MZZ innerhalb weniger Fördersitzungen signifikant verbessern. Effekte zeigten sich nicht nur auf das Teil-Ganzes-Verständnis der Kinder und in Sachaufgaben (Ennemoser & Krajewski, 2007), sondern mit zeitlicher Verzögerung auch auf die arithmetische Performanz (Ennemoser, Sinner & Krajewski, 2015; Sinner, 2011). Ergebnisse einer weiteren Studie belegen ähnliche Effekte für eine unterrichtsintegrierte MZZ-Förderung in der ersten Klasse (Olyai, Otto, Büttner & Krajewski, 2011). Kurzfristige Fördereffekte auf Kompetenzebene 2 (Mengen-Zahl-Verknüpfung) konnten selbst für sieben- bis 11-jährige Lernhilfeschüler*innen und sieben- bis 13-jährige Schüler*innen mit geistiger Behinderung (vgl. Sinner & Kuhl, 2010) nachgewiesen werden. Von besonderem Wert scheinen dabei die Darstellungsmittel des Programms, wie etwa die sogenannte Zahlentreppe (vgl. auch Krajewski, 2008d), durch die aufsteigende Zahlen durch größer werdende (in abzählbare Abschnitte unterteilte) Stufen repräsentiert werden. Solche Befunde machen deutlich, dass Kinder selbst bei angereicherten alltäglichen Erfahrungs- und Lerngelegenheiten nicht selbstverständlich ein tiefes Zahlverständnis erwerben, sondern vielmehr systematischer und zur Abstraktion leitender Förderung bedürfen, um echte Mengen-Zahlen-Kompetenzen aufzubauen.

Bei MZZ und den meisten anderen Frühförderprogrammen wird die Zahl Null bewusst nicht thematisiert. Lambert (2015) wie auch Landerl et al. (2017) regen hierbei an, die Null bei einfachen Additionen und Subtraktionen durchaus zu üben, da sie in unserem Zahlen- und Rechensystem eine zentrale Stellung einnimmt und auch alltagsrelevant ist. Krajewski et al. (2007) begründen den Verzicht allerdings damit, dass die Null keine „wahrnehmbare" Anzahl darstellt und ihre Einführung insbesondere schwache Rechner, da diese überhaupt erst einmal ein Verständnis für Anzahlen hinter den Zahlen erwerben müssen, eher verwirren könnte.

Insgesamt legt die neuere Literatur zur Förderung früher mathematischer Kompetenzen den Schluss nahe, dass sich in dieser Hinsicht innerhalb des letzten Jahrzehnts doch einiges getan hat und mittlerweile mehrere evaluierte Programme vorliegen, die sich gut in den Kindergartenalltag integrieren lassen und insgesamt erfreuliche Ergebnisse liefern.

Die für den deutschsprachigen Raum berichteten Fortschritte finden sich auch in internationalen Studien. In den USA wurde seit der Jahrtausendwende sehr viel Aufwand in die Entwicklung und Bereitstellung von Vorschul-Curricula zur mathematischen Kompetenzentwicklung investiert, was beeindruckende Erfolge nach sich zog. In diesem Zusammenhang wurde sogar von „revolutionären" Veränderungen gesprochen. Dies gilt insbesondere für die Förderprogramme „Building Blocks" und „RightStart" (s. Clements & Sarama, 2011; Hachey, 2013). Allerdings blieben viele Evaluationsstudien auf die Zeit bis kurz nach Trainingsabschluss beschränkt, so dass sich kaum Aussagen über die nachhaltige Wirksamkeit der Fördermaßnahmen machen lassen. In den wenigen Studien, die über die Vorschulzeit hinausreichten, wurde mehrfach das „fading out"-Problem thematisiert. Damit ist gemeint, dass die Vorteile der im Kindergarten trainierten Kinder später in der Grundschule verloren gingen (s. etwa Bailey, Nguyen, Jenkins, Domina, Clements & Sarama, 2016). Für den langfristigen Erfolg von Präventionsmaßnahmen erscheint politisches Engagement wesentlich, wie es derzeit etwa in Finnland praktiziert wird (vgl. Hasselhorn & Schneider, im Druck). So bietet das Finnische Ministerium für Erziehung und Kultur einen web-basierten Service („LukiMat") an, dessen Materialien von Forschern an der Universität Jyväskylä entwickelt wurden. In einer neueren Studie von Mononen, Aunio & Koponen (2014) ließ sich etwa zeigen, dass sich das in Finnland mittlerweile häufig eingesetzte mathematische Kern-Curriculum für Kindergärten im Vergleich zum „RightStart"-Programm als ähnlich erfolgreich erwies und bis gegen Ende der ersten Klasse positive Wirkung erzielte. Für den Erfolg der Vorschulmaßnahme schien wesentlich, dass die pädagogischen Fachkräfte an Fortbildungskursen im Bereich Mathematik teilgenommen, reichhaltiges Wissen im Bereich der mathematischen Kompetenzentwicklung erworben hatten und auch motiviert erschienen. Im Hinblick auf diese wichtigen Aspekte gibt es sowohl im deutschsprachigen Raum als auch international sicherlich noch Nachholbedarf.

Entwicklung mathematischer Kompetenzen im Schulalter | 3

frühe mathematische Kompetenzentwicklung

Aus den Ergebnissen von zahlreichen Studien zur frühen mathematischen Kompetenzentwicklung können wir schließen, dass das Mathematiklernen schon im Vorschulalter einsetzt und nicht erst mit dem Eintritt in die Schule beginnt (vgl. etwa Kap. 1, insbesondere auch Krajewski, 2003). Der vorschulischen Entwicklung mathematischer Basiskompetenzen wird heute große Bedeutung zugeschrieben. Erfahrungen in Kindertageseinrichtungen spielen eine zunehmend größere Rolle. In den letzten Jahren sind viele Kindergärten dazu übergegangen, gezielt Förderung im Bereich mathematischer Kompetenzentwicklung zu betreiben. Es wurde dabei lange Zeit übersehen, dass Vorschulkinder durchaus auch im Elternhaus Anforderungssituationen im mathematischen Bereich erleben. Während das Konzept des „home literacy environment“, also die Frage, wie der frühe Schriftspracherwerb durch häusliche Erfahrungen beeinflusst wird, schon seit mehreren Jahren untersucht wird, finden sich zur Wirkung von „home numeracy environment“ allerdings vergleichsweise wenige Studien. In einer Längsschnittstudie ließ sich zeigen, dass Unterschiede in den mathematikbezogenen Aktivitäten im Elternhaus einen systematischen (wenn auch nicht besonders großen) Einfluss auf die Entwicklung der Mathematikleistungen in der ersten Klasse nahmen (Niklas & Schneider, 2012, 2014). Eher informelle mathematikbezogene Aktivitäten in Kindergarten und Elternhaus führen allgemein zu höheren mathematischen Basiskompetenzen im Vorschulalter, tragen aber auch dazu bei, dass Kinder die Schule mit sehr unterschiedlichen Vorkenntnisniveaus im mathematischen Bereich beginnen. Entwicklungspsychologische wie auch mathematikdidaktische Arbeiten der letzten Jahre haben sich mit der Relevanz früher mathematischer Kompetenzen beschäftigt und deren Vorhersagewert für spätere Leistungsentwicklungen bestätigt. Wir finden in der Literatur zahlreiche Beispiele dafür, dass Kinder, die bereits in der Vorschulzeit einen Vorsprung im numerischen Verständnis aufweisen, diesen später beibehalten und vielfach ausbauen können (vgl. Kap. 2, weiterhin auch Krajewski & Schneider, 2006; Stern, 1998).

home numeracy environment

Mit dem Übertritt in die Schule verändert sich auch der Lernvorgang: Der Erwerb mathematischer Kompetenzen vollzieht sich nicht mehr in informellen Umgebungen, sondern in einem formalen schulischen Kontext. Der Mathematikunterricht ist nicht nur im deutschsprachigen Bereich, sondern auch international ab Beginn der Grundschule ein zentrales Unterrichtsfach. Die Ständige Konferenz der Kultusminister der Länder (KMK) hat 2004 die zentrale Zielsetzung für dieses Unterrichtsfach darin gesehen, dass es Schülerinnen und Schülern eine Reihe von miteinander in Beziehung stehenden Grunderfahrungen im Bereich der Mathematik ermöglicht, die zu ihrer Bildung beitragen. Zu diesen Erfahrungen gehört einmal, die Mathematik in ihrer Sprache, ihren Zahlen und Symbolen zu verstehen und zu begreifen, sodass die Bearbeitung von Problemen und Aufgaben innerhalb und außerhalb der Mathematik möglich wird. Über die Aufgabenbearbeitung mit mathematischen Mitteln sollten dann idealerweise auch allgemeine Problemlösefähigkeiten erworben werden.

Im Folgenden wird zunächst auf die Struktur und Entwicklung mathematischer Kompetenzen in der Grundschule eingegangen, wobei auch die Bildungsstandards Mathematik für diese Phase vorgestellt werden. Ergebnisse von Längsschnittstudien im Grundschulbereich sollen typische Entwicklungsverläufe verdeutlichen. Im nächsten Schritt wird die Entwicklung mathematischer Kompetenzen in der Sekundarstufe näher betrachtet. Es werden wiederum Längsschnittstudien vorgestellt, die typische Entwicklungsverläufe und Stabilitätsaspekte beleuchten. Ein weiteres Unterkapitel widmet sich der Bedeutung individueller Unterschiede, etwa dem Einfluss des Geschlechts, der Intelligenz und der Schulformzugehörigkeit auf die Leistungsentwicklung. Ergebnisse internationaler und nationaler Vergleichsuntersuchungen sollten herangezogen werden, um kulturelle und länderübergreifende Unterschiede in den Erwerbsprozessen und Unterrichtsansätzen näher zu bestimmen.

Bildungsstandards Mathematik

3.1 Entwicklung mathematischer Kompetenzen im Grundschulalter

3.1.1 Der Zusammenhang zwischen sprachlichen und mathematischen Kompetenzen

Wenn wir inzwischen auch erkannt haben, dass der Erwerb mathematischer Kompetenz von außerschulischen Erfahrungen beeinflusst wird, so steht dennoch außer Frage, dass der wichtigste Lernkontext natürlich der Mathematikunterricht ist. Dieser lässt sich als durch einen mathematischen Inhalt geprägter sozialer Kontext verstehen, in dem die Bedeutung von sprachlichen Fähigkeiten und kommunikativer Kompetenz nicht unterschätzt werden darf. Sprachliche Kompetenzen beeinflussen demnach nicht nur den Schriftspracherwerb, sondern auch den Aufbau mathematischer Fertigkeiten. So wie beim Satzbau die Reihenfolge der Wörter die Semantik der Aussage beeinflusst, können auch analog bei der Bildung von Zahlwörtern Schwierigkeiten entstehen. So sind etwa die Zahlwörter 356, 536, 635, 365 und 563 trotz gleicher Wortteile nicht identisch (Werner, 2009).

Aufbau mathematischer Fertigkeiten

Dieses Beispiel deutet auf eine Besonderheit des arabischen Zahlsystems, nämlich das Stellenwertsystem hin. Mit nur zehn unterschiedlichen Ziffern (0 bis 9) lassen sich unendlich viele Zahlen bilden. Wie Landerl et al., 2017 herausstellen, birgt der Erwerb dieses eleganten Notationssystems eine Reihe von Stolpersteinen: Das Kind muss nicht nur verstehen, dass die Position einer Ziffer im Zahlwort zu unterschiedlichen numerischen Bedeutungen führt (s.o.), es muss auch begreifen, dass der Ziffer 0 als Platzhalter im arabischen Notationssystem eine wichtige Bedeutung zukommt, sie also nicht als gleichbedeutend mit „nichts" aufgefasst werden darf. Ein weiteres Problem ist darin zu sehen, dass es sprachabhängig Unterschiede im Transkodieren gibt, die von den linguistischen Prinzipien der Zahlwortbildung abhängen. Deutschsprachige Kinder haben spezielle Probleme mit der Inversion von Zehnern und Einern (die Ziffernfolge 21 wird als „ einundzwanzig" ausgesprochen). Weiterhin geht aus den Wortformen „elf" und „zwölf" nicht hervor, dass diese Zahlwörter 10+1 bzw. 10+2 bedeuten. Wie Krajewski (2008b) in Tabelle 1 aufzeigt, stellen aber insbesondere die Zahlwörter „zehn" und „zwanzig" Hindernisse dar, durch welche die Zahlenstruktur im Zahlenraum bis 20 von den Kindern nicht „selbst entdeckt" werden kann. Wie der Tabelle entnommen werden kann, würden nur in dem Fall, dass diese beiden Zahlwörter regelmäßig gebildet wären (also „einszig" und „zweizig" heißen würden; vgl. 3. und 4. Zeile), die Zahlwörter vollständig mit dem arabischen Notationssystem korrespondieren. Nur in diesem Fall könnten Kinder ohne jegliche Anleitung entdecken, warum das „*zehn*"te Zahlwort durch 1 und 0 dargestellt wird, das „elf"te bzw. „zwölf"te Zahlwort aus 1 und 1 bzw. 2 zusammengesetzt ist und „zwanzig" eine 2 enthält. Da die deutschen Zahlwörter „zehn, elf, zwölf, zwanzig" aber unregelmäßig sind (vgl. 1. Zeile) und nicht

Zahlwortbildung

„einszig, einundeinszig, zweiundeinszig, „zweizig" heißen (vgl. 3. und 4. Zeile), lassen sich hier in den „normalen" deutschen Zahlwörtern an keiner Stelle die Silben „eins" oder „zwei" finden. Folglich ist den Kindern im Deutschen der Weg versperrt, gerade im Zahlenraum bis 20 direkt in den Zahlwörtern eine auf dem Zehnersystem basierende Regelhaftigkeit der Zahlwörter erkennen zu können. Die im Notationssystem verwendeten und auf dem Zehnersystem basierenden Ziffernzahlen werden durch die deutschen Zahlwörter demnach überhaupt nicht abgebildet. Während die deutschen Zahlwörter also nicht transparent in den arabischen Zahlen abgebildet werden, ist es beispielsweise für asiatische Kinder viel leichter, das arabische Stellenwertsystem zu erfassen, weil das zehnerbasierte System auch in den Zahlwortformen systematisch abgebildet wird (vgl. Jacobs & Petermann, 2007; Landerl et al., 2017). Die Bildungsregel unserer Zahlwörter stellt also eine ernst zu nehmende Hürde dar. Eine perfekte Regelhaftigkeit von Zahlennamen dürfte das Rechnen weniger fehleranfällig machen, und kürzere Zahlnamen (wie in mehreren asiatischen Sprachen) sind insbesondere für das Kopfrechnen von Vorteil.

Belege für diese Annahme finden sich in einer Studie von Moeller, Zuber, Olsen, Nuerk und Willmes (2015), an der deutsche und japanische Kinder teilnahmen. Die Aufgabe der Kinder bestand darin, diktierte Zahlen (etwa 25) als Zahlwörter aufzuschreiben. Die deutschen Kinder machten im Vergleich zu den japanischen mehr Fehler beim Transkodieren der arabischen Zahlen in Zahlwörter.

Lösung mathematischer Probleme

Der Zusammenhang zwischen sprachlicher und kognitiver Kompetenz bei der Lösung mathematischer Probleme lässt sich am Beispiel von Sach- oder Textaufgaben gut illustrieren. Die Beachtung sprachlicher Regelhaftigkeiten wie der Serialität ist hier von entscheidender Bedeutung für die notwendige Rechenoperation. So wies etwa Lorenz (2005a) darauf hin, dass die beiden folgenden Aufgaben: (1) „Eine Verkäuferin verdient im Jahr 2356 Euro. Wie viel verdient sie monatlich?" und (2) „Eine Verkäuferin verdient im Monat 2356 Euro. Wie viel verdient sie im Jahr?" trotz semantischer Ähnlichkeit völlig unterschiedliche Rechenstrategien erfordern. Textaufgaben können gelöst werden, indem die in der natürlichen Sprache beschriebenen Situationen in mathematische Symbole übertragen werden (Stern, 1997). In diesen sprachlich eingekleideten Aufgaben wird eine Alltagssituation beschrieben,

Tabelle 1: Unregelmäßigkeit der deutschen Zahlwörter (Zeile 1) und Möglichkeiten, wie durch wenige Veränderungen (Zeilen 2-4, insbesondere Zeile 3) das arabische Notationssystem eindeutig durch die Zahlwörter abgebildet wäre (nach Krajewski, 2008b)

	„Zahlensprache"*	durch die verwendete „Zahlensprache" *ableitbare* Struktur*									
im Deutschen *verwendete* Zahlwörter	eins, zwei, drei, vier, fünf, sechs, sieben, acht, neun, zehn,	1	2	3	4	5	6	7	8	9	γ
	elf, zwölf, drei-zehn, vier-zehn, fünf-zehn, sech-zehn, sieb-zehn, acht-zehn, neun-zehn, zwanzig,	Π	Γ	3γ	4γ	5γ	6γ	7γ	8γ	9γ	Λ
	ein-undzwanzig, zwei-undzwanzig, drei-undzwanzig, vier-undzwanzig, ..., drei-ßig	1Λ	2Λ	3Λ	4Λ	5Λ	6Λ	7Λ	8Λ	9Λ	30
Zahlwörter, wenn *„elf" und „zwölf"* regelmäßig wären	eins, zwei, drei, vier, fünf, sechs, sieben, acht, neun, zehn,	1	2	3	4	5	6	7	8	9	γ
	eins-zehn, zwei-zehn, drei-zehn, vier-zehn, fünf-zehn, sech-zehn, sieb-zehn, acht-zehn, neun-zehn, zwanzig,	1γ	2γ	3γ	4γ	5γ	6γ	7γ	8γ	9γ	Λ
	ein-undzwanzig, zwei-undzwanzig, drei-undzwanzig, vier-undzwanzig, ..., drei-ßig	1Λ	2Λ	3Λ	4Λ	5Λ	6Λ	7Λ	8Λ	9Λ	30
Zahlwörter, wenn auch *„zehn" und „zwanzig"* regelmäßig wären	eins, zwei, drei, vier, fünf, sechs, sieben, acht, neun, eins-zig,	1	2	3	4	5	6	7	8	9	10
	eins-eins-zig, zwei-eins-zig, drei-eins-zig, vier-eins-zig, fünf-eins-zig, sechs-eins-zig, sieben-eins-zig, acht-eins-zig, neun-eins-zig, zwei-zig	11	21	31	41	51	61	71	81	91	20
	ein-und-zwei-zig, zwei-und-zwei-zig, drei-und-zwei-zig, vier-und-zwei-zig, ..., drei-ßig	12	22	32	42	52	62	72	82	92	30
Zahlwörter, wenn zudem Zehner und Einer *nicht verdreht* wären	eins, zwei, drei, vier, fünf, sechs, sieben, acht, neun, eins-zig,	1	2	3	4	5	6	7	8	9	10
	eins-zig-eins, eins-zig-zwei, eins-zig-drei, ..., eins-zig-acht, eins-zig-neun, zwei-zig	11	12	13	14	15	16	17	18	19	20
	zwei-zig-eins, zwei-zig-zwei, zwei-zig-drei, ..., zwei-zig-acht, zwei-zig-neun, drei-ßig	21	22	23	24	25	26	27	28	29	30

* Jeder Buchstabe in der rechten Spalte steht jeweils für eine bedeutungstragende Einheit des Zahlwortes in der linken Spalte (sind dort durch Bindestriche voneinander getrennt). Wurde für einzelne Positionen keine arabische Ziffer verwendet, so ist diese im Zahlwort auch nicht hörbar (z.B. elf, zwölf, zehn, zwanzig).

und die darin enthaltenen mathematischen Strukturen müssen erkannt werden. Die mit Aufgaben dieser Art konfrontierten Schulanfänger sind also aufgefordert, einen Zusammenhang zwischen der Alltagswelt und der schulisch-mathematischen Welt herzustellen. Fortschritte im mathematischen Verständnis stellen sich etwa dann ein, wenn Kinder nachvollziehen können, dass Zahlen nicht nur als Symbole zur Abbildung von konkreten Mengen zu sehen sind, sondern bei der Modellierung eines Mengenvergleichs auch Beziehungen zwischen Mengen abbilden. Nur unter dieser Voraussetzung können etwa Sätze wie „Kurt hat 4 Eier mehr als Peter" korrekt verstanden werden. Wichtig scheint hier, dass Textaufgaben nicht einfach durch die automatisierte Anwendung von Rechenstrategien gelöst werden können, sondern dass mathematische Symbole zur Modellierung von Situationen verwendet werden. Dies stellt für viele Schüler*innen ein beträchtliches Problem dar. Die Schwierigkeit solcher Aufgaben wird dabei von unterschiedlichen linguistischen und mathematischen Strukturvariablen wie etwa der Aufgabenlänge, der lexikalisch-syntaktischen Komplexität des Texts, der Art und Anzahl der zur Lösung erforderlichen mathematischen Operationen, der semantischen Einkleidung (etwa Anzahl lösungsirrelevanter Informationen) und der im Text enthaltenen Schlüsselwörter bestimmt (vgl. Reusser, 1997).

Im Rahmen der Münchner Längsschnittstudie LOGIK konnte Stern (1998) zeigen, dass Unterschiede in der Formulierung von Textaufgaben zu bemerkenswert großen Unterschieden in der Lösungshäufigkeit führten. So wurde die Aufgabe: „Hans hat 7 Murmeln. Peter hat 4 Murmeln. Wie viele Murmeln muss Peter noch bekommen, damit er genauso viele Murmeln hat wie Hans?" bereits von mehr als 80% der fünfjährigen Kindergartenkinder gelöst. Demgegenüber konnten noch etwa 50% der Drittklässler die Aufgabe nicht lösen, wenn der letzte Satz stattdessen lautete: „Wie viele Murmeln hat Peter weniger als Hans?" Stern führte die markanten Unterschiede in den Lösungsraten nicht auf mangelndes Sprachverständnis, sondern auf ein eingeschränktes mathematisches Verständnis zurück. Die Frage „Wie viele Murmeln hat Peter *weniger* als Hans?" ist demnach deshalb schwerer zu verstehen, weil nicht nach einer konkreten Menge, sondern nach einer Beziehung zwischen zwei Mengen gefragt wird, was ein größeres Abstraktionsvermögen und einen relationalen Zahlbegriff erfordert.

3.1.2 Stufen des mathematischen Kompetenzerwerbs in der Grundschule

Aus den vorangegangenen Ausführungen lässt sich ableiten, dass für Kinder mit dem Schuleintritt keineswegs die „Stunde null" der Mathematik beginnt. Sie verfügen zu Beginn der ersten Klassenstufe in der Regel schon über ein grundlegendes Zahl- und Mengenkonzept und verstehen auch die Grundlagen der Addition und Subtraktion. In der Grundschule werden neue Techniken in den Grundrechenarten sowie das Zehnersystem gelernt. Hauptanliegen in den ersten vier Schuljahren ist dabei das Erlernen der Grundrechenarten Addition, Subtraktion, Multiplikation und Division. Es wird von sehr einfachen zu immer komplexeren Aufgaben übergegangen, und der Zahlenraum, in dem sich die Kinder bewegen, wird zunehmend größer (von 20 im ersten bis ca. eine Million im vierten Schuljahr). Im Sinne des schon beschriebenen Stufenmodells von Aebli (1976) geht es zunächst um die symbolische Darstellung in Ziffern (Phase 3) und dann um die Automatisierung im Zeichenbereich (Phase 4). Ein ständiger Rückgriff von der Zifferndarstellung auf den zugrunde liegenden anschaulichen Bedeutungsgehalt (Phase 2) ist beim Berechnen einer Aufgabe allmählich nicht mehr erforderlich. Bei der Vermittlung der Grundrechenarten wird das konzeptuelle Verständnis der Kinder für die arithmetische Operation geweckt, und es werden lösungsrelevante Strategien eingeführt und eingeübt (vgl. ausführlicher Grube, 2005, 2006). Während bei der Addition in der Anfangsphase des Grundschulunterrichts noch häufig auf die Finger und andere anschauliche Hilfsmittel zurückgegriffen wird (Phase 1 oder 2 nach Aebli), können einige Kinder diese Aufgaben schon im Kopf lösen (Phase 3). Bei Additions- und Subtraktionsaufgaben dominieren zunächst verbale Zählstrategien, wobei die Kinder allmählich das Zählen bei einem der Summanden unmittelbar starten können, ohne von Eins zählen zu müssen. Die sogenannte „min-Strategie" (Carpenter & Moser, 1984) bedeutet insofern einen weiteren Fortschritt, als das Kind den größeren der beiden Summanden als Startpunkt identifiziert, was zu einer schnelleren und weniger fehleranfälligen Lösung führt. Zerlegungsstrategien, bei denen das Wissen über verwandte Aufgaben zur Lösung des neuen Problems benutzt wird, stellen eine weitere anspruchsvollere Strategiekomponente dar.

Stufenmodell von Aebli

Zählstrategien

Wenn diese Darstellung aus der Entwicklungsperspektive auch eine Stufenfolge nahelegt, die von einfachen bis zu immer „reiferen“, komplexen Strategien reicht, so wird diese Annahme durch empirische Befunde nicht unbedingt bestätigt (vgl. Grube, 2006). Obwohl sich auch die Nutzungshäufigkeit „reiferer“ Strategien mit zunehmendem Alter der Kinder insgesamt erhöht, kann es auch bei Dritt- und Viertklässlern immer noch vorkommen, dass bei der Lösung arithmetischer Probleme suboptimale Strategien eingesetzt werden. Diese Beobachtung ist mit dem von Siegler (1998) entwickeltem Modell der „overlapping waves“ kompatibel, dem zufolge komplexere und effektivere Strategien erst allmählich die Oberhand gewinnen und immer wieder auch der Rückgriff auf simple Strategien erfolgt.

spezifische Wissensbasis

Über die wiederholte Erprobung unterschiedlicher Strategien wird die spezifische Wissensbasis entwickelt und ausgebaut. Letztendlich kommt keine Strategie ohne Wissen aus, und die Strategiewahl wird von Wissenselementen beeinflusst. Eine reichhaltige Wissensbasis kann dazu führen, dass es keiner Strategien mehr bedarf und die Lösung unmittelbar aus dem Gedächtnis abgerufen werden kann. Über zahlreiche Übungsprozesse wird der Vorgang der Automatisierung im Zahlenbereich (Phase 4 nach Aebli) in den ersten Grundschuljahren begünstigt, sodass es für die Kinder in einem nächsten Entwicklungsschritt möglich wird, auf den Zählvorgang zu verzichten und deklaratives Wissen, also Faktenwissen wie das Einspluseins und das Einmaleins, zu aktivieren. Individuelle Unterschiede in der Wissensbasis über Zahlen, Mengen und ihre Relationen sind schon zu Schulbeginn nachweisbar und verfestigen sich im Verlauf der schulischen Entwicklung. Da neues Wissen zum Themenbereich umso leichter gespeichert werden kann, je mehr Vorwissen verfügbar ist, kann davon ausgegangen werden, dass anfängliche Kompetenzunterschiede im mathematischen Kompetenzbereich auch weiterhin bestehen bleiben und sich wahrscheinlich im Laufe der Entwicklung noch vergrößern (vgl. Hasselhorn & Mähler, 1998; Schneider, 1993). Für die meisten Kinder einer Alterskohorte gilt jedoch, dass sie gegen Ende der Grundschulzeit über hinreichendes Faktenwissen im Bereich des Einspluseins und des Einmaleins verfügen.

mathematische Kompetenzen im Grundschulbereich

Zentrale Inhalte des Grundschulcurriculums und ihre Überprüfung. Wie lässt sich die Entwicklung mathematischer Kompetenzen im Grundschulbereich allgemein charakterisieren? Es ist hier hilfreich, sich die entsprechenden Elemente der Lehrpläne im Grundschulbereich anzusehen. Bei der Entwicklung der „Deutschen Mathematiktests" (DEMAT 1+; DEMAT 2+; DEMAT 3+, DEMAT 4; vgl. ausführlicher Kap. 5) für den Grundschulbereich stellte dies eine wichtige Aufgabe dar (vgl. Schneider & Krajewski, 2005; Gölitz, Roick & Hasselhorn, 2005). Eine Überprüfung der bundesdeutschen Lehrpläne für den Mathematikunterricht in Grundschulen ergab, dass ein Kind am Ende der ersten Klasse die Phase 3 nach Aebli im Zahlenraum bis 20 erreicht haben sollte (vgl. Krajewski, Küspert & Schneider, 2002). Die im DEMAT 1+ zentralen Inhaltsbereiche betrafen einmal Aufgaben zur Addition und Subtraktion wie auch zum Kettenrechnen und bezogen sich weiterhin auf Teil-Ganzes-Beziehungen, die Zerlegung von Zahlen und die Fähigkeit, sprachlich eingekleidete Sachaufgaben zu lösen. Demgegenüber bezogen sich die Subtests „Mengen-Zahlen", „Zahlenraum" und „Ungleichungen" auf den Vergleich von Mengen und die Orientierung im Zahlenraum. Diese Inhaltsbereiche spielten auch für den DEMAT 2+ eine wichtige Rolle, doch wurde hier der Zahlenraum bis 100 betrachtet und zusätzlich Aufgaben eingeführt, die auf der Multiplikation und Division basieren. Neu hinzu kamen Subtests zum Rechnen mit Geld, zu Längenvergleichen und zur Geometrie.

Die Situation bei der Konstruktion der Mathematiktests für die dritte und vierte Klassenstufe stellte sich etwas anders dar. Wie Gölitz et al. (2005) hervorhoben, zeigte die länderübergreifende Lehrplananalyse eine erhebliche Heterogenität auf, wenn man einmal davon absieht, dass überall bis zum Ende der dritten Klassenstufe der Zahlenraum bis 1000 und bis zum Ende der vierten Klassenstufe der Zahlenraum bis eine Million beherrscht werden sollte. Für bestimmte Inhaltsbereiche wie etwa den Bereich Geometrie zeigten sich größere Unterschiede zwischen den Lehrplänen. Da zum Zeitpunkt der Testentwicklung die von der Kultusministerkonferenz 2004 beschlossenen Bildungsstandards für die vierte Klassenstufe schon bekannt waren, konnten diese für die Aufgabenkonstruktion der DEMATs 3+ und 4 nutzbar gemacht werden. Die Länder der Bundesrepublik verpflichteten sich dazu, diese Standards ab dem Schuljahr 2005/2006 zu implementieren und anzuwenden. Der Ertrag dieser Maßnahmen wird ab diesem Zeitpunkt über den Einsatz von landeswei-

Bildungsstandards

ten bzw. länderübergreifenden Orientierungs- und Vergleichsarbeiten festgestellt. Die allgemeinen Kompetenzanforderungen des KMK-Beschlusses sind in Tabelle 2 wiedergegeben, die entsprechenden mathematischen Inhaltsbereiche finden sich in Tabelle 3.

Tabelle 2: Allgemeine Kompetenzen der Bildungsstandards (leicht modifiziert nach Gölitz et al., 2005)

Kompetenz	Inhaltliche Konkretisierung für 4. Klasse
Problemlösen	Analyse mathematischer Probleme, Generierung mathematischer Lösungsstrategien, Übertragung auf weitere mathematische Probleme
Kommunizieren	(in der Gruppe) mathematische Lösungswege verstehen, reflektieren und fachsprachlich kommunizieren können
Argumentieren	den Wahrheitsgehalt mathematischer Aussagen erkennen, prüfen und begründen können
Modellieren	Sachaufgaben in der Sprache der Mathematik abbilden und lösen können, mathematische Aussagen in Sachaufgaben abbilden können
Darstellen	verschiedene Darstellungen für mathematische Probleme nutzen und beurteilen können

Tabelle 3: Mathematische Inhaltsbereiche der Bildungsstandards (leicht modifiziert nach Gölitz et al., 2005)

Inhaltsbereich	Inhaltliche Konkretisierung für 4. Klasse
Zahlen und Operationen	Zahldarstellungen und -beziehungen im Zahlenraum bis eine Million verstehen, Rechenoperationen verstehen und beherrschen sowie in Kontexten rechnen
Raum und Form	Orientierung im Raum, geometrische Figuren und einfache geometrische Abbildungen erkennen, benennen und darstellen, Flächen und Rauminhalte vergleichen und messen
Muster und Strukturen	Gesetzmäßigkeiten bei Mustern sowie funktionale Beziehungen in Sachsituationen und Tabellen erkennen, beschreiben und darstellen
Größen und Messen	Größeneinheiten kennen, vergleichen, schätzen, messen und umwandeln können, mit Größen in Sachsituationen umgehen können
Daten, Häufigkeit und Wahrscheinlichkeit	Daten erfassen und darstellen können, Wahrscheinlichkeiten einfacher Zufallsexperimente einschätzen und vergleichen können

Die DEMAT-Aufgabenbatterie für die dritte Klassenstufe umfasste neben den Grundrechenarten komplexere Sachrechnungen sowie Aufgaben zur Längenschätzung und Längenumrechnung, weiterhin Spiegelzeichnungen sowie Aufgaben zur Bestimmung komplexer Formen aus dem Bereich Geometrie. Ähnliche Subtests wurden auch für den DEMAT 4 konstruiert, wobei Gölitz et al. (2005) nachweisen konnten, dass die meisten Aufgaben einen klaren Bezug zu den Bildungsstandards aufwiesen.

mathematikdidaktische Überlegungen

Einen anderen, stärker von mathematikdidaktischen Überlegungen geprägten Weg zur Untersuchung mathematischer Kompetenzentwicklung in der Grundschule verfolgten Kristina Reiss, Aiso Heinze, Reinhard Pekrun und Stefan Ufer im Zusammenhang mit den erwähnten Bildungsstandards (vgl. Reiss, Heinze & Pekrun, 2007; Ufer, Reiss & Heinze, 2009). Die Arbeiten dieser Autorengruppe knüpften an die Diskussion der Befunde der internationalen PISA- und IGLU-Studien (s.u.) an, die in Deutschland im Hinblick auf relevante Kompetenzen in unterschiedlichen schulrelevanten Inhaltsbereichen, also auch im Fach Mathematik, intensiv geführt wurde. Unter „Kompetenzen" wurden im Sinne von Weinert (2001) sowie von Klieme et al. (2003) die kognitiven Fähigkeiten und Fertigkeiten zur Lösung bestimmter Probleme verstanden, gleichzeitig aber auch der dafür erforderliche Wille und die motivationale Bereitschaft hinzugezählt. Kompetenzen stellen demnach umfassende Leistungsdispositionen dar, die in unterschiedlichen Situationen anwendbar sind. Dieser breite Kompetenzbegriff wurde bei Reiss et al. (2007) als Ausgangsbasis für eine umfangreiche empirische Studie benutzt. Diese ging vom Grundansatz der PISA-Studie aus, der im Rahmen eines raschskalierten Instrumentariums ein einheitliches Konstrukt mathematischer Kompetenz für den Grundschulbereich zugrunde legte und unterstellte, dass in jeder Klassenstufe fünf hierarchisch strukturierte, nach Schwierigkeitsniveau geordnete Kompetenzstufen identifizierbar sein sollten, über die der Leistungsstand der Schülerinnen und Schüler eindeutig bestimmbar sein sollte.

Kompetenzentwicklungsniveaus

Auf dieser theoretischen Grundlage entwickelten Reiss et al. (2007) ein Modell, in dem Kompetenzentwicklungsniveaus anhand von Beispielen beschrieben und die entsprechenden Items hypothetisch zugeordnet wurden. Das Modell diente in der Folge als Grundlage für die Entwicklung von Orientierungsarbeiten im

Fach Mathematik, wie sie in Bayern von allen Schülerinnen und Schülern am Ende des zweiten und dritten Schuljahres geschrieben werden. Die Längsschnittstudie BIGMATH wurde von der Autorengruppe über drei Messzeitpunkte und zwei Jahre hinweg mit dem Ziel konzipiert, das zugrunde gelegte Kompetenzstrukturmodell im Hinblick auf seine Kohärenz über die erfassten Jahrgangsstufen hin zu überprüfen (vgl. Ufer et al., 2009). Die Befunde können insgesamt als Bestätigung der zentralen Modellannahmen angesehen werden, deuten aber auch darauf hin, dass mathematische Kompetenz in der Mehrzahl der Fälle eine kontinuierliche Entwicklung nimmt. Diese Schlussfolgerung leitet sich aus dem Befund ab, dass nur wenige Schülerinnen und Schüler beim Übergang von einer Klassenstufe in die nächste das ursprünglich zugewiesene Kompetenzniveau wechselten. Die Rangkorrelationen der Niveauzuordnungen in verschiedenen Klassenstufen variierten zwischen .5 und .6 und weisen damit auf eine substanzielle Stabilität über die Zeit hin. Allerdings wechselte eine größere Zahl von Kindern beim Übergang von der zweiten in die dritte Klasse von Kompetenzstufe 3 auf Kompetenzstufe 2, was möglicherweise als Folge des Lehrerwechsels aufgefasst werden kann, da sich zwischen der dritten und vierten Klassenstufe eine größere Zahl von Kindern in umgekehrter Richtung veränderten, sich also verbesserten. Die Autoren gingen davon aus, dass die Ergebnisse ihrer Studie nicht nur wissenschaftlich interessant sind, sondern auch Konsequenzen für den Mathematikunterricht in der Primarstufe haben können. Da Kompetenzen nicht als unveränderliche Dispositionen gesehen werden, sondern sich durch geeignete Interventionen verändern lassen, sollten sie als Basis für geeignete Stützmaßnahmen im Unterricht dienen können.

Eine interessante Frage betrifft die Vergleichbarkeit der Ergebnisse von Verfahren, die wie die oben beschriebenen DEMATs weniger auf die Erfassung von Kompetenzen abzielen, sondern eher Wissenselemente des Grundschulunterrichts abbilden, und standardbasierten Testverfahren, die sich im Unterschied zu den diagnostischen Tests zentral an der Erfassung unterschiedlicher Kompetenzniveaus orientieren. Wie Köller und Reiss (2013) aufzeigen, sind die inhaltlichen Unterschiede in der Testkonstruktion durchaus beachtlich. Dennoch scheinen die Übereinstimmungen der bildungsstandardbasierten Mathematiktests mit den DEMATs 3+ und 4 bemerkenswert hoch. Für eine repräsentative Stichprobe

Wissenselemente des Grundschulunterrichts

von über 6500 Schülerinnen und Schülern ergaben sich substanzielle Korrelationen zwischen dem Globalmaß der Bildungsstandard-Items und dem DEMAT 3+ ($r = .69$) und dem DEMAT 4 ($r = .67$). Auch die Korrelationen mit den Schulnoten fielen für beide Testvarianten hoch und insgesamt vergleichbar aus. Diese Übereinstimmung erscheint aufgrund der nachgewiesenen deutlichen Unterschiede in den theoretischen Grundlagen beider Testvarianten insgesamt erstaunlich. Köller und Reiss (2013) sehen bevorzugte Einsatzmöglichkeiten der standardbasierten Tests im Bildungsmonitoring, die von psychologisch orientierten Tests wie der DEMAT-Serie eher in der Einzelfalldiagnostik. Die berichteten Übereinstimmungen zwischen beiden Verfahrenstypen lassen jedoch eine solche Schwerpunktbildung im Einsatz der Verfahren eher arbiträr erscheinen; die verfügbaren Daten sprechen dafür, dass beide Testvarianten sowohl für das Monitoring als auch für die Einzelfalldiagnostik geeignet sein können.

Lehrplangültigkeit

Es stellt sich zusätzlich die Frage, ob Lehrplangültigkeit ein zentrales Element von Mathematiktests sein muss, wenn die mathematischen Kompetenzen von Schülerinnen und Schülern näher bestimmt werden sollen. Wie Haffner et al. (2005a, 2005b) berichten, korrelierte ihr Heidelberger Rechentest (HRT) als explizit nicht lehrplanorientiertes Verfahren in den Klassenstufen 1 bis 4 jeweils hoch mit den Mathematiknoten, und die Übereinstimmung des HRT-Testergebnisses mit dem Gesamtwert des DEMAT 4 betrug $r = .72$. Die substanzielle Korrelation belegt eine inhaltlich bedeutsame Übereinstimmung beider Verfahren, auch wenn sie durchaus unterschiedliche Testintentionen aufweisen.

3.1.3 Ergebnisse nationaler und internationaler Studien zur mathematischen Kompetenzentwicklung in der Grundschule

Eine der frühen nationalen Längsschnittstudien zum mathematischen Kompetenzerwerb im Grundschulalter wurde am Münchner Max-Planck-Institut ab Mitte der 80er-Jahre begonnen. Die sog. SCHOLASTIK-Studie (Weinert & Helmke, 1997) beschäftigte sich generell mit der Leistungsentwicklung in der Grundschule. Im Bereich Mathematik konzentrierte sich die Untersuchung auf den Bereich der Sach-/Textaufgaben, der zu diesem Zeitpunkt im Unterricht kaum behandelt wurde, sodass die in diesem Bereich vorfindbaren Leistungsunterschiede nicht auf Unterschiede in den Lerngelegenheiten zurückgeführt werden konnten (vgl. Stern, 1997). Zusätzlich wurden aber auch zu jedem Messzeitpunkt Arithmetikaufgaben vorgegeben, die eher instruktionssensitiv waren. Da an der SCHOLASTIK-Studie etwa 1200 Kinder aus dem Münchner Raum teilnahmen, kann die Studie als einigermaßen repräsentativ gelten. Eine Teilstichprobe nahm zusätzlich an der wesentlich intensiver durchgeführten LOGIK-Studie teil (vgl. Weinert, 1998; Schneider, 2008), die schon im Vorschulalter begonnen worden war. Von daher ließ sich für etwa 120 Kinder auch der Einfluss vorschulischer Kompetenzunterschiede auf die weitere Leistungsentwicklung erfassen.

Vorhersage von Leistungsunterschieden

Es konnte gezeigt werden, dass früh beobachtete individuelle Unterschiede in der Bewältigung der Zahlinvarianzaufgabe nach Piaget und im Mengenschätzen substanziell zur Vorhersage von Leistungsunterschieden in der Grundschule beitrugen. So erklärten diese Vorschulmaße etwa 25% der in der zweiten Klassenstufe beobachteten Varianz im Lösen von Textaufgaben. Zu allen Messzeitpunkten in der Grundschule zeigten sich große individuelle Leistungsunterschiede (vgl. Stern, 1997). Individuelle Unterschiede im Lösen der Textaufgaben blieben über die Zeit hinweg relativ stabil. Die Retestreliabilitäten zwischen benachbarten Testzeitpunkten variierten zwischen .68 und .79. Auch die Leistungen zu Anfang und gegen Ende der Grundschulzeit korrelierten noch substanziell miteinander ($r = .53$). Dieser Befund korrespondiert auch gut mit den Ergebnissen der Längsschnittstudie von Krajewski (2003), die für die DEMATs 1+ und 2+ eine Korrelation von .71 berichtete (vgl. auch die ähnlichen Befunde von Ditton & Krüsken, 2009).

Wie erwartet wirkten sich Instruktionsmerkmale stärker auf die Leistungsentwicklung im Bereich der Arithmetik aus als bei den Textaufgaben. Wie aus Abbildung 9 hervorgeht, erklärte die Schulklassenzugehörigkeit (und damit der Unterschied in der Instruktion) zu Beginn der zweiten Klassenstufe etwa 23%, Ende der dritten Klassenstufe dann schon mehr als 30% der Varianz in den Arithmetiktestleistungen. Demgegenüber verringerte sich der entsprechende Anteil der Schulklassenzugehörigkeit (Instruktion) an der Leistungsvarianz bei den Textaufgaben von anfangs 15% auf später nur noch 10%. Dieser Befund bestätigte die Annahme von Stern

(1997), dass der Klassenzugehörigkeitseffekt bei neuen Aufgaben deutlich niedriger liegt als bei curricular validen Aufgaben.

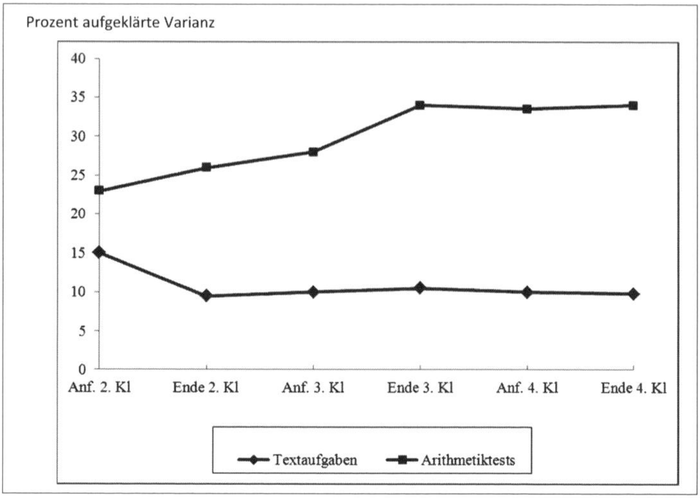

Abbildung 9 | Prozentsatz der durch Schulklassenzugehörigkeit aufgeklärten Varianz zu den unterschiedlichen Messzeitpunkten für Textaufgaben und Arithmetiktests (leicht modifiziert nach Stern, 1997)

Lehrerbefragungen

Obwohl die hohen Stabilitäten der Leistungen im Grundschulverlauf den Schluss nahelegen, dass Unterschiede in der Unterrichtsgestaltung wenig Einfluss auf die Leistungsentwicklung der Kinder nehmen, ergaben zusätzliche Lehrerbefragungen zur Gestaltung des Unterrichts in der SCHOLASTIK-Studie ein anderes Bild. Staub und Stern (2002) unterschieden aufgrund der Befragungsergebnisse Lehrkräfte mit eher konstruktivistischer Grundhaltung von solchen mit eher rezeptiver Grundhaltung. Während Lehrerinnen und Lehrer der erstgenannten Kategorie das Lernen im Mathematikunterricht primär als einen aktiven Konstruktionsvorgang verstehen, in dem wichtige Zusammenhänge von den Schüler*innen selbst aufgedeckt werden, wird von Lehrkräften der letztgenannten Kategorie eher die Überzeugung vertreten, dass im Rahmen des Mathematikunterrichts das Wissen des Lehrers unmittelbar auf den Schüler übertragen wird und der Schüler hauptsächlich gut zuhören sollte, um den Stoff zu verstehen. Als wesentlicher Befund dieser Zusatzauswertung ergab sich eine bedeutsame Korrelation von r = .52 zwischen der konstruktivistischen Vorstellung eines

Lehrers und dem in seiner Klasse ermittelten relativen Fortschritt im Lösen von Textaufgaben (vgl. Staub & Stern, 2002; Stern, 1997, 2008). Die Ergebnisse sprechen insgesamt dafür, dass sich eine konstruktivistische Grundhaltung positiv auf das Lösen mathematischer Textaufgaben auswirkt. Es ließ sich zeigen, dass Lehrer*innen die sich der Bedeutung eines aktiven, problemorientierten Lernens im Mathematikunterricht bewusst waren, diese Möglichkeit in ihrem Unterricht auch indirekt unterstützten. Staub und Stern (2002) fanden zudem keine Hinweise darauf, dass ein stärker am Verständnis orientierter Mathematikunterricht zulasten schwächerer Schüler*innen geht.

Der Mathematikunterricht gegen Ende der 80er- und zu Beginn der 90er-Jahre war nun aber nicht primär durch solche verständnisorientierte Vorgehensweisen geprägt. Stern (1997, 1998, 2008) zog aus ihren Untersuchungen im Rahmen der LOGIK- und SCHOLASTIK-Studien den Schluss, dass der Unterricht zu wenig auf mathematisches Denken und zu sehr auf den Fertigkeitserwerb im Bereich grundlegender mathematischer Operationen ausgelegt war. Deutsche Grundschüler*innen ließen sich demnach generell als fleißige Rechner charakterisieren, die das Einmaleins beherrschen und schwierige Multiplikations- und Divisionsaufgaben schriftlich meist problemlos lösen können. Ging es jedoch darum, bei der Lösung von Textaufgaben auch den richtigen Lösungsweg anzugeben, sahen die Befunde weniger günstig aus. Beispielsweise wurde die Aufgabe: „Claudia hat 3 Murmeln. Sie hat 4 Murmeln weniger als Peter. Peter hat 3 Murmeln mehr als Susanne. Wie viele Murmeln hat Susanne?“ in der SCHOLASTIK-Studie gegen Ende der zweiten Klasse von ca. 10%, gegen Ende der dritten Klasse von ca. 30% und gegen Ende der vierten Klasse von etwas mehr als 40% der Schülerinnen und Schüler vollständig (also mit Angabe des Lösungswegs) korrekt gelöst (Stern, 1997). Auch gegen Ende der Grundschulzeit waren demnach weniger als die Hälfte der Kinder dazu in der Lage, eine Aufgabe dieses Typs angemessen zu modellieren, auch wenn sie bis dato immerhin fünfmal vorgelegt worden war. Ähnliche Ergebnisse wurden von Stern (1998) für Aufgaben zum proportionalen Denken berichtet. Solche Aufgaben kamen ähnlich wie Textaufgaben im Grundschulunterricht der damaligen Zeit zu selten vor. Über die Einführung der Bildungsstandards und die Neustrukturierung

Lösung von Textaufgaben

des Mathematikunterrichts in der Grundschule ist mittlerweile vieles anders und wohl auch besser geworden. Anspruchsvolle Textaufgaben sind im Curriculum enthalten, sodass das Verständnis für mathematisches Problemlösen mittlerweile besser gefördert werden kann.

Anhaltspunkte für eine solche Annahme lieferten auch die Befunde der internationalen Vergleichsstudie „Third International Mathematics and Science Study" (TIMSS; vgl. Bos, Bonsen, Baumert, Prenzel, Selter & Walther, 2008). Mit TIMSS 2007 wurden in Deutschland erstmalig Leistungen deutscher Viertklässlerinnen und Viertklässler in Mathematik und den Naturwissenschaften im internationalen Vergleich erhoben (bei früheren TIMSS-Untersuchungen nahm Deutschland lediglich in der Sekundarstufe teil). Als wesentliches Ergebnis der Studie aus deutscher Sicht lässt sich festhalten, dass die durchschnittliche Mathematikleistung der etwa 5200 deutschen Teilnehmerinnen und Teilnehmer im oberen Drittel der Rangreihe lag. Auf der TIMSS-Skala, die als Standardskala einen Mittelwert von 500 und eine Standardabweichung von 100 aufweist, rangierten die deutschen Schülerinnen und Schüler mit einem Mittelwert von 525 über dem internationalen Durchschnittswert von 473 Punkten. Die Leistungsstreuung fiel mit etwa 68 Punkten im internationalen Vergleich eher gering aus. Wie bei den Bildungsstandards wurde auch in der TIMSS 2007-Studie das Leistungsniveau der Probanden in insgesamt fünf Kompetenzstufen differenziert. Etwa ein Fünftel der deutschen Schülerinnen und Schüler erreichte nur die unteren Kompetenzstufen I und II, verfügte also lediglich über ein elementares mathematisches Wissen sowie über nur rudimentäre mathematische Fertigkeiten. Bei den knapp 75% der Grundschülerinnen und -schülern der Kompetenzstufen III und IV kann davon ausgegangen werden, dass sie ihr elementares Wissen sinnvoll anwenden und auch komplexere Aufgaben lösen können. Die 6% der Schülerinnen und Schüler auf dem höchsten Kompetenzniveau (Stufe V) verfügen über fortgeschrittene mathematische Fertigkeiten und ausgeprägtes Wissen und können ihre Kompetenzen erfolgreich bei der Lösung komplexer mathematischer Probleme einbringen (Bos et al., 2008).

TIMSS 2007-Studie

Der Vergleich der mathematischen Leistungen in den drei Inhaltsbereichen Arithmetik, Geometrie/Messen sowie Daten ergab, dass die deutschen Schülerinnen und Schüler die vergleichsweise besten Werte im Bereich Daten aufwiesen, die schwächsten im Bereich Arithmetik. In allen Bereichen lagen die Werte über dem internationalen Mittelwert. In den Anforderungsbereichen Reproduzieren und Problemlösen waren die Werte ebenfalls überdurchschnittlich. Die Einstellungen der meisten Schülerinnen und Schüler zum Fach Mathematik waren überwiegend positiv, und auch das Fähigkeitsselbstkonzept für Mathematik war überdurchschnittlich gut ausgeprägt und in der Regel auch realistisch, wie substanzielle Korrelationen zwischen Selbstkonzept und Leistungen belegten (vgl. ausführlicher Bos et al., 2008). Insgesamt legten die Befunde die Vermutung nahe, dass die Einführung der Bildungsstandards in den deutschen Grundschulen schon Früchte getragen hat, auch wenn dies sicherlich aufgrund der nur kurzen Zeitspanne zwischen Einführung und Test nicht abschließend beurteilt werden konnte.

Leider haben die TIMMS-Folgestudien von 2011, 2015 und 2019 keinen positiven Entwicklungstrend gezeigt (vgl. Schwippert, Kasper, Köller, McElvany et al., 2020). Die deutschen Viertklässler erreichten 2019 im Durchschnitt 521 Punkte, blieben also im Vergleich zu den früheren Testzeitpunkten relativ stabil. Im Vergleich aller 58 teilnehmenden Staaten lagen sie dabei etwas über dem internationalen Mittelwert (491), im OECD- und im EU-Vergleich dagegen leicht unter dem Durchschnitt. Nach wie vor erreichte etwa ein Viertel der deutschen Schüler*innen nicht mehr als eine der beiden unteren Kompetenzstufen, die höchste Kompetenzstufe nur etwa 6 Prozent. Bei den EU-Staaten lag der Anteil der Schüler*innen in der Spitzengruppe bei knapp 10 Prozent. In Singapur erreichte etwa die Hälfte der Schüler*innen das höchste Niveau.

Es stellt sich in diesem Zusammenhang die Frage, ob die mathematischen Fertigkeiten der deutschen Grundschülerinnen und -schüler in unterschiedlichen Bundesländern vergleichbar ausfallen. Hierzu liegen seit einiger Zeit interessante Befunde aus Studien vor, die vom Institut für Qualitätssicherung im Bildungswesen (IQB) durchgeführt wurden und die zusätzlich auch Kompetenzvergleiche im Bereich Deutsch vornahmen. In der Untersuchung von Stanat, Pant, Böhme und Richter, 2012 wurde überprüft, in welchem Umfang die länderübergreifenden Bildungsstandards in Deutsch und Mathematik erreicht wurden. Für beide Inhaltsbereiche wurden Kompetenzstufenmodelle kon-

Bildungsstandards in Deutsch und Mathematik

zipiert, die Niveauunterschiede auf fünf verschiedenen Stufen beschrieben. Es wurde die gleiche Punkteskala wie bei TIMSS zugrunde gelegt, und die fünf Kompetenzstufen in Mathematik können auch in ähnlicher Weise interpretiert werden. Die Metrik basiert auf den Werten der Gesamtstichprobe und weist für alle Viertklässler in Deutschland einen Mittelwert von 500 und eine Standardabweichung von 100 auf.

Am Ländervergleich nahmen etwas mehr als 27000 Schülerinnen und Schüler der vierten Klassenstufe teil. Die Ergebnisse des Vergleichs für mathematische Kompetenzen sind im Beitrag von Haag und Roppelt (2012) genauer beschrieben. Die Tabelle 4 gibt die Rangreihe der Bundesländer für den Gesamtwert (Global) an und führt zusätzlich die Ergebnisse in verschiedenen Inhaltsbereichen an. Diejenigen Länder, die signifikant nach oben oder unten vom deutschen Mittelwert 500 abweichen, sind in der Tabelle in Fettdruck markiert. Im Hinblick auf den Gesamtwert verdeutlichen die Befunde, dass die Länder Bayern, Sachsen, Sachsen-Anhalt und Baden-Württemberg signifikant über dem deutschen Mittelwert lagen. Statistisch bedeutsam unter diesem Gesamtmittelwert lagen die Ergebnisse für die Flächenländer Brandenburg, Schleswig-Holstein und Hessen sowie die Stadtstaaten Hamburg, Bremen und Berlin.

Für die einzelnen inhaltlichen Kompetenzbereiche ergab sich ein sehr ähnliches Bild, was auch die hohen Korrelationen zwischen den in den Ländern erzielten mittleren Kompetenzniveaus auf der Globalskala einerseits und in den einzelnen Kompetenzniveaus andererseits belegen (vgl. Haag & Roppelt, 2012). Die Korrelationen variierten dabei zwischen $r = .88$ und $r = .99$. Um zu überprüfen, inwieweit die in den einzelnen Ländern erreichten mittleren Kompetenzniveaus zwischen Schulen oder innerhalb von Schulen variieren, wurden Intraklassenkorrelationen für alle Länder berechnet. Es zeigte sich dabei für die gesamte Stichprobe, dass etwa 25% der Varianz in den Testergebnissen in Mathematik auf Schulunterschiede zurückzuführen war. Wurden lediglich die Regelschulen berücksichtigt, reduzierte sich dieser Wert auf 17%. Interessanterweise ergaben sich für die vier Länder in der Spitzengruppe vergleichsweise geringe Intraklassenkorrelationen für Regelschulen, was darauf hindeutet, dass sich die Kompetenzen der Schülerinnen und Schüler aus unterschiedlichen Schulen in diesen Bundesländern nicht wesentlich voneinander unterscheiden.

Tabelle 4: In den Ländern im Mittel erzielte Kompetenzstände im Fach Mathematik (modifiziert nach Haag & Roppelt, 2012)

Land	Global	Zahlen und Operationen	Raum und Form	Muster und Strukturen	Größen und Messen	Daten, Häufigkeit und Wahrscheinlichkeit
Baden-Württemberg	**512**	**510**	510	506	**518**	**511**
Bayern	**519**	**515**	**538**	**516**	509	**510**
Berlin	**451**	**451**	**459**	**455**	**448**	**461**
Brandenburg	**491**	**483**	505	**481**	**488**	494
Bremen	**452**	**454**	**464**	**459**	**448**	**459**
Hamburg	**470**	**474**	**476**	**481**	**464**	**475**
Hessen	**484**	**486**	**476**	**484**	**491**	**485**
Mecklenburg-Vorpommern	494	489	500	**482**	497	494
Niedersachsen	496	495	494	497	498	498
Nordrhein-Westfalen	497	505	**482**	508	498	501
Rheinland-Pfalz	494	489	497	491	496	493
Saarland	492	495	**470**	492	509	493
Sachsen	**517**	**511**	**528**	506	**513**	**513**
Sachsen-Anhalt	**517**	**511**	**524**	500	**517**	**516**
Schleswig-Holstein	**487**	**484**	**487**	**486**	**491**	**490**
Thüringen	502	501	504	493	503	500
Größstädte[1]	495	503	493	507	493	496
Deutschland	500	500	500	500	500	500

Anmerkungen. Fett gedruckte Mittelwerte unterscheiden sich im jeweiligen Kompetenzbereich signifikant vom deutschen Mittelwert; ohne Berlin, Bremen und Hamburg

Demgegenüber waren die Intraklassenkorrelationen in den drei Stadtstaaten am höchsten ausgeprägt. Unabhängig vom generell niedrigen Kompetenzniveau macht hier die Zugehörigkeit zu bestimmten Schulen einen Unterschied, was mit der heterogenen Zusammensetzung der Schülerschaft unterschiedlicher Schulen hinsichtlich der sozialen Schichtzugehörigkeit oder dem Migrationsstatus zusammenhängen könnte.

An einer zweiten IQB-Untersuchung zum Bildungstrend 2016 (Stanat et al., 2017) nahmen ca. 30.000 Schülerinnen und Schüler der vierten Jahrgangsstufe aus über 1.500 Schulen teil. Im Bereich Mathematik wurde ein signifikant negativer Entwicklungstrend verzeichnet. Der Anteil der Viertklässler, die den Regelstandard erreichten oder übertrafen, sank im Vergleich zu 2011 um etwa 6 Prozent. Demgegenüber stieg der Anteil derjenigen Schüler und Schülerinnen, die den Mindeststandard verfehlten, um 4 Prozent. Die insgesamt günstigsten Ergebnisse wurden für Bayern, Sachsen und Sachsen-Anhalt berichtet, während die Stadtstaaten Berlin, Bremen und Hamburg wiederum relativ schlecht abschnitten. Die von uns ursprünglich gehegte Hoffnung, dass die Einführung der Bildungsstandards bei deutschen Grundschüler*innen zu Verbesserungen im mathematischen Kompetenzbereich führen würde, hat sich bislang leider nicht bestätigt.

3.2 Entwicklung mathematischer Kompetenzen in der Sekundarstufe

Mit dem Eintritt in die Sekundarstufe ist in den meisten Bundesländern ein Schulartwechsel verbunden, der von vielen Kindern insofern als einschneidendes, oftmals auch kritisches Lebensereignis empfunden wird, als der Übergang vielfach eine Selektion darstellt. Die Entwicklung mathematischer Kompetenzen am und unmittelbar nach dem Übergang ist weder national noch international erschöpfend untersucht (vgl. Ufer, 2009). In Abhängigkeit von der Schulform kann es dabei durchaus zu vorübergehenden Rückentwicklungen kommen. Wie noch zu zeigen sein wird, ist ein solches Phänomen in der Regel nicht von langer Dauer. Für einen vorübergehenden Leistungsstillstand oder gar Leistungsrückgang könnten Brüche in der Gestaltung mathematischer Lernprozesse vor und nach dem Übergang verantwortlich sein, sodass ein intensiverer

Gestaltung mathematischer Lernprozesse

Austausch der Grundschul- und Sekundarstufenlehrkräfte sicherlich wünschenswert wäre. Gute Leistung in der Grundschule reicht alleine nicht aus, wenn in der neuen Institution eine andere Art von Mathematik erwartet und praktiziert wird (Neubrand, 2009).

Wie Blum und Heinze (2010) herausstellen, verläuft der Kompetenzerwerb im Bereich Mathematik allerdings meist sowieso nicht kontinuierlich, sondern oft auch in Schüben oder in Form von Entwicklungssprüngen, die an bestimmten „Schlüsselstellen" auftauchen. Zu den „Schlüsselstellen" in der frühen Sekundarstufe zählt etwa die Erweiterung des Zahlbegriffs, also die Erweiterung der Menge der natürlichen Zahlen zur Menge der Bruchzahlen einerseits und der der ganzen Zahlen (mit Vorzeichen) andererseits, aber auch die Ausbildung des Variablenbegriffs, über die der Übergang von der Arithmetik zur Algebra eingeleitet wird. Dieser Übergang von konkreten Zahlengrößen zu abstrakten Variablen erfolgt in der Regel ab der sechsten Klassenstufe. Werden diese Übergänge nicht sorgfältig vorbereitet und werden mit dem Variablenbegriff keine angemessenen algebraischen Grundvorstellungen aufgebaut, bleibt Algebra für die Schülerinnen und Schüler in der Folge ein „unverstandenes Spiel mit Buchstaben" (vgl. Blum & Heinze, 2010, S. 3), das etwa darin bestehen kann, „x auf die andere Seite zu bringen", wobei den betroffenen Schüler*innen die Verwendung algebraischer Modelle auch weiterhin rätselhaft bleibt.

Schlüsselstellen in der frühen Sekundarstufe

In der Sekundarstufe werden weiterhin die schon in der Grundschule eingeführten geometrischen Maße bei der Erörterung von Flächen- und Rauminhaltsvorstellungen vertiefend betrachtet, insbesondere durch konkrete Mess- und Vergleichsaktivitäten vor jeder Formelverwendung. Auch dies stellt eine Schlüsselstelle dar, da ohne angemessene Grundvorstellungen von diesen Konzepten geometrische Berechnungen reines Formelanwenden bedeuten und die Übertragung auf Realsituationen in der Regel erschwert bleibt. Blum und Heinze (2010) gehen weiterhin davon aus, dass die Entwicklung infinitesimalen Denkens (also der Einsicht, dass es unendlich kleine Mengen gibt) gerade in der Sekundarstufe sehr an Bedeutung gewinnt. Es gilt hier, das Phänomen der Unendlichkeit zu verstehen, etwa zunächst am Beispiel von nicht abbrechenden (periodischen) Dezimalbrüchen in der Klassenstufe 6, später im Zusammenhang mit Flächeninhalts- und Umfangsberechnungen beim Kreis in der Klassenstufe 9.

Weitere wichtige Schlüsselstellen betreffen ein angemessenes Verständnis des Wahrscheinlichkeitskonzepts (also ein Verständnis dafür, dass zufällige Ereignisse quantitativ beschrieben werden können). Herausforderungen für die Schülerinnen und Schüler der Sekundarstufe bestehen hier etwa darin, dass von der relativen Vorkommenshäufigkeit von Ereignissen auf deren Wahrscheinlichkeit geschlossen werden soll, und dass ein Verständnis von bedingter Wahrscheinlichkeit (also etwa die Abhängigkeit/Unabhängigkeit zweier Ereignisse) zu kalkulieren ist („Wenn von fünf Würfen bereits vier eine ‚Fünf' zeigen, ist die Wahrscheinlichkeit gering, dass auch der fünfte Würfel eine ‚Fünf' zeigt.").

mathematisches Modellieren

Schließlich wird auch die Verbindung von mathematischen Begriffen und Verfahren mit realen Gegebenheiten, also das schon im Grundschulbereich begonnene „Modellieren", in der Sekundarstufe bedeutsam weiterentwickelt. Das mathematische Modellieren verlangt auf jeder Entwicklungsstufe ein angemessen entwickeltes Verständnis der Zuordnung von Zahlen und Größen zu realen Gegebenheiten. Das in der Grundschule eingeführte „Beweisen" im Sinne induktiven Schließens wird nun durch das deduktive Schließen auf der Grundlage formaler Regeln aufgebaut (vgl. auch Tenorth, Blum, Heinze, Peter-Kopp, Post, Selter, Tippelt & Törner, 2010).

Mathematische Basiskompetenzen in der Sekundarstufe

Vielfach wird angenommen, dass im Vergleich zu den beschriebenen „Schlüsselstellen" der Kompetenzentwicklung im mathematischen Kompetenzbereich der Sekundarstufe 1 mathematische Basiskompetenzen im Sinne des in Kapitel 1 beschriebenen Entwicklungsmodells von Krajewski (2007) in dieser Phase keine weitere Verbesserung erfahren. Man geht davon aus, dass sie bis zum Ende der Grundschulzeit hinreichend ausgebildet vorliegen sollten und dass auch das sogenannte „mathematische Konventions- und Regelwissen" (Ennemoser, Krajewski & Schmidt, 2011), etwa zu Vorzeichen- und Klammerregeln, schon relativ früh in der Sekundarstufe einigermaßen automatisiert verfügbar ist, sich also auch nicht bedeutsam weiterentwickelt. Wie eine Studie von Ennemoser und Kollegen (2011) gezeigt hat, entbehren diese Annahmen jedoch jeglicher empirischer Grundlage. Einer aus sieben Bundesländern rekrutierten Stichprobe von 1782 Haupt- und Realschüler*innen sowie Gymnasiast*innen der fünften bis neunten Klassenstufe wurden sowohl Aufgaben zu Zahl-Größen-Kompetenzen (der Ebenen 1 und 2 aus Krajewskis Modell) als auch zum Konventions- und Regelwis-

Konventions- und Regelwissen

Zahl-Größen-Kompetenzen

sen vorgegeben. So sollten im vier- bis zehnstelligen Zahlenraum Zahlen nach Diktat aufgeschrieben und Vorgänger- beziehungsweise Nachfolgerzahlen bestimmt werden (Ebene 1). Darüber hinaus waren je zwei Zahlen miteinander zu vergleichen und Zahlen auf Zahlenstrahlen mit Begrenzungen bis maximal 10000 anzuordnen (Ebene 2). Schließlich wurde das Verständnis beziehungsweise die korrekte Anwendung von Vorzeichen- und Klammerregeln, Bruchrechnung, Dezimalzahlen, Wurzeln und Potenzen im Zahlenraum bis 10 erfasst (Konventions- und Regelwissen).

Weiterhin wurde bei den Neuntklässlern mit dem DEMAT 9 (Schmidt, Ennemoser & Krajewski, 2012) ein curricular valider Mathematiktest eingesetzt. Wie Abbildung 10 zeigt, fanden sich in beiden Kompetenzmerkmalen für alle Schulformen deutliche Zuwächse über die Klassenstufen hinweg, wobei sich die Zahl-Größen-Kompetenzen noch bis zur achten Klassenstufe und das Konventions- und Regelwissen auch noch bis zur neunten Klassenstufe verbesserten. Unterschiede zeigten sich insbesondere auch zwischen den Schulformen. So waren Hauptschüler*innen den Realschüler*innen und diese wiederum den Gymnasiast*innen signifikant unterlegen. Für die Neuntklässler ließ sich zudem nachweisen, dass beide Merkmale mathematischer Basiskompetenzen hoch mit den Ergebnissen im curricularen Mathematiktest korrelierten und – wie über ein Kausalmodell illustriert – die Leistung im Mathematiktest bedeutsam vorhersagten. Wie die Autoren zu Recht anmerken, war dies zumindest für die Zahl-Größen-Kompetenzen nicht zu erwarten und sollte in Anbetracht ambitioniert formulierter Kompetenzziele für die Sekundarstufe nicht aus dem Blick geraten, dass die dort beschriebenen Kompetenzen nur auf gesicherten mathematischen Basiskompetenzen fußen können. Die Tatsache, dass individuelle Unterschiede in basalen Kompetenzen wie dem Aufschreiben von Zahlen in Ziffernschreibweise und dem Anordnen von Zahlen auf einem Zahlenstrahl die Mathematikleistungen gegen Ende der Sekundarstufe I noch substanziell beeinflussen, legt den Schluss nahe, dass diese Kompetenzen auch noch im Unterricht der Klassenstufen 5 bis 9 systematisch gefördert werden sollten. Ein Testverfahren, mit dem diese basalen Kompetenzen in den Klassen 4-13+ sowie im Studium standardisiert erfasst werden können, ist in Kürze auf dem Markt verfügbar (Test mathematischer Basiskompetenzen für die Klassen 4 bis 13, MBK 4-13+; Ennemoser & Krajewski, in Druck).

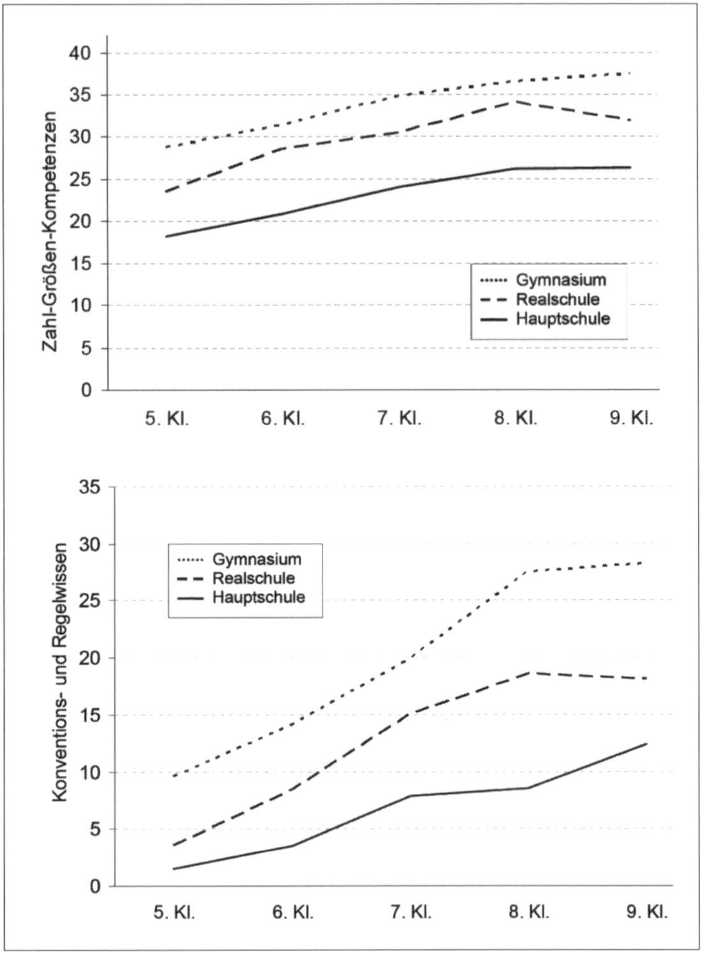

Abbildung 10 | Basale Zahl-Größen-Kompetenzen im vier- bis zehnstelligen Zahlenraum (oben) sowie Konventions- und Regelwissen im Zahlenraum bis 10 (unten) differenziert nach Klassenstufe und Schulform (vgl. Ennemoser et al., 2011)

Der Einfluss der PISA-Studie auf die Reform des Mathematikunterrichts

Aktuell in Praxis und Forschung der Sekundarstufe dominierend ist ein Modell mathematischer Kompetenz, das eng mit dem der PISA-Studie verbunden ist und im Rahmen der Entwicklung der

Bildungsstandards erarbeitet wurde (Tenorth et al., 2010). Von Beginn an wurde in der internationalen PISA-Studie im Bereich Mathematik die Leitidee „mathematical literacy" realisiert, dessen Kern im begrifflichen Verstehen und Modellieren zu sehen ist (vgl. Klieme, Neubrand & Lüdtke, 2001). In der PISA-Studie wurde also nicht die Beherrschung mathematischer Operationen und des bereichsspezifischen Faktenwissens überprüft, sondern vielmehr die Frage untersucht, in welchem Ausmaß mathematisches Wissen flexibel und funktional zur Lösung kontextbezogener Probleme eingesetzt werden kann. Mathematik wurde hier also primär als Werkzeug zur Modellierung realer Probleme betrachtet. Die eher mäßigen Ergebnisse der deutschen Neuntklässler im internationalen Vergleich mathematischer Kompetenzen wurden vielfach auf suboptimale Unterrichtsstrukturen und nicht mehr zeitgemäße Lehrplanorientierungen zurückgeführt. So sah etwa Blum (2001) schon aufgrund der vorher beobachteten und ähnlich unbefriedigenden TIMSS-Befunde dahingehend Veränderungsbedarf, dass mehr Denkaktivitäten, Reflexionen und Eigenkonstruktionen der Schüler*innen gefördert, mehr inner- und außermathematische Vernetzungen sowie ein flexiblerer Methodeneinsatz erfolgen und weniger Verfahren und Kalküle eingesetzt werden sollten.

mathematical literacy

Die Problematik wie auch Herausforderung des deutschen Mathematikunterrichts der Sekundarstufe wurde und wird vor allem im unteren Leistungsbereich gesehen. Immerhin etwa 20 bis 25% der in den PISA-Erhebungen der Jahre 2000 bis 2009 erfassten 15-jährigen Schülerinnen und Schüler gehörten zu den besonders leistungsschwachen Probanden, die lediglich die unterste Kompetenzstufe I erreichten (vgl. Wartha, 2009). Sie verfügen kaum über gesichertes Grundschulwissen im Bereich Mathematik und beherrschen grundlegende Operationen nicht fehlerfrei. Auch für diese Problemgruppe gilt jedoch, dass sie bei rechtzeitiger Diagnose von verbesserten Unterrichtsbedingungen, also einem verständnisorientierten Unterricht, profitieren können, wobei auch für Risikopopulationen die Ausnutzung des verständnisfördernden Potenzials visueller Darstellungsformen sinnvoll sein dürfte (vgl. Klieme et al., 2001).

Problematik im unteren Leistungsbereich

Diese Forderungen sind in den neueren Reformansätzen durchaus berücksichtigt. Die deutschen Bildungsstandards unterscheiden für den mittleren Schulabschluss wie auch für den Hauptschulabschluss sechs wesentliche Kompetenzen wie „mathematisch argumentieren“, „Probleme mathematisch lösen“, „mathematisch modellieren“, „mathematische Darstellungen verwenden“, „mit Mathematik technisch/formal/symbolisch umgehen“ sowie „mathematisch kommunizieren“ (vgl. Kultusministerkonferenz, 2003). Im Rahmen eines im Jahr 2006 parallel zu PISA unter der Federführung von Werner Blum durchgeführten Prozesses der Normierung der Bildungsstandards Mathematik (vgl. etwa Prenzel & Blum, 2007), der später unter Leitung des IQB Berlin fortgesetzt wurde, kamen eigene Kompetenzstufenmodelle der Autoren für den Mittleren Schulabschluss und den Hauptschulabschluss zur Anwendung. Mathematische Leistung wird hier jeweils in fünf Stufen eingeteilt. Wie schon bei den oben beschriebenen Grundschuluntersuchungen wurden die Kompetenzniveaus auf einer Skala mit Mittelwert 500 und Streuung 100 abgebildet, wobei die Kompetenzstufe I Werte von weniger als 410 aufweist und durch rudimentäre Wissens- und Handlungsbasen gekennzeichnet ist, die Kompetenzstufe V den deutlich überdurchschnittlichen Bereich (> 650) abbildet und Schülerinnen wie Schüler beschreibt, die komplexe mathematische Probleme sinnvoll bewerten und bearbeiten können.

Mit Blick auf die oben dargestellten Befunde von Ennemoser und Kollegen (2011) sollte insbesondere in der Problemgruppe der untersten 20 bis 25% der Sekundarstufenschüler*innen zu allererst sichergestellt werden, dass basalste Kompetenzen vorhanden und automatisiert sind, die noch weit unter dem in solchen Kompetenzmodellen betrachteten Grundniveau angesiedelt sind und nach dem Entwicklungsmodell der Zahl-Größen-Verknüpfung von Krajewski (vgl. Kap. 1) unter die ersten beiden Ebenen der numerischen Entwicklung fallen. Denn obwohl diese prinzipiell bereits im Vorschulalter erworben werden (Zahlwort-/Ziffernkenntnis sowie Zahl-Größen-Verknüpfung), müssen sie erst noch auf den Zahlenraum bis eine Million übertragen und automatisiert werden, bevor höhere Kompetenzen darauf aufbauen können. Neben dieser Hürde sollte zudem auch die Bedeutung einer hinreichenden Übung, Festigung und Automatisierung basalster mathematischer Symbole, Konventionen und Regeln nicht unterschätzt werden. So ist das Kompetenzziel „mit Mathematik technisch/formal/symbolisch umgehen“ also nicht nur hinsichtlich komplexer Zahl-, Ziffern- und Zeichenketten (wie etwa Gleichungen) ins Auge zu fassen, sondern es sollte nach den Befunden von Ennemoser und Kollegen (2011) bereits auf Einzelebene die Beherrschung und Automatisierung von Symbolen, Konventionen und Regeln (z.B. das Übersetzen eines Zahlworts in seine Ziffernschreibweise oder eines Regelzeichens in seine Bedeutung) gesichert werden.

3.2.1 Ergebnisse nationaler und internationaler Studien zur mathematischen Kompetenzentwicklung in der Sekundarstufe

Nationale Studien

Nach wie vor mangelt es an nationalen Längsschnittstudien zur Entwicklung von mathematischen Kompetenzen im Bereich der Sekundarstufe I. Es gibt dabei nur sehr wenige solcher Studien, die sich in ihrem theoretischen Ansatz am Kompetenzmodell der PISA-Studie und damit am Konzept der „mathematical literacy" orientieren. Die PALMA-Studie (Projekt zur Analyse der Leistungsentwicklung in Mathematik; vom Hofe, Hafner, Blum & Pekrun, 2009) stellt insofern eine Ausnahme dar, als sich die Forschungskonzeption des Projekts an neuere theoretische Entwicklungen anlehnte und sowohl die Modellierungskompetenz im Rahmen von Sachaufgaben als auch die „Kalkülkompetenz" bei der Durchführung arithmetischer Operationen erfasste. Zusätzlich zu den Mathematiktests wurden u.a. die fluide Intelligenz, die soziale Schichtzugehörigkeit und motivationsbezogene Schülermerkmale erfasst. Die Stichprobe umfasste mehr als 2000 bayerische Schülerinnen und Schüler aus Haupt- und Realschulen sowie Gymnasien, die ab der fünften Klassenstufe insgesamt sechsmal bis zur Jahrgangsstufe 10 untersucht wurden.

mathematische Kompetenzen im Bereich der Sekundarstufe I

Kalkülkompetenz

Wenn auch die Vielfalt der Befunde hier nicht angemessen dargestellt werden kann (vgl. ausführlicher vom Hofe et al., 2009), so bieten die Längsschnittdaten doch interessante Einblicke in die Entwicklung mathematischer Fähigkeiten. Die globale Entwicklung mathematischer Kompetenzen ist in Abbildung 11 wiedergegeben, wobei eine normierte Skala (bezogen auf den fünften Messzeitpunkt) mit dem Mittelwert 1000 und der Stan-

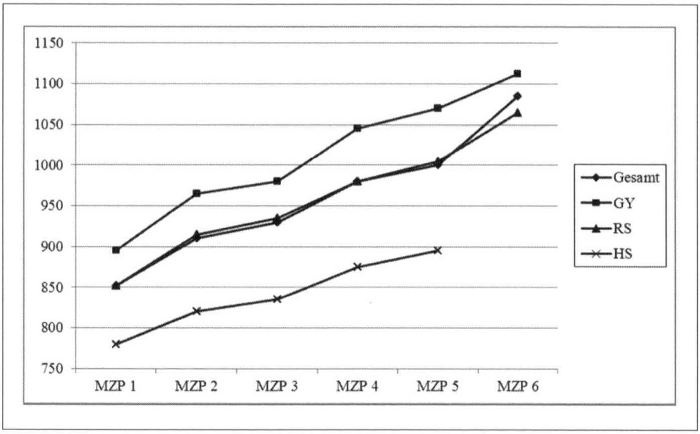

Abbildung 11 | Entwicklung der mathematischen Fähigkeiten von Klasse 5-10 (vom Hofe et al. 2009)

dardabweichung 100 verwendet wurde. Als wesentlicher Befund lässt sich festhalten, dass in allen Schularten und zu allen Zeitpunkten positive Entwicklungstrends festzustellen waren, wobei sich die Fähigkeitsniveaus in Abhängigkeit von der Schulform erwartungsgemäß unterschieden. Die Leistungsabstände zwischen Gymnasiast*innen und Realschüler*innen waren dabei durchgängig geringer als die zwischen Real- und Hauptschüler*innen Insgesamt ergab sich das Bild einer weitgehend parallelen Leistungsentwicklung der drei Schulformen.

Separate Analysen zur Entwicklung von Modellierungs- und Kalkülkompetenzen zeigten bei den Hauptschülerinnen und -schülern insofern Abweichungen vom berichteten Gesamttrend, als die Kalkülkompetenz zu Beginn stagnierte und die Modellierungskompetenz gegen Ende der Untersuchung nicht weiter zunahm. Die Autoren interpretierten diesen Befund so, dass zahlreiche Hauptschüler*innen in der fünften Klasse längere Zeit Probleme mit den Anforderungen des Bruchrechnens aufwiesen, und dass in dieser Schulform gegen Ende der Pflichtschulzeit wohl kein Fortschritt mehr in der Modellierungsfähigkeit zu verzeichnen ist. Allerdings waren die beobachteten individuellen Unterschiede beachtlich, was u.a. auch in beträchtlichen Überlappungen zwischen den Schulformen zum Ausdruck kam. Detailuntersuchungen zeigten beispielsweise kaum Unterschiede zwischen leistungsstarken Realschüler*innen und Gymnasiast*innen (vgl. auch die ähnlichen Befunde bei der Normierung der DEMATs 5+ und 6+; s. Götz, Lingel & Schneider, 2013c).

Übergang in weiterführende Schulen

Die Leistungsentwicklung kurz nach dem Übergang in weiterführende Schulen und danach wurde noch umfassender in der Hamburger Längsschnittstudie zu Aspekten der Lernausgangslage (LAU; z.B. Lehmann, Gänzfuß & Peek, 1999; Lehmann, Husfeldt & Peek, 2001) untersucht. Bei mehr als 13000 Schülerinnen und Schülern aus mehr als 550 Hamburger Schulklassen wurden mathematische Kompetenzen in den Bereichen Arithmetik, Algebra und Geometrie zu Beginn der fünften und gegen Ende der sechsten Jahrgangsstufe erhoben. Für die Mathematikleistung zeigte sich im Verlauf der zwei Jahre ein mittlerer Kompetenzzuwachs mit einer Effektstärke von d = .68, der mit dem in der längsschnittlichen Erweiterung zur PISA 2003-Studie beobachteten Zuwachs kompatibel ist, jedoch deutlich unter den für den Beginn der Sekundarschulzeit registrierten jährlichen Zuwachsraten der PALMA-Studie liegt (vgl. Pekrun et al., 2006; Ufer, 2009). Im Unterschied zur PALMA-Studie zeigten sich in der LAU-Studie für die beteiligten Schulformen unterschiedliche Entwicklungstendenzen. Der Leistungszuwachs fiel für die Gymnasiasten am größten aus, am geringsten dagegen bei Haupt- und Realschüler*innen Die Zuwachsrate für Gesamtschüler*innen lag zwischen den für Gymnasiast*innen und Realschüler*innen berichteten Werten.

Für die Zeit unmittelbar nach dem Übertritt in die Sekundarstufe liegen auch Daten der Längsschnittstudie EWIKO („Entwicklung von Wissenskomponenten") vor. In dieser Studie interessierte insbesondere die Frage, welchen Einfluss das frühe bereichsspezifische Vorwissen und metakognitive Kompetenzen für die Leistungsentwicklung in den Inhaltsbereichen Deutsch, Englisch und Mathematik haben (vgl. Artelt, Neuenhaus, Lingel & Schneider, 2012; Lingel, Neuenhaus, Artelt & Schneider, 2014; Schneider, Lingel, Artelt & Neuenhaus, 2017). Im Bereich Mathematik lagen für die beiden ersten Messzeitpunkte zu Beginn und gegen Ende des fünften Schuljahres Daten von etwas mehr als 700 Schülerinnen und Schülern vor. Die Mathematikleistung wurde zu den beiden Messzeitpunkten mit eigens konstruierten, curricular validen Kompetenztests erfasst (für Aufgabenbeispiele s. z.B. Götz, Lingel & Schneider, 2013c). Um Entwicklungsveränderungen und den curricularen Fortschritt adäquat abbilden zu können, mussten zu den beiden Messzeitpunkten unterschiedliche Tests eingesetzt werden. Die raschhomogenen Tests wurden über sog. „Ankeritems“, die in beiden Testversionen identisch waren, auf eine gemeinsame Metrik gebracht, sodass sich die beiden Tests als Wiederholungsmessung interpretieren ließen.

Gemäß dem Kompetenzbegriff der Bildungsstandards (vgl. Blum, Drüke-Noe, Hartung & Köller, 2006) enthielten die Tests Aufgaben zu den Leitideen Zahl, Messen, funktionaler Zusammenhang sowie Daten und Zufall. Zur Lösung waren Kompetenzen zum mathematischen Problemlösen, Modellieren, Darstellungen verwenden und symbolischen, formalen, technischen Umgang mit Mathematik notwendig. Aufgrund der Notwendigkeit, die in diesem Altersbereich zu erwartende Leistungsbandbreite angemessen abzubilden, wurden vor allem mittelschwere Aufgaben eingesetzt. Auf Aufgaben besonders hoher Komplexität, die eine Verallgemeinerung und Reflexion von Lösungsansätzen erfordern, wurde weitgehend verzichtet. Die inhaltlichen Veränderungen des Tests von T1 zu T2 betrafen die Erweiterung des Zahlenraums (konkrete Dezimalbrüche), die Verbindung der Grundrechenarten in Termen sowie die Bildung und Lösung einfacher Terme und Gleichungen auf Grundlage vorgegebener Sachsituationen. Die interne Konsistenz der Verfahren (Cronbachs α) betrug $\alpha = .85$ (T1) bzw. $\alpha = .84$ (T2). Als Indikator für die Validität des Instruments wurden die Korrelationen der Tests mit den Noten des Jahreszeugnisses der Jahrgangsstufe 4 berechnet, die mit $r = .55$ zu T1 und $r = .62$ für T2 substanziell ausfielen.

Als wesentliches Ergebnis der frühen Phase konnte festgehalten werden, dass die Mathematikleistungen im Verlauf des fünften Schuljahres statistisch bedeutsam zunahmen. Die Effektstärke lag im mittleren Bereich ($d = 0{,}64$) und ist damit (etwa im Vergleich zu den oben berichteten LAU-Befunden) durchaus beachtlich. Insgesamt fiel die Stabilität der Mathematikleistung mit $r = .73$ relativ hoch aus. Demnach veränderte sich die relative Position der Schüler*innen innerhalb der Stichprobe im beobachteten Zeitraum nur geringfügig. Das Vorwissen zu Beginn der Sekundarstufe hat also einen großen Einfluss auf die spätere Ausprägung der Mathematikleistung.

Ergebnisse der PISA-Studie

Wie schon erwähnt wurden die Leistungen deutscher Sekundarstufenschülerinnen und Schüler im Bereich mathematischer Kompetenzen international vor allem im Rahmen der umfassend angelegten TIMSS- und PISA-Studien überprüft. Diese internationalen Vergleichsstudien bezogen repräsentative Stichproben von Neuntklässlern bzw. 15-Jährigen ein. Im Folgenden werden die wesentlichen Erkenntnisse der PISA-Studie für den Bereich Mathematik zusammengefasst. Nahmen am ersten PISA-Ländervergleich im Jahr 2000 insgesamt 32 Länder teil, so erhöhte sich die Zahl im Jahr 2009 auf 63, im Jahr 2018 dann auf 79, was für die zunehmende Popularität des Vergleichs spricht. Die PISA-Studie ist querschnittlich angelegt und bietet in einem dreijährigen Zyklus Informationen über den Leistungsstand im Bereich der „mathematical literacy". Wenn auch längsschnittliche Vergleiche zur Leistungsentwicklung dadurch erschwert werden, dass die Gesamtstichprobe zu jedem Testzeitpunkt neu rekrutiert wurde und die Metrik der Leistungsskala mit dem Mittelwert 500 und der Standardabweichung 100 auf unterschiedlichen Länderstichproben basierte, scheinen vorsichtige Trendanalysen möglich. In Deutschland wurden zusätzlich von 2000 bis 2006 repräsentative nationale Ergänzungsstudien durchgeführt, die ebenfalls Trendanalysen erlauben. Schließlich gab es von 2003 bis 2004 auch einen nationalen PISA-Längsschnitt, der direkte Veränderungsaussagen ermöglicht.

internationale Vergleichsstudien

In der ersten PISA-Erhebung lag die Mathematikleistung deutscher Schülerinnen und Schüler mit einem Mittelwert von 490 unterhalb des OECD-Durchschnitts von 500 (vgl. Klieme, Neubrand & Lüdtke, 2001). Dieser Befund war ebenso unerfreulich wie die Erkenntnis, dass der Anteil der Risikogruppe (Kompetenzstufe I und II), deren Fähigkeitsniveau allenfalls im Bereich des Rechnens auf Grundschulniveau lag, in Deutschland überdurchschnittlich ausgeprägt war, während nur etwa 1,3% der Schülerinnen und Schüler die höchste Kompetenzstufe V erreichte. Die Zusatzauswertungen der PISA-Ergänzungsstudie (Neubrand & Klieme, 2002) für den nationalen Vergleich wurden sowohl mit den internationalen PISA-Aufgaben als auch mit den enger am nationalen Curriculum orientierten Zusatzaufgaben durchgeführt. Die länderspezifischen Auswertungen mit den PISA-Items ergaben, dass Bayern, Baden-Württemberg und Sachsen besser abschnitten als der Bundesdurchschnitt. Unterhalb des Bundesdurchschnitts lagen die Länder Hessen, Nordrhein-Westfalen, Sachsen-Anhalt und der Stadtstaat Bremen. Wurden die Leistungen der Neuntklässler im nationalen Ergänzungstest analysiert, so änderte sich das Bild nicht wesentlich. Wie Neubrand und Klieme (2002) herausstellten, imponierte das insgesamt große Leistungsspektrum der Bundesländer im internationalen Vergleich, das in bemerkenswerten Abständen zwischen den Bundesländern zum Ausdruck kam. Auffällig schienen auch relativ hohe Schüleranteile in den niedrigen Leistungsbereichen sowie besondere Probleme von Schülerinnen und Schülern mit Migrationshintergrund.

nationaler Ergänzungstest

Entwicklungstrends PISA-Erhebungen

Welche Entwicklungstrends zeichnen sich in den folgenden PISA-Erhebungen ab? Im Jahr 2006 betrug der Durchschnittswert der deutschen Schülerinnen und Schüler im internationalen Test schon 504 Punkte, lag also etwas über dem OECD-Gesamtschnitt. Die Bundesländer Sachsen, Bayern, Baden-Württemberg und Thüringen schnitten besser als der Bundesdurchschnitt ab und rangierten im internationalen PISA-Vergleich in den oberen Regionen. Signifikant unter dem OECD-Schnitt bewegte sich das Leistungsniveau der Länder Niedersachsen, Hamburg und Bremen (vgl. Frey, Asseburg, Ehmke & Blum, 2008). Im Unterschied zu den Stadtstaaten Hamburg und Bremen gab es in Niedersachsen dabei vergleichsweise wenige Schülerinnen und Schüler auf oder unter der Kompetenzstufe I.

Abbildung 12 gibt die prozentualen Anteile von Schülerinnen und Schülern in den extremen Leistungsbereichen, also den Kompetenzstufen (auf und unter) I sowie VI, in den einzelnen Bundesländern wieder. Es geht aus der Abbildung hervor, dass vergleichsweise wenige Probanden aus Sachsen und Bayern im untersten Kompetenzbereich rangieren und es bedeutend mehr schwache Schülerinnen und Schüler in den Stadtstaaten gibt. Interessanterweise sind in einigen Ländern mit eher mäßigen Gesamtergebnissen wie Brandenburg und Hessen jedoch vergleichsweise viele gute Schülerinnen und Schüler vertreten. Insgesamt konstatieren Frey et al. (2008), dass sich in den mathematischen Kompetenzniveaus der deutschen Schülerinnen und Schüler zwischen PISA 2003 und PISA 2006 nur wenige Entwicklungen registrieren lassen, auch wenn der Trend insgesamt leicht positiv scheint.

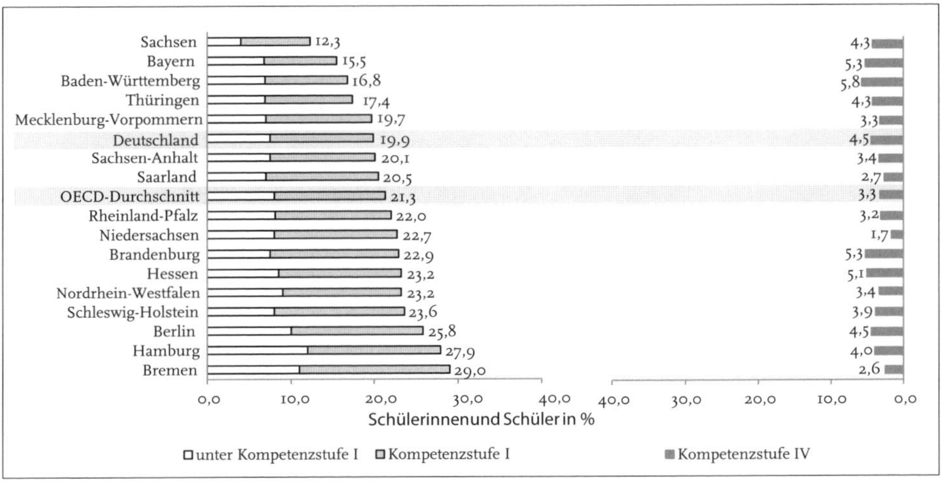

Abbildung 12 | Prozentuale Anteile von Schülerinnen und Schülern unter oder auf der Kompetenzstufe I beziehungsweise auf der Kompetenzstufe IV in den Ländern Deutschlands (modifiziert nach Frey et al., 2008)

Dieser positive Trend schien sich fortzusetzen, wie die Auswertungen zu PISA 2009 zeigte. Die mittlere mathematische Kompetenz 15-jähriger Schülerinnen und Schüler lag bei dieser Erhebung nun bei einem Punktwert von 513 und damit erstmals signifikant über dem OECD-Schnitt (vgl. Frey, Heinze, Mildner, Hochweber & Asseburg, 2010). Dieser Mittelwert entspricht etwa dem Realschulniveau (M = 512). Die Werte der Gymnasiasten lagen im Schnitt deutlich höher (M = 595), die der integrierten Gesamtschüler*innen (M = 480) und der Hauptschüler*innen (M = 424) deutlich darunter.

Veränderung mathematischer Kompetenz

Frey et al. (2010) machten den Versuch, die Veränderung mathematischer Kompetenz von PISA 2003 bis PISA 2009 genauer zu bestimmen, was aufgrund der oben aufgeführten Probleme nicht einfach scheint. Während sich die durchschnittliche mathematische Kompetenz im Bereich der OECD im besagten Zeitraum nicht signifikant veränderte, kann Deutschland zu den Ländern gezählt werden, in denen sich die mathematische Kompetenz der Zielgruppe statistisch bedeutsam verbesserte. Diese Verbesserung zeigte sich insbesondere darin, dass sich der prozentuale Anteil besonders schwacher Probanden leicht verringerte und der besonders guter Schülerinnen und Schüler leicht anstieg. Dennoch fand sich auch beim letzten Erhebungszeitpunkt immer noch eine große Streuung der Leistungskennwerte, die signifikant über dem OECD-Durchschnitt lag. Insgesamt zeigte sich im Zeitraum zwischen 2003 und 2009 eine leicht positive Entwicklung in der mathematischen Kompetenzentwicklung deutscher Neuntklässler. Frey et al. (2010) führen die beobachtete Leistungssteigerung einmal auf die Einführung bundesweiter Bildungsstandards, zum anderen aber auch auf die Verbesserung des Mathematikunterrichts und der mathematischen Aufgabenkultur zurück.

Leider hat sich diese positive Entwicklung nicht fortgesetzt. In der neuesten Erhebung (PISA 2018) erreichten die deutschen Schülerinnen und Schüler in Mathematik einen Punktwert von 500. Dieser Wert lag signifikant über dem OECD-Durchschnitt, bewegte sich im Vergleich zu PISA 2015 jedoch etwas auf den OECD-Durchschnitt zu. Gegenüber der Studie PISA 2012, bei der Mathematik die Hauptdomäne darstellte, nahm der Anteil leistungsschwacher Jugendlicher zu. Mehr als ein Fünftel der deutschen Schülerinnen und Schüler verfügten nur über rudimentäre Kenntnisse im mathematischen Bereich (vgl. Reiss, Reiss, Klieme & Köller, 2019). Ähnlich wie im Bereich der Grundschule lässt sich auch für den Sekundarstufenbereich nicht bestätigen, dass sich die Einführung bundesweit einheitlicher Bildungsstandards nachhaltig positiv auf die Entwicklung mathematischer Kompetenzen ausgewirkt hat.

Da die verschiedenen Zyklen der PISA-Studie querschnittlich angelegt sind, finden sich keine Angaben zur Leistungssteigerungen der gleichen Schülerinnen und Schüler über einen bestimmten Zeitraum. Eine Ausnahme stellt die Untersuchung PISA-I-Plus dar, die 2003 begann und bei der ca. 6000 Probanden aus allgemeinbildenden Schulen im Jahr 2004 erneut getestet wurden (vgl. Prenzel, Carstensen, Schöps & Maurischat, 2006). Diese Stichprobe war für zehnte Klassen aus allgemeinbildenden Schulen ohne Hauptschulen repräsentativ. Hauptschulen wurden nicht berücksichtigt, da nicht alle Bundesländer in der Hauptschule die zehnte Klasse anbieten. Kompetenzzuwächse zeigten sich sowohl im unteren als auch im oberen Leistungsbereich. Die Befunde der Wiederholungsmessung waren jedoch insofern etwas ernüchternd, als insgesamt nur etwa 46% der Schülerinnen und Schüler in der zehnten Klasse statistisch signifikant bessere Testergebnisse erzielten als ein Jahr zuvor. Bei annähernd 30% der Probanden war die Leistungsveränderung statistisch nicht bedeutsam. In etwa 5% der untersuchten Klassen war keine Leistungssteigerung nachweisbar, während sich in 5% der Klassen gar eine signifikante Abnahme des durchschnittlichen mathematischen Kompetenzniveaus ergab. Die durchschnittliche Lernrate der PISA-Stichprobe im Verlauf eines Schuljahres betrug etwa ein Drittel einer Standardabweichung ($d = 33$; vgl. Ehmke, Blum, Neubrand, Jordan & Ulfig, 2006), was einem eher moderaten Effekt entspricht.

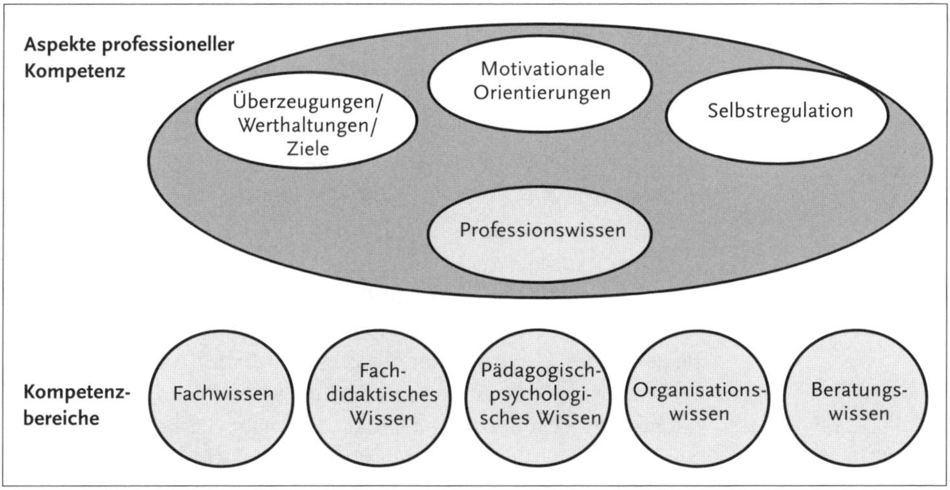

Abbildung 13 | Das Kompetenzmodel von COACTIV mit Spezifikationen für das Professionswissen (leicht modifiziert nach Baumert & Kunter, 2011)

Längsschnittstudie COACTIV

Mit dieser PISA-Längsschnittstudie systematisch verbunden war die Längsschnittstudie COACTIV (vgl. Baumert & Kunter, 2006; Krauss, Neubrand, Blum, Baumert, Brunner, Kunter & Jordan, 2008; Kunter, Baumert, Blum, Klusmann, Krauss & Neubrand, 2011), die das Ziel hatte, das Professionswissen von Lehrer*innen genauer zu bestimmen. Dieser Studie lag ein Kompetenzmodell zugrunde, das davon ausgeht, dass unterschiedliche berufsbezogene Merkmale wie professionelles Wissen (etwa Fachwissen, fachdidaktisches Wissen, pädagogisch-psychologisches Wissen) zusammen mit berufsbezogenen Überzeugungen und motivationalen Merkmalen den Unterrichtserfolg in bedeutsamer Weise bestimmen (vgl. Abb. 13). In der COACTIV-Studie konnte gezeigt werden, dass fachdidaktisches Wissen und Fachwissen im Bereich Mathematik im Wesentlichen schon während der Ausbildung erworben werden und in Abhängigkeit von der Schulform variieren.

Insbesondere die Unterschiede im Fachwissen zwischen Gymnasiallehrkräften und Nichtgymnasiallehrkräften fielen insofern bedeutsam aus, als Lehrkräfte am Gymnasium hier wesentlich besser abschnitten (vgl. Krauss et al., 2008). Interessanterweise waren Gymnasiallehrkräfte auch im Hinblick auf das fachdidaktische Wissen im Vorteil. Aufgrund der Verknüpfung von COACTIV mit der PISA-Studie bestand die günstige Gelegenheit, Merkmale der Lehrkräfte mit Leistungsdaten der Schülerinnen und Schüler in Verbindung zu bringen. Das Vorhersagemerkmal „fachdidaktisches Wissen" konnte dabei auf Klassenebene knapp 40% der Varianz der PISA-Mathematikleistung in der zehnten Klassenstufe erklären (vgl. Krauss et al., 2008). Die Autoren interpretierten diesen Befund dahingehend, dass das fachdidaktische Wissen als zentraler Baustein der Expertise von Lehrkräften anzusehen ist. Da das fachdidaktische Wissen und das Fachwissen in Mathematik in der COACTIV-Studie relativ hoch korrelierten, sind wohl beide Aspekte für den Unterrichtserfolg verantwortlich.

Effekte der Unterrichtsqualität

Weiterführende Analysen von Kunter und Voss (2011) untersuchten Effekte der Unterrichtsqualität auf die schulische Leistung sowie die Leistungsängstlichkeit. Auf Klassenebene erwiesen sich danach das Potenzial der Lehrkräfte zur kognitiven Aktivierung sowie die Effektivität der Klassenführung als bedeutsame Vorhersagemerkmale der Mathematikleistung in der zehnten Klassenstufe. Im Unterschied dazu sagte vor allem die konstruktive Unterstützung der Schüler*innen durch die Lehrkräfte das Ausmaß der Leistungsängstlichkeit und der Lernfreude voraus. Wenn also Schülerinnen und Schüler von den Lehrkräften stärker persönlich/individuell beim Lernen unterstützt werden, führt dies zu niedrigerer Leistungsängstlichkeit und gleichzeitig höherer Lernfreude. Die Befunde der COACTIV-Studie weisen demnach auf die Bedeutung unterschiedlicher Lehrermerkmale für die Leistungsentwicklung von Schülerinnen und Schülern der Sekundarstufe hin. Unklar bleibt allerdings, ob die erwähnten Merkmale auch Unterschiede in den Zuwachsraten innerhalb des PISA-Längsschnitts erklären können, da sich die Analysen jeweils auf den zweiten Messzeitpunkt bezogen.

3.2.2 Individuelle Unterschiede in der schulischen Entwicklung mathematischer Kompetenzen

Im zweiten Kapitel dieses Bandes wurde ausführlich auf unspezifische und spezifische Vorhersagemerkmale der Mathematikleistung eingegangen, wobei insbesondere die Bedeutsamkeit vorschulischer Prädiktoren im Mittelpunkt stand. Wir wissen mittlerweile aus zahlreichen Studien, dass individuelle Unterschiede in der mathematischen Kompetenz schon zu Schulbeginn sehr ausgeprägt sind. Bereits im Kindergartenalter zeigten sich Leistungsunterschiede zwischen Jungen und Mädchen sowie zwischen Kindern mit hoher oder niedriger Intelligenz. Auch Unterschiede im Arbeitsgedächtnis und bei den phonologischen Kompetenzen beeinflussen die Entwicklung mathematischer Kompetenzen im Vorschulalter (vgl. etwa Krajewski, 2008b). Im Folgenden soll die Frage bedeutsamer Korrelate und Prädiktoren für die schulische Leistungsentwicklung im Fach Mathematik kurz aufgegriffen und pointiert werden.

Die Rolle des Geschlechts

Im Hinblick auf die Relevanz von Geschlechtsunterschieden ist die Literaturlage nicht ganz eindeutig. Allgemein dominiert die Auffassung, dass Jungen in der Schule besser in Mathematik sind als Mädchen. In der Tat finden sich in den meisten – jedoch nicht allen – deutschen Längsschnittstudien Vorteile der Jungen, wobei sich häufig mehr Jungen in der Spitzengruppe und mehr Mädchen in der Gruppe leistungsschwacher Kinder befanden (vgl. z.B. Stern, 1998; Thiel & Valtin, 2002). Dies scheint auch in neuerer Zeit noch der Fall zu sein. So stellten Winkelmann, van den Heuvel-Panhuizen und Robitzsch (2008) in einer repräsentativen Grundschulstudie mit etwa 10000 Schülerinnen und Schülern, in der die kürzlich eingeführten Standards für den Mathematikunterricht in der Grundschule evaluiert wurden, durchgängig bessere Leistungen der Jungen fest. Die Geschlechtsunterschiede waren dabei in der dritten Klassenstufe ausgeprägter als in Jahrgangsstufe 4 und basierten im Wesentlichen auf Unterschieden in den Grundfertigkeiten, weniger in den Problemlöseaufgaben (vgl. auch Kaufmann et al., 2008).

Während diese Ergebnistrends auch für die deutschen Stichproben internationaler Vergleichsstudien wie TIMSS und PISA berichtet werden, entspricht der Befund jedoch nicht unbedingt den Ergebnissen anderer internationaler Studien, die gerade für den Beginn der Grundschulzeit kaum bedeutsame Geschlechtsunterschiede entdeckten (vgl. etwa die Befunde der umfangreichen Metaanalysen im englischsprachigen Raum für den Grundschulbereich; etwa Hyde, Fennema & Lamon, 1990). Signifikante Unterschiede zwischen Jungen und Mädchen fanden sich erst ab dem Alter von ca. zehn Jahren, blieben jedoch in der Regel eher gering (Dowker, 2005). Die Befunde der PISA-Studie bestätigen dies für das Jugendalter und machen weiterhin deutlich, dass es in einigen Ländern durchaus leichte Vorteile für Mädchen gibt. Ungeachtet der im internationalen Vergleich nicht ganz konsistenten Befundlage kann davon ausgegangen werden, dass für die beobachteten Geschlechtsunterschiede weniger neurobiologische als vielmehr soziokulturelle Einflussfaktoren verantwortlich sind. Vielfach wirken Geschlechtsstereotype in der Weise, dass von den Jungen mehr Interesse für Mathematik erwartet wird als von den Mädchen (vgl. Landerl et al., 2017). Mädchen zeigen bei vergleichbarem Leistungsniveau in der Regel auch ein ungünstigeres Fähigkeitsselbstkonzept für Mathematik und scheinen häufiger Angst vor diesem Schulfach zu verspüren.

Geschlechtsstereotype

Soziale Schichtzugehörigkeit und Migrationshintergrund

Die meisten einschlägigen Längsschnittstudien der letzten beiden Jahrzehnte haben neben dem Geschlecht auch die Schichtzugehörigkeit der Kinder im Hinblick auf die Leistungsentwicklung in der Grundschule systematisch berücksichtigt. Krajewski und Schneider (2006) fanden für den Bereich Mathematik heraus, dass Schichtunterschiede zu Beginn der Schulzeit noch wenig Einfluss auf die Leistungen hatten, gegen Ende der Grundschulzeit dagegen schon. In einer weiteren Längsschnittstudie von Ditton und Krüsken (2009), die mehr als 1200 Schülerinnen und Schüler umfasste und den Zeitraum vom Ende der zweiten bis Ende der vierten Klassenstufe betraf, ergaben sich sowohl für das Ende der zweiten als auch für das Ende der vierten Klassenstufe bedeutsame Zusammenhänge zwischen der Sozialschicht und den Leistungen im Fach Mathematik, wobei die Zusammen-

Schichtunterschiede

hänge für das Land Sachsen etwas niedriger ausfielen als für Bayern. Zusammengenommen deuten die Befunde beider Studien darauf hin, dass der Einfluss des sozialen Hintergrunds auf die Leistungsentwicklung im Verlauf der Grundschulzeit eher stärker wird. Krajewski und Schneider interpretierten diesen Trend mit dem unterschiedlichen schulischen und außerschulischen Engagement von Eltern aus eher privilegierten versus eher benachteiligten Sozialschichten, das sich allmählich im Sinne eines Umweltfaktors auf die Schulleistungen auswirkt.

Relevanz des Migrationsstatus

In den Studien zur mathematischen Kompetenzentwicklung fehlten lange Zeit Analysen zur Relevanz des Migrationsstatus. Dies änderte sich erst mit der Publikation der PISA-Ergebnisse, die neben der Rolle der Sozialschicht auf die besondere Bedeutung des Migrationshintergrunds für die Erklärung der schulischen Kompetenzunterschiede von 15-jährigen Jugendlichen hinwiesen (Baumert et al., 2001; Stanat, Rauch & Segeritz, 2010). Es wurde also lange Zeit das Faktum vernachlässigt, dass mehr als 25% der deutschen Schülerinnen und Schüler einen Migrationshintergrund aufweisen, es sich hier also nicht um ein Randproblem handelt.

Die Migrationsthematik wurde beispielsweise in der ersten internationalen Grundschulstudie IGLU, die Schülerleistungen gegen Ende der vierten Klassenstufe im internationalen Vergleich erfasste, vergleichsweise gründlich untersucht (Schwippert, Bos & Lankes, 2003). In Deutschland waren annähernd 9000 Schülerinnen und Schüler aus mehr als 200 Schulen in diesen internationalen Vergleich einbezogen, was repräsentative Analysen möglich machte. Bei den Ergebnissen für Lesen, Rechtschreiben und Mathematik fanden sich in der ersten IGLU-Studie wie schon in früheren Arbeiten relativ hohe Interkorrelationen zwischen den Hauptfächern. Weiterhin wurden frühere Befunde dadurch bestätigt, dass die Zugehörigkeit zu höheren Sozialschichtniveaus inhaltsunabhängig auch mit besseren Leistungskennwerten korrespondierte (für ähnliche Befunde der PISA-Studie vgl. etwa Baumert & Schümer, 2001). Im Hinblick auf den Migrationsstatus wurde in Anlehnung an PISA eine Dreiteilung vorgenommen, indem Familien ohne Migrationshintergrund von solchen mit Migrationshintergrund unterschieden wurden, wobei letztere wiederum danach differenziert wurden, ob ein oder beide Elternteile Migrationshintergrund aufwiesen.

Die Ergebnisse der IGLU-Studie zeigten, dass Kinder aus Familien ohne Migrationsgeschichte in allen untersuchten Leistungsbereichen (Lesen, Mathematik, Naturwissenschaften) am besten abschnitten, gefolgt von den Kindern aus Familien, bei denen ein Elternteil im Ausland geboren war (vgl. Schwippert et al., 2003). Deutlich am schlechtesten fielen die Ergebnisse für diejenigen Kinder aus, deren Eltern beide im Ausland geboren waren. Es verwundert nicht, dass ein relativ großer Prozentsatz der Probanden mit vollständigem Migrationshintergrund der Gruppe der schwachen Schüler*innen zugerechnet werden musste (ca. 30%). Auch wenn sich bei der zweiten IGLU-Studie im Vergleich zur ersten Studie der Leistungsrückstand der Kinder mit Migrationshintergrund etwas verringert hatte, kann die Situation dieser Kinder zu Ende der Grundschulzeit immer noch nicht befriedigen (vgl. Schwippert, Hornberg, Freiberg & Stubbe, 2007).

Da die IGLU-Studie sich mit den Leistungen von Schülerinnen und Schülern gegen Ende der Grundschulzeit auseinandersetzte, lassen sich aus dieser Untersuchung keine Schlüsse über mögliche Entwicklungstrends in der Grundschule ziehen. Im Hinblick auf diese Frage bietet die von Leonie Herwartz-Emden und ihrem Team von 2003 bis 2010 in Augsburg durchgeführte Längsschnittstudie SOKKE interessante Informationen (vgl. etwa Heinze, Herwartz-Emden & Reiss, 2007; Herwartz-Emden & Mehringer, 2011). Ziel dieses Langzeitprojekts war die differenzierte längsschnittliche Beschreibung, Analyse und Interpretation der schulischen und familiären Sozialisation von Kindern mit Migrationshintergrund. Die Besonderheit des Projekts ist sicherlich darin zu sehen, dass die Ausgangsbedingungen zu Schulbeginn genau erfasst und die Leistungsentwicklung wie auch die der Persönlichkeit über die gesamte Grundschulzeit überprüft wurde. An der Studie nahmen 435 Kinder teil, von denen 57% einen Migrationshintergrund aufwiesen. Aus den vielfältigen Befunden der Studie scheinen die folgenden Ergebnisse besonders interessant: Schon zu Schulbeginn blieben Schülerinnen und Schüler mit Migrationshintergrund im Fach Mathematik deutlich hinter der Schülergruppe ohne Migrationshintergrund zurück, wobei die Leistungsabstände in Mathematik zwischen Kindern mit und ohne Migrationshintergrund während der ersten drei Schuljahre auf einem vergleichbaren Niveau blieben. Der Einfluss der „Bildungssprache“ auf die Er-

Längsschnittstudie SOKKE

gebnisse im Bereich Mathematik schien dadurch belegt, dass die Leistungsunterschiede zwischen beiden Gruppen dann verschwanden, wenn Unterschiede in den schulsprachlichen Fähigkeiten kontrolliert wurden. Im Gegensatz zu Schwippert et al. (2003) gehen die Autoren der SOKKE-Studie davon aus, dass die Möglichkeit angemessener sprachlicher Interaktion im Unterricht eine wesentliche Voraussetzung für die Ausbildung eines umfassenden mathematischen Verständnisses darstellt (Heinze, Herwartz-Emden, Braun & Reiss, 2011). Fehlende schulsprachliche Kompetenzen scheinen sich also entgegen anderslautender Vermutungen auch in diesem Fach nachteilig auf die Leistungsentwicklung auszuwirken.

Arbeitsgedächtnis

Defizite im sprachlichen und nicht sprachlichen Arbeitsgedächtnis

Bei Kindern mit Rechenschwäche sind Defizite im sprachlichen und nicht sprachlichen Arbeitsgedächtnis mittlerweile gut belegt. Insbesondere Aspekte der „zentralen Exekutive" im Sinne des oben näher beschriebenen Modells von Baddeley, also der zentralen Planungs- und Überwachungsinstanz, scheinen bei Kindern mit Rechenschwäche defizitär zu sein (vgl. Grube, 2006; Landerl et al., 2017). Auch bei unausgelesenen Stichproben von Grundschulkindern ließ sich die Relevanz von Unterschieden im Arbeitsgedächtnis für die Entwicklung mathematischer Kompetenz belegen (z.B. Krajewski & Schneider, 2009b; Thomas, Zoelch, Seitz-Stein & Schumann-Hengsteler, 2006). Die Befunde lassen darauf schließen, dass alle Komponenten des Arbeitsgedächtnisses, also neben der zentralen Exekutive und der phonologischen Schleife auch die visuell-räumliche Komponente, für die Leistungsentwicklung bedeutsam sind.

In einer Arbeit von Weberschock und Grube (2006) ließ sich weiterhin zeigen, dass der Einfluss des Arbeitsgedächtnisses und des basalen arithmetischen Faktenwissens in Abhängigkeit von der Komplexität der Rechenaufgabe variiert. Bei stärker geübten Additions- und Multiplikationsaufgaben erwies sich das Faktenwissen als besserer Prädiktor, während bei eher unbekannten und weniger geübten Aufgaben die Leistungsfähigkeit der zentralen Exekutive von besonderer Bedeutung war. Aus einer ähnlich aufgebauten Studie zur Vorhersage von Leistungen bei der Lösung von Textaufgaben (Lee, Ng, Ng & Lim, 2004) geht hervor, dass auch hier die zentrale Exekutive (im Unterschied zur phonologischen Schleife und zum visuell-räumlichen Notizblock) eine wichtige Rolle spielt. Interessanterweise erwies sich hier aber auch die Lesefertigkeit als ebenso bedeutsam. Diese Befunde machen insgesamt deutlich, dass nicht von „der" Rechenkompetenz gesprochen werden kann, und dass unterschiedliche Komponenten des Arbeitsgedächtnisses in Abhängigkeit von der Aufgabe unterschiedliche Bedeutung haben können.

Intelligenz

Intelligenz und Leistungen im Bereich Mathematik

Aus zahlreichen klassischen Untersuchungen ist uns bekannt, dass die sprachliche wie auch die nicht sprachliche Intelligenz mittelhoch mit den Schulleistungen der Grundschulzeit korreliert, wobei die Korrelationskoeffizienten zwischen .4 und .5 variieren (vgl. etwa Bullock & Ziegler, 1997; Krajewski & Schneider, 2006; Weinert & Helmke, 1997). An den insgesamt bedeutsamen Zusammenhängen zwischen unterschiedlichen Komponenten der Intelligenz und Leistungen im Bereich der Mathematik gibt es also wenig Zweifel. Die schon erwähnten Untersuchungen von Stern (1998, 2003) im Rahmen der Münchner LOGIK-Studie haben dennoch belegen können, dass der Anteil der „reinen" Intelligenz an den individuellen Unterschieden im mathematischen Problemlösen relativ gering ist. Es kann davon ausgegangen werden, dass der Einfluss der Intelligenz auf die schulische Kompetenzentwicklung im Bereich Mathematik insofern mit anderen Merkmalen konfundiert ist, als sich Kinder mit einer höheren Intelligenz im Verlauf der Schulzeit mehr mathematisches Wissen aneignen. Defizite in der Intelligenz können dabei durch Vorwissen im Bereich Mathematik kompensiert werden, Defizite im mathematischen Vorwissen durch die Intelligenz dagegen nicht.

In diesem Zusammenhang scheint interessant, dass auch mittlere Unterschiede im kognitiven Fähigkeitsniveau von Schulklassen zu individuellen Unterschieden in der mathematischen Kompetenzentwicklung von Schülerinnen und Schülern beitragen. Tiedemann und Billmann-Mahecha (2004) untersuchten die Bedeutung von Kontextmerkmalen auf Individual- und Klassenebene bei einer Stichprobe von 710 Drittklässlern. Während auf der Individualebene Intelligenzunterschiede, das Selbstkonzept wie auch Merkmale der Schichtzugehörigkeit die Mathematikleistung vorhersagten, waren auf Klassenebene mittlere Unterschiede im kognitiven Fähigkeitsniveau bedeutsam. So lag der Effekt des durchschnittlichen kognitiven Fähigkeitsniveaus einer Klasse im Hinblick auf die Lösung von Textaufgaben bei .41. Dies besagt, dass sich bei einer Erhöhung des mittleren kognitiven Fähigkeitsniveaus einer Schulklasse *unabhängig vom individuellen Fähigkeitsniveau* die Leistung bei der Lösung von Textaufgaben um annähernd eine halbe Standardabweichung verbessert. Von zwei Schülern mit vergleichbaren Intelligenzwerten zeigt also derjenige die bessere Leistung bei solchen Aufgaben, der sich in der Klasse mit dem höheren durchschnittlichen IQ befindet. Insgesamt beeindruckte der Einfluss der Klassenzugehörigkeit auf die Streubreite der Leistungen im Bereich Mathematik: Etwa 25% der Varianz in den individuellen Leistungen war auf Unterschiede zwischen den Klassen zurückzuführen.

Metakognitives Wissen

Ab Beginn der 80er-Jahre wurde insbesondere von amerikanischen Mathematikdidaktikern (etwa Schoenfeld, 1983) immer wieder darauf verwiesen, dass es nicht hinreicht, Schülerinnen und Schüler im Unterricht die wichtigsten Strategien und Algorithmen üben zu lassen. Zusätzlich sollte klargemacht werden, wo, wann und warum bestimmte Rechenstrategien hilfreich sind. Während die Anwendung einer Strategie als kognitive Handlung aufgefasst werden kann, ist die Entscheidung darüber, in einer bestimmten Situation eine bestimmte Strategie zu verwenden, als metakognitive Aktivität zu charakterisieren. Der Begriff „Metakognition" bezieht sich einmal auf all das, was eine Person über ihre eigenen kognitiven Vorgänge und deren Produkte weiß (deklaratives metakognitives Wissen), zum anderen aber auch auf aktive Überwachungsvorgänge („monitoring") und Steuerungsmaßnahmen bei der Bearbeitung von Problemlöseaufgaben (prozedurales metakognitives Wissen). Das allgemein für Informationsverarbeitungsprozesse konzipierte sogenannte „Modell des guten Strategieanwenders" (good strategy user model; vgl. Pressley, 1986; Pressley, Borkowski & Schneider, 1987) kann dabei durchaus auch für den Mathematikunterricht nutzbar gemacht werden. Es sieht relevante Merkmale von kompetenten Strategie-

Modell des guten Strategieanwenders

anwendern darin, dass diese über generelle wie auch spezifische Problemlösestrategien verfügen, die flexibel eingesetzt werden können. In aktuellen mathematischen Problemlösesituationen wirken strategische Kompetenzen sowie bereichsspezifisches Vorwissen, weiterhin auch allgemeines metakognitives Wissen eng zusammen: Über Vorkenntnisse lässt sich die Strategieanwendung perfektionieren, während metakognitive Wissenskomponenten sowie metakognitive Überwachungsvorgänge Hinweise darauf geben können, ob die ausgewählte Strategie tatsächlich den größten Vorteil bringt und wirksam ist. Pressley (1986) sah die Relevanz des Modells für den Mathematikunterricht darin gegeben, dass Strategien und Überwachungstechniken frühzeitig explizit gelehrt werden sollten und die Lehrkräfte weiterhin darauf achten, dass spezifisches wie auch allgemeines Strategiewissen vermittelt wird. Sie sollten also anhand vieler Beispiele illustrieren, wann bestimmte Strategien funktionieren und wann nicht, und wie man den Lernfortschritt angemessen überprüfen kann (vgl. auch Schneider & Hasselhorn, 1988).

Es ist mittlerweile gut belegt, dass schon Grundschulkinder im Zusammenhang mit der Anwendung von mathematischen Strategien über relevantes metakognitives Wissen verfügen, und dass individuelle Unterschiede in diesem Wissen für die Lernleistung bedeutsam sind. So konnten etwa Carr, Alexander und Folds-Bennett (1994) zeigen, dass das metakognitive Wissen von Zweitklässlern mit korrekten Strategieanwendungen korrespondiert, weiterhin aber auch die Erfolgsmotivation der Kinder günstig beeinflusst. Die Autoren beklagten allerdings den Umstand, dass die Lehrkräfte zwar über die Bedeutung metakognitiven Wissens für den Aufbau mathematischer Kompetenzen informiert waren, jedoch zu wenig gezielte Hinweise auf die Bedeutung von Strategien im Unterricht gaben.

Mit zunehmendem Alter der Schüler*innen nimmt auch ihr metakognitives Wissen zu, und individuelle Unterschiede in diesem Merkmal werden im Hinblick auf die Leistungsentwicklung immer bedeutsamer. In der schon erwähnten EWIKO-Studie konnte für Schülerinnen und Schüler der Sekundarstufe I (Fünftklässler) gezeigt werden, dass ihr deklaratives metakognitives Wissen im Bereich Mathematik substanziell mit den Leistungen in einem Mathematiktest korrelierte ($r = .38$) (Lingel et al., 2014; Schneider et al., 2017). Ähnliche Befunde wurden für die deutsche

Ergänzungsuntersuchung zur PISA-2003-Studie berichtet, bei der ebenfalls ein deklaratives Metakognitionsmaß zum Einsatz kam. Für diese Stichprobe von etwas mehr als 1400 Neuntklässlern wurde mit $r = .43$ ein vergleichbarer Zusammenhang zwischen dem metakognitiven Wissen und der Mathematikleistung gefunden. Die Relevanz metakognitiven Wissens für die Entwicklung der mathematischen Kompetenz in der Sekundarstufe scheint mindestens so groß zu sein wie die der allgemeinen Intelligenz (vgl. Schneider & Artelt, 2010; Veenman, 2006).

Bereichsspezifisches Vorwissen

Schon in klassischen Studien zu Lehr-Lernprozessen aus den 70er- und 80er-Jahren wurde die besondere Bedeutung von Vorwissensmerkmalen für die spätere Leistungsentwicklung herausgestellt. In den Heidelberger und Münchner Hauptschulstudien, die in der fünften und sechsten Klassenstufe durchgeführt wurden, konnte zuverlässig nachgewiesen werden, dass die zu Beginn der fünften Klassenstufe vorfindbaren Vorkenntnisse im Bereich der Mathematik die weitere Leistungsentwicklung substanziell beeinflussten (vgl. Weinert & Helmke, 1987; Weinert & Treiber, 1985). In der Münchner Hauptschulstudie wurden etwa zu Beginn der fünften Klassenstufe die Vorkenntnisse in Mathematik und die Qualität des Mathematikunterrichts (etwa dessen Klarheit) erhoben, weiterhin ein Jahr später die Leistung in einem Mathematiktest, der als lehrplangültig angesehen werden konnte. Etwa 55% der Leistungsunterschiede zwischen den Schüler*innen konnten auf individuelle Unterschiede im fachlichen Wissen zu Beginn der fünften Klassenstufe zurückgeführt werden. Die Leistungsentwicklung der Schülerinnen und Schüler hing also in erheblichem Maße davon ab, mit welchen Startvoraussetzungen sie das Schuljahr begonnen hatten. Eine genauere Betrachtung der Leistungsentwicklung in den 39 Schulklassen ergab allerdings große Unterschiede in den Korrelationen zwischen den Vor- und Nachtestwerten, was darauf hindeutet, dass der Unterricht in diesen Klassen sehr unterschiedlich verlaufen sein muss. Während in den meisten Klassen die Nachtestwerte in Mathematik gut aus den Vortestwerten vorhersagbar waren, gab es einige wenige Klassen, in denen kaum ein Zusammenhang zwischen Vor- und Nachtestwerten bestand. Der vorgefundene

Vorkenntnisse im Bereich der Mathematik

Zusammenhang zwischen den Vorkenntnissen, Qualitätsmerkmalen des Unterrichts und der resultierenden Mathematikleistung kann über das in Abbildung 14 wiedergegebene Kausalmodell illustriert werden, wobei die Dicke der Pfeile die Bedeutung des jeweiligen Vorhersagemerkmals wiedergibt.

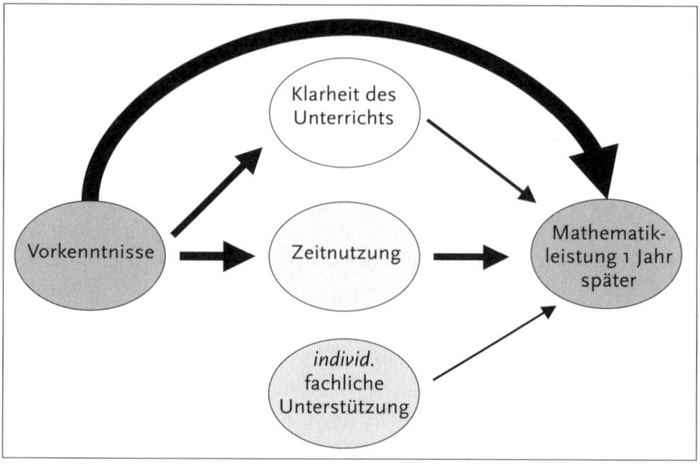

Abbildung 14 | Wirkungen der Vorkenntnisse auf die Mathematikleistung in der Sekundarstufe (nach Weinert & Helmke, 1987)

Demnach haben die Vorkenntnisse den bei Weitem größten Einfluss auf die spätere Leistung, aber auch auf die Gestaltung des Unterrichts, und üben somit auch einen mittelbaren Einfluss aus. Die Grafik verdeutlicht aber auch, dass es direkte Effekte der Unterrichtsqualität auf die Leistung gibt.

In der etwa ein Jahrzehnt später durchgeführten SCHOLASTIK-Studie wurden diese Befunde für den Bereich der Grundschule im Wesentlichen bestätigt (Weinert & Helmke, 1997; Stern, 1997): Die Vorkenntnisse in Mathematik bestimmten auch schon in den ersten Schuljahren den Leistungsfortschritt. Es konnte weiterhin belegt werden, dass mit fortschreitender Beschulung die Entwicklung zunehmend von den Vorkenntnissen und immer weniger von der Intelligenz beeinflusst wird. Allerdings variierte der Einfluss von Vorwissen und Intelligenz in Abhängigkeit von der Art der Mathematikaufgabe: Bei mathematischen Textaufgaben wurde die Varianz zwar primär durch Vorkenntnisunterschiede, in konstantem Ausmaß aber auch durch Intelligenzunterschiede bestimmt. Bei eher automatisiert lösbaren Arithmetikaufgaben war der Einfluss der Vorkenntnisunterschiede dagegen bedeutsam höher, während Intelligenzunterschiede kaum noch eine Rolle spielten. Neuere Längsschnittstudien im Grundschulbereich konnten dieses Ergebnismuster weitgehend bestätigen (vgl. Ditton & Krüsken, 2009; Krajewski & Schneider, 2009a).

Kulturelle Unterschiede

In einer inzwischen klassischen Studie von Stevenson, Lee und Stigler (1986) wurde der Nachweis dafür erbracht, dass sich Kompetenzunterschiede im Bereich Mathematik zwischen verschiedenen Kulturen/Nationen schon relativ früh zeigen. Die Autoren verglichen amerikanische, japanische und taiwanesische Kindergartenkinder, Erst- und Fünftklässler im Hinblick auf den mathematischen Leistungsstand und fanden bedeutsame Unterschiede zwischen den Kulturen. Die Leistungskennwerte der amerikanischen Kinder lagen in allen Altersgruppen deutlich unterhalb der Werte der Kinder aus Japan, während sie sich von denen der taiwanesischen Kinder erst ab der ersten Klassenstufe signifikant unterschieden. Während es im Kindergarten und in der ersten Klassenstufe noch deutliche Überlappungen in den Leistungsverteilungen der Länder gab, traf dies für die Klassenstufe 5 für den Vergleich zwischen amerikanischen und japanischen Kindern nicht mehr zu: Die Schulklasse mit dem höchsten Durchschnittswert der amerikanischen Stichprobe schnitt schlechter ab als die japanische Klasse mit dem geringsten Durchschnittswert. Stevenson et al. suchten nach Gründen für diese bedeutsamen kulturellen Unterschiede und identifizierten Unterschiede in den Unterrichtszeiten wie auch Unterschiede in der Beschäftigung mit den Hausaufgaben als mögliche Ursachen. Japanische Mütter werteten Anstrengung als bedeutsame Quelle für Erfolg in Mathematik und zeigten sich im Vergleich mit amerikanischen Müttern weniger zufrieden und ambitionierter.

Kompetenzunterschiede zwischen verschiedenen Kulturen/Nationen

Vergleichbare Unterschiede gerade zwischen amerikanischen und chinesischen Kindern wurden auch in späteren Untersuchungen gefunden. In einer umfassenden Diskussion der Literaturlage zu internationalen Vergleichsstudien kamen Miller, Kelly und Zhou (2005) zum Schluss, dass Schülerinnen und Schüler aus asiatischen Ländern unabhängig von der Klassenstufe konsistent und erheblich besser abschnitten als amerikanische Schulkinder. Als mögliche Gründe wurden neben der Struktur der Zahlwörter (die in asiatischen Sprachen konsequenter konstruiert sind) vor allem Kontexteffekte betont. Diese betreffen etwa die Bedeutung früher mathematischer Kompetenzentwicklung, die in asiatischen Kulturen höher eingestuft wird, den vergleichsweise größeren Stellenwert mathematischer Kompetenzentwicklung und damit verbunden auch intensivere Übung in asiatischen Ländern, weiterhin aber auch Unterschiede in den Überzeugungen der Eltern, was die Ursachen für Leistungsentwicklung angeht. Die Unterschiede in der Bewertung von Anstrengung (die von asiatischen Eltern wesentlich höher gewichtet wird) korrespondieren beispielsweise mit unterschiedlichen Leistungserwartungen und unterschiedlich intensiven Fördermaßnahmen der Eltern ab Beginn der Schulzeit. Diese kulturellen Unterschiede bestimmen aber auch schon das Lernangebot in Kindergärten, was sich etwa daran erkennen lässt, dass chinesische Kindergartenkinder über wesentlich mehr mathematisches Wissen verfügen als amerikanische Kindergartenkinder (vgl. Siegler & Mu, 2008). Obwohl die Befundlage nicht ganz konsistent ist, scheinen die Vorteile der asiatischen Kinder vor allem im Beherrschen von Rechenoperationen zu liegen, nicht so sehr in der Bearbeitung neuartiger und komplexerer mathematischer Problemstellungen.

Unterschiede in den Überzeugungen der Eltern

Obwohl die meisten Vergleiche zwischen asiatischen und amerikanischen Kindern durchgeführt worden sind, bleiben sie nicht darauf beschränkt. In einer weiteren kulturvergleichenden Studie wurden die Leistungen chinesischer und deutscher Schulkinder im Heidelberger Rechentest HRT verglichen (vgl. Haffner, Baro, Parzer, Wu & Resch, 2005b). Im Hinblick auf die Skala Rechenoperationen zeigten die chinesischen Kinder schon ab der ersten Klassenstufe erheblich bessere Leistungen als die deutschen Kinder, wobei die Unterschiede wirklich substanziell waren und etwa einem Entwicklungsvorsprung von mindestens einem Jahr entsprachen. So lagen die Durchschnittswerte der chinesischen Drittklässler deutlich über den Werten der deutschen Viertklässler. Demgegenüber fanden sich nur leichte Vorteile der chinesischen Kinder im Bereich logischer und räumlich-visueller Leistungen, die in der vierten Klassenstufe auch nicht mehr zu beobachten waren. Insgesamt lässt sich dieser Befund so interpretieren, dass sich die Überlegenheit der chinesischen Kinder insbesondere bei Aufgaben zeigte, die stark durch Üben und schulisches Lernen beeinflusst werden (z.B. Rechenoperationen), nicht jedoch bei solchen Aufgaben, die weniger mit schulischen Inhalten verknüpft sind und stärker logische wie auch räumlich-visuelle Komponenten enthalten (vgl. für ähnliche Befunde bei deutschen und vietnamesischen Viertklässlern Helmke, Schrader, Vo, Le & Tran, 2003).

Insgesamt gesehen weist dieses Befundmuster darauf hin, dass Merkmale der Instruktion, der Wertschätzung des Fachs Mathematik und der Anstrengungsbereitschaft kulturabhängige Leistungsunterschiede erklären können. Werden basale arithmetische Operationen schon sehr früh und relativ intensiv geübt, wie es in den asiatischen Ländern wohl der Fall ist, finden sich noch in der Kindergartenzeit und deutlicher schon zu Schulbeginn Vorteile der asiatischen Kinder in diesen Bereichen, die sich im weiteren Schulverlauf eher noch vergrößern. Interessanterweise scheint sich dieser Vorteil jedoch nicht unbedingt auf die Lösung neuartiger und weniger geübter Aufgaben zu übertragen.

Diagnostik von Schulleistungen im Bereich Mathematik | 4

Um mathematische Kompetenzen in der Schule zuverlässig bestimmen zu können, sind Testverfahren erforderlich, die übliche Anforderungen an die pädagogisch-psychologische Diagnostik erfüllen. Dazu gehört, dass diese Verfahren hinreichend und an einer repräsentativen Vergleichsgruppe normiert sind, also anhand einer vergleichsweise großen, alle Schulformen einschließenden Eich- oder Normstichprobe der relevanten Klassenstufe entwickelt wurden. Weiterhin sollten die Verfahren Testaufgaben enthalten, die den Lernstoff der betreffenden Klassenstufe repräsentativ abbilden. Die Tests sollten also *lehrplangültig* sein. Idealerweise sollten Verfahren für benachbarte Klassenstufen verfügbar sein, die es ermöglichen, die gleichen Aufgaben in unterschiedlichen Schuljahren zu präsentieren, um individuelle Leistungsverbesserungen genauer erfassen zu können. Schließlich sollten sowohl *Schulleistungstests* vorhanden sein, die mathematische Kompetenzen in einer vorgegebenen Schulklasse verlässlich erfassen und in der Regel mittlere Aufgabenschwierigkeit aufweisen sollten, als auch eher *entwicklungspsychologisch oder neuropsychologisch orientierte diagnostische Verfahren*, deren besonderes Ziel darin besteht, mögliche Probleme bei der Bearbeitung mathematischer Aufgaben differenzierter zu analysieren (vgl. etwa Landerl et al., 2017). Wir können also generell Verfahren zur Erfassung allgemeiner Leistungsstände im Bereich Mathematik von solchen Screenings und Tests abgrenzen, die sich speziell für die Diagnose von Rechenschwäche eignen. Wir wollen diese Kategorisierung in der Folge bei unserem Überblick über verfügbare Testverfahren zur Erfassung mathematischer Kompetenzen bzw. Leistungen auch übernehmen.

Testverfahren zur Erfassung mathematischer Kompetenzen

Noch bis weit in die 90er-Jahre des vergangenen Jahrhunderts hinein schien es nun so, als ob (ganz im Gegensatz zu Verfahren zur Erfassung von Schriftsprachkompetenzen) geeignete Verfahren zur Erfassung mathematischer Kompetenzen im Bereich der Grundschule und der Sekundarstufe in nur unzureichender Zahl vorhanden sind. So konstatierten Hemminger, Roth, Schneck, Jans und Warnke (2000) in ihrem Überblicksartikel zur Diagnostik schulischer Leistungen, dass konzeptuell und testtheoretisch ausgereifte sowie hinreichend normierte Testinstrumente zur Diagnostik der Zahlenverarbeitung und Rechenleistungen Mangelware sind. Eine solche Sichtweise wurde auch durch das wenig später publizierte Brickenkamp-Handbuch psychologischer und

Diagnostik schulischer Leistungen

pädagogischer Tests (Brähler, Holling, Leutner & Petermann, 2002) gestützt, das nur eine bescheidene Anzahl von meist älteren Rechentests enthielt.

Diese Situation hat sich mittlerweile zum Guten gewendet. Gerade die jüngsten bildungspolitischen Diskussionen um das schlechte Abschneiden deutscher Schüler*innen in internationalen Vergleichsstudien und die damit verbundene Suche nach frühen Ursachen haben gezeigt, dass im mathematischen Bereich ein erheblicher Bedarf an objektiver Leistungsfeststellung besteht. In der Folge sind vielfach Aktivitäten entwickelt worden, um die gestiegene Nachfrage nach Testverfahren zur Diagnose mathematischer Kompetenzen und Leistungen zu befriedigen. So wurden etwa in die Reihe „Deutsche Schultests" (neuerdings „Hogrefe Schultests") innerhalb des letzten Jahrzehnts zahlreiche lehrplangültige Testverfahren für unterschiedliche Klassenstufen aufgenommen, die noch genauer skizziert werden sollen (vgl. für eine ausführlichere Darstellung auch die Beiträge in Hasselhorn, Marx & Schneider, 2005; Hasselhorn, Heinze, Schneider & Trautwein, 2013).

objektive Leistungsfeststellung

Wenn im Folgenden die wichtigsten Verfahren für die Hand des Lehrers kurz beschrieben werden, sollen immer auch Informationen zu Vor- und Nachteilen der Tests mitgeliefert werden. Es lassen sich hier aus der Literatur zur Testentwicklung einige Kriterien ableiten, die Hinweise auf die Qualität von Diagnoseinstrumenten liefern. Zunächst einmal sollten die üblichen Testgütekriterien erfüllt werden. Das Testverfahren sollte *objektiv* sein, also unabhängig von der durchführenden und auswertenden Person aufgrund der Vorgaben im Testmanual zu gleichen Ergebnissen führen. Es sollte weiterhin *reliabel* oder zuverlässig sein, also etwa bei Testwiederholung innerhalb eines kurzen Zeitraums zu vergleichbaren Ergebnissen führen. Weiterhin sollte der Test *valide* oder gültig sein, also tatsächlich auch die fragliche Kompetenz erfassen. Die Validität eines neuen Testinstruments lässt sich beispielsweise über seine Korrelation mit den Befunden schon bewährter Mathematiktests bzw. mit den Mathematiknoten erfassen. Je höher diese Korrelation, desto klarer ist der Beleg der Gültigkeit des Verfahrens.

Testgütekriterien

Zusätzlich sind weitere Nebenkriterien zu beachten. So haben Gruppentests gegenüber Individualtests den Vorteil größerer Ökonomie, da sie sich im Klassenverband einsetzen lassen. In der Praxis werden Verfahren bevorzugt, die im Rahmen von maximal einer Schulstunde einsetzbar sind und vergleichbare Informationen liefern wie umfangreichere Testverfahren, die zwei oder mehr Stunden in Anspruch nehmen. Ein Problem der Gruppentests kann darin gesehen werden, dass möglicherweise tatsächliche Kompetenzen unterschätzt werden, etwa dadurch, dass einige Kinder in der Klasse die Instruktion nicht richtig verstanden haben. Demgegenüber haben entwicklungspsychologisch oder neuropsychologisch konzipierte Individualtests den Vorteil, dass die jeweiligen Leistungsdefizite der Schüler*innen genauer bestimmt werden können. Sollte über einen ökonomischen Gruppentest also eine Rechenstörung erkennbar werden, empfiehlt es sich demnach, einen ausführlichen Individualtest nachzuschieben, um die Problemschwerpunkte zu identifizieren und geeignete Trainingsmaßnahmen auszuwählen.

Bei der Bewertung von Testverfahren sind schließlich noch andere Kriterien wie die Größe und Repräsentativität von Normstichproben oder auch das Alter der Testverfahren wesentlich, weiterhin auch der Bezug zum Lehrplan. Viele der neueren Verfahren weisen beispielsweise repräsentative Normstichproben auf, was heißt, dass sie an mehreren tausend Schülerinnen und Schülern aller Schulformen erprobt wurden. Tests mit kleinen Normstichproben von wenigen hundert Probanden sind genauso mit Vorsicht zu betrachten wie Verfahren, die sich auf ausgelesene Schulformen oder klinische Stichproben beschränken, oder ältere Verfahren, die vor mehr als zehn Jahren geeicht wurden. Auch wenn ältere Verfahren für sich reklamieren, lehrplangültig zu sein, mag dies mehrere Jahrzehnte später so nicht mehr zutreffen. Viele der neueren Verfahren sind so angelegt, dass die Lehrpläne mehrerer Bundesländer durch die Aufgabenstellung angemessen berücksichtigt wurden. Dies wird allgemein als Vorzug angesehen. Dennoch kann es für die Lehrkraft auch durchaus sinnvoll sein, einen Rechentest einzusetzen, der explizit keinen Bezug zum Curriculum hat, sondern allgemeine mathematische Kompetenzen erfassen will. Damit können wertvolle Zusatzinformationen zu den Leistungsmöglichkeiten einzelner Schüler*innen gewonnen werden.

Die in den folgenden Abschnitten näher beschriebenen Testverfahren eignen sich nicht nur allgemein zur Erfassung mathematischer Kompetenzen, sondern wurden auch kürzlich im Rahmen einer „S3-Leitlinie" für die Diagnostik und Behandlung der Rechenstörung positiv bewertet (vgl. Haberstroh & Schulte-Körne, 2019). Diese Leitlinie wurde von mehr als 20 mit der Materie vertrauten Berufsverbänden und wissenschaftlichen Fachgesellschaften aus den Bereichen Medizin, Psychologie und Erziehungswissenschaften unter Federführung der Deutschen Gesellschaft für Kinder- und Jugendpsychiatrie, Psychosomatik und Psychotherapie in einem auf Evidenz und Konsens basierenden Verfahren erstellt. Sie soll praktischen Einrichtungen als Orientierung dienen und bewertet die verfügbaren Verfahren dreistufig als entweder empfehlenswert, bedingt empfehlenswert oder nicht empfehlenswert.

diagnostische Verfahren im Kindergartenalter

Im Folgenden werden zunächst diagnostische Verfahren beschrieben, die schon im Kindergartenalter eingesetzt werden können und auch den Eingangsbereich der Schulzeit betreffen. Daran schließt sich die Beschreibung neuerer Schulleistungstests für die Primar- und Sekundarstufe an. Abschließend werden neuropsychologisch konzipierte Tests vorgestellt.

4.1 Testverfahren zur Erfassung früher mathematischer Kompetenzen

Es wurde schon ausführlich dargestellt, dass sich frühe und schulrelevante mathematische Kompetenzen schon im Kindergartenalter herausbilden. Schulanfänger können sich in diesen „basisnumerischen" Kompetenzen, die etwa die Zählfertigkeit, die Mengenschätzung, das Wissen über die Beziehung zwischen Mengen (Erfassen von Teil-Ganzes-Beziehungen) betreffen, durchaus erheblich unterscheiden (vgl. etwa Fritz & Ricken, 2005; Krajewski, 2003, 2008a).

Der Test zur Erfassung numerisch-rechnerischer Fertigkeiten vom Kindergarten bis zur 3. Klasse (**TEDI-MATH**; Kaufmann et al., 2009) kann bei Kindern im Alter von vier bis acht Jahren im Einzeltest verwendet werden und ist damit sowohl in der Vorschule als auch bis zum ersten Halbjahr der dritten Klassenstufe einsetzbar. Dieses auf einer französischsprachigen Originalversion basierende Verfahren geht von kognitiv-neuropsychologischen Theorieansätzen aus und besteht aus einer Batterie von insgesamt 28 Subtests, aus denen je nach Altersbereich unterschiedliche

Kombinationen vorgegeben werden. Sollte aus Zeitgründen die Vorlage des Gesamttests unmöglich sein, kann auf eine „Kernbatterie" zurückgegriffen werden, die sich in knapp 45 Minuten durchführen lässt. Während für die Kindergartenphase noch keine abgesicherte Differenzierung in verschiedene Teilkomponenten möglich ist, wird ab Schulbeginn zwischen den Komponenten der Zahlenverarbeitung (Größenvergleich arabische Zahlen und Zahlwörter, Transkodierübungen wie Zahlen schreiben und lesen) und Rechnen (Addition, Subtraktion, Multiplikation, Textaufgaben) unterschieden. Damit wird die differenzierte Erfassung numerischer und rechnerischer Fähigkeiten möglich, und es lassen sich unterschiedliche Leistungsprofile für die Komponenten Zahlenverarbeitung und Rechnen erstellen. Nach Auffassung der Autoren ermöglicht der Test eine Früherkennung numerischer Stärken und Schwächen und kann auch hinsichtlich der Identifikation unterschiedlicher Dyskalkulieuntertypen wichtige Hinweise geben. Die berichteten Reliabilitäten und die Übereinstimmung der Testergebnisse mit den Einschätzungen von Erzieher*innen bzw. Lehrer*innen liegen allerdings für die erste bis dritte Klasse deutlich höher als für die Kindergartenzeit, weshalb das Verfahren eher für den Einsatz im Schulalter als für das Kindergartenalter empfohlen werden kann. Die Normstichprobe erscheint mit $N = 873$ Kindern (mit jeweils etwa 100 Kindern pro Halbjahresklassenstufe) hinreichend groß. Die Autoren empfehlen den Anwendern, bei einem erzielten Prozentrangwert von weniger als 10 dem Verdacht auf Vorliegen einer Dyskalkulie bzw. einer manifesten Rechenstörung genauer nachzugehen. Ein Prozentrang zwischen 10 und 25 kann als Hinweis auf mögliche rechenspezifische Auffälligkeiten und damit auf bestehenden Förderbedarf interpretiert werden. Ob diese Vorgaben durch einschlägige Validitätsstudien gestützt werden können, ist uns nicht bekannt.

mathematische Basiskompetenzen ab der ersten Klassenstufe

mathematisch-konzeptuelles Verständnis

Ein weiteres neues, entwicklungspsychologisch orientiertes und dabei sehr ökonomisches Verfahren erfasst **mathematische Basiskompetenzen ab der ersten Klassenstufe (MBK-1+**; Ennemoser, Krajewski & Sinner, 2017). Mit dem **MBK-1+** reagieren die Autoren auf das Faktum, dass die Kinder mit Einsetzen des Mathematikunterrichts im ersten Grundschuljahr schnelle Fortschritte machen. Ziel des Verfahrens ist es, die Verfügbarkeit relevanter Basiskompetenzen im Sinne eines mathematisch-konzeptuellen Verständnisses zu erfassen; es geht also nicht primär um die Erfassung von Rechenperformanz. Der MBK-1+ kann ab Beginn der ersten bis zum Beginn der zweiten Klassenstufe in Lang- oder Kurzform als Gruppentest durchgeführt werden und nimmt in der langen Version etwa eine Schulstunde in Anspruch. Darüber hinaus ist er bei Vorliegen einer Rechenstörung sowie an Schulen mit Förderschwerpunkt Lernen bis zum Ende des vierten Schuljahres einsetzbar. Somit erlaubt dieses Verfahren die Früherkennung von Entwicklungsrisiken im Bereich Mathematik und überdies die Fein- und Förderdiagnostik bei bereits festgestellter Rechenschwäche. Auch mit diesem Verfahren werden mathematische Basiskompetenzen im Sinne des Entwicklungsmodells der Zahl-Größen-Verknüpfung von Krajewski erfasst. Die Kompetenzen auf Ebene 1 (numerische Basisfertigkeiten) werden durch ein Zahlendiktat sowie durch den Test „Zahlenlücken" erfasst, der die Kenntnis der Zahlenfolge prüfen soll. Die Kompetenzen der Ebene 2 werden vor allem in der bildlichen Darstellung überprüft. So soll z.B. zu einer vorgegebenen Zahl die passende Zahl von Bällen gezeichnet werden. Weitere Aufgaben mit dem Zahlenstrahl erfassen das Anzahlkonzept sowie die unpräzise Zuordnung von Zahlen zu Abschnitten des Zahlenraums, die Anzahlseriation sowie den Anzahlvergleich. Auf der Ebene 3 wird schließlich das Verständnis für die Zahlenstruktur überprüft und die Frage zu klären versucht, ob die Kinder Zahlen bereits als Relationszahlen begreifen. Das Konzept der Zahlergänzung wird etwa durch klassische Platzhalteraufgaben überprüft (z.B. 3+_ = 6), weiterhin im Rahmen bildlicher Darstellung über einen „Teil-Ganzes"-Subtest. Den Abschluss bilden mündlich vorgegebene Textaufgaben, die im Testheft bildlich veranschau-licht sind und das Operieren mit Anzahlen von Murmeln erfordern. Der Zusatztest Basisrechnen dient überdies der Überprüfung der Schnelligkeit beim Abruf von Rechenfakten des kleinen Einspluseins im Zahlenraum 10. Der Test liegt in zwei Parallelversionen vor und lässt sich mit Schablonen zeitökonomisch auswerten. Zur Einordnung der Ergebnisse liegen Normwerte für eine Normstichprobe von mehr als 6000 Schüler*innen aus insgesamt 14 Bundesländern vor. Normen werden dabei für jedes Quartal des ersten Schuljahres zur Verfügung gestellt. Neben der Gesamtleistung kann auch die Leistung auf den einzelnen Kompetenzebenen differenziert bestimmt werden. Wie auch der MBK-0 bietet der MBK- 1+ über das beigefügte Normwerteprogramm die Möglichkeit der taggenauen Auswertung. Ergänzend finden sich Normwerte für das zweite bis vierte Schuljahr sowie altersgestufte Normen für Förderschüler*innen Das Verfahren ist durchführungs- und auswertungsobjektiv und weist für einen Gruppentest relativ hohe Retestreliabilitäten auf, die für einen Zeitabstand von drei Monaten im Mittel etwa $r = .76$ betragen. Auch bei diesem Verfahren kann die interne Konsistenz überzeugen (α-Koeffizienten zwischen .89 und .93). Die Validität des Verfahrens wurde über Korrelationen mit anderen Mathematiktests sowie dem Lehrerurteil ermittelt. Die Korrelationen variieren um .60 und sind demnach hinreichend hoch. Dem Verfahren kann auch prognostische Validität bescheinigt werden (vgl. Ennemoser, Krajewski & Sinner, 2017).

frühe Diagnose mathematischer Kompetenzen

Insgesamt gesehen sind damit inzwischen eine ganze Reihe von nützlichen Verfahren zur frühen Diagnose mathematischer Kompetenzen bzw. Defizite verfügbar. Sie decken eine Vielzahl von relevanten Inhalten ab und erfassen Vorhersagebereiche, die sich in unterschiedlichen Längsschnittstudien zur frühen Prognose von Rechenschwierigkeiten als bedeutsam erwiesen haben. Wenn man wie etwa Lorenz (2005b) die visuell-räumliche Informationsverarbeitung als besonders bedeutsame Vorhersagekategorie einstuft, wäre zu fordern, dass dieser Aspekt ähnlich wie der von Merkmalen des Arbeitsgedächtnisses zusätzlich berücksichtigt werden sollte. Dies scheint etwa auch im Sinne des Modells zur Verinnerlichung mathematischer Operationen von Aebli (1976, 1991) konsequent, wenn man unterstellt, dass Risikokinder die postulierten Stufen der Repräsentationen von mathematischen Inhalten (vom konkreten Handeln mit Objekten bis zum Verständnis symbolischer Darstellung in Ziffern und Rechenzeichen) sehr verzögert durchlaufen. Allerdings legen die verfügbaren Längsschnittstudien den Schluss nahe, dass den frühzeitig erfassten Mengen-Zahlen-Kompetenzen eine zentrale Rolle bei der Vorhersage späterer Rechenleistungen zukommt (vgl. etwa Dornheim, 2008; Krajewski, 2003), auch wenn Aspekte der räumlich-visuellen Informationsverarbeitung nicht zu vernachlässigen sind. Die Befunde dieser Längsschnittstudien stützen allgemein die Konzeption der neueren Diagnoseinstrumente, der zufolge eine differenzierte Frühdiagnose als Ausgangspunkt für die Prävention späterer Rechenschwierigkeiten dienen kann.

4.2 Testverfahren zur Erfassung mathematischer Leistungen im Grundschulalter

4.2.1 Testverfahren zur Erfassung curricularer Schulleistungen

Rechenfertigkeiten in den Grundschuljahren

Das Erlernen von Rechenfertigkeiten in den Grundschuljahren beginnt zunächst mit sehr einfachen Aufgaben zu Addition und Subtraktion, später mit Multiplikation und Division. Im Verlauf der vier Grundschuljahre werden hier enorme Fortschritte registriert, wobei auch die individuellen Unterschiede in diesen Fortschritten bedeutsam sind und sich der zu beherrschende Zahlenraum von 10 gegen Ende des ersten Schuljahrs auf eine Million zum Ende des vierten Schuljahrs erweitert (vgl. Grube, 2005). Um die erzielten Fortschritte zuverlässig diagnostizieren zu können, sind Tests erforderlich, die wesentliche Inhalte der schulischen Lehrpläne angemessen erfassen und weiterhin repräsentative Normen vorweisen können. Wie schon oben erwähnt, ist diesem Aspekt gerade durch die Entwicklung von einigen neueren Testverfahren inzwischen Rechnung getragen worden.

Deutsche Mathematiktests

An den Universitäten Göttingen, Leipzig und Würzburg wurden kurz nach der Jahrtausendwende in der Reihe „Deutsche Schultests" die Deutschen Mathematiktests (DEMATs) entwickelt, die jahrgangsbezogen konzipiert waren und neben dem gesamten Grundschulbereich auch die Eingangsklassen der Sekundarstufe I erfassten (DEMAT 5 und 6). An jedem der genannten Standorte wurden Verfahren für zwei benachbarte Klassenstufen entwickelt, die jeweils gemeinsam betrachtet werden sollen.

Die Arbeitsgruppe um Kristin Krajewski und Wolfgang Schneider entwickelte mit dem **DEMAT 1+ (Deutscher Mathematiktest für erste** sowie dem **DEMAT 2+ (Deutscher Mathematiktest für zweite Klassen** Tests zur frühen Diagnostik mathematischer Schulleistungen in den ersten beiden Grundschuljahren, die mittlerweile in einer zweiten, aktualisierten und neu normierten Auflage zur Verfügung stehen (Krajewski, Küspert & Schneider, im Druck; Krajewski, Dix & Schneider, 2020). Für beide DEMAT-Tests wurde von Beginn an angestrebt, dass sie lehrplangültig konzipiert und ökonomisch, also im Rahmen einer Schulstunde, durchführbar sein sollten. Es sollte weiterhin über diese Verfahren möglich sein, Rechenschwierigkeiten von jungen Grundschüler*innen frühzeitig diagnostizieren zu können. Da Tests zur Feststellung einer Rechenschwäche gut zwischen den Leistungen der schwächeren Schüler*innen differenzieren können sollten, wurde der DEMAT 1+ so konstruiert, dass die Aufgaben relativ leicht ausfielen, also üblicherweise von einem großen Prozentsatz der Erstklässler gelöst werden konnten. Ähnlich wurde auch bei der Konstruktion des DEMAT 2+ verfahren, der ebenfalls eine sehr gute Differenzierung im unteren Leistungsbereich erlauben und zudem Leistungen im oberen Bereich recht gut unterscheiden können sollte. Da beiden Tests die Lehrpläne aller deutschen Bundesländer zugrunde liegen und sie in nahezu allen Bundesländern geeicht wurden, ist mit dem DEMAT 1+ und dem DEMAT 2+ die Feststellung einer Rechenschwäche (Leistung im untersten Leistungsbereich deutscher Erst- bzw. Zweitklässler) im Gruppentestverfahren möglich. Durch Betrachtung der Untertestleistungen in einem Fehlerprofil können zudem erste Tendenzen gefunden werden, in welchen speziellen Teilbereichen Schwächen liegen. Diese ersetzen jedoch keinesfalls eine zusätzliche Feindiagnostik (vgl. Schneider & Krajewski, 2005, für detailliertere Angaben).

Orientierung an den Mathematiklehrplänen

Bei der Entwicklung beider Verfahren war die Orientierung an den Mathematiklehrplänen oberstes Ziel. Es wurden nur Aufgaben ausgesucht und in Vorformen des Tests pilotiert, die in den Lehrplänen aller Bundesländer enthalten waren. Da die Themenreihenfolge des Lehrplanstoffs von Bundesland zu Bundesland stark variiert, kann erst am Schuljahresende sicher davon ausgegangen werden, dass alle in unseren Testverfahren geforderten Inhalte gelöst werden können. Aus diesem Grund sollten beide Instrumente erst am Ende des jeweiligen Schuljahres (erste bzw. zweite Klasse) sowie zu Beginn des folgenden Schuljahres (zweite bzw. dritte Klasse) eingesetzt werden. Die Normen für den DEMAT 1+ basieren auf den Daten von annähernd 3000 Kindern, die für den DEMAT 2+ auf etwas mehr als 4000 Kindern. Sowohl der DEMAT 1+ als auch der DEMAT 2+ sind als Gruppentests mit zwei Parallelformen A und B konzipiert und damit zur ökonomischen Erfassung der Rechenleistung der gesamten Schulklasse geeignet. Als großer Vorteil beider Verfahren erweist es sich hierbei, dass sie im Gruppentest innerhalb einer Schulstunde durchführbar sind; im Einzeltest kann sich die Testzeit auf bis zu 20 Minuten reduzieren. Da zur Korrektur Schablonen angelegt werden können, kann ebenso auf eine rasche Auswertung der Testhefte verwiesen werden.

Die maximale Durchführungsdauer von 45 Minuten für jeden der beiden Tests wird durch Zeitbegrenzungen fast aller Subtests gewährleistet. Hierdurch erhalten die Verfahren zwar eine Speedkomponente; diese sollte jedoch nicht überinterpretiert werden, da die Zeiten so gewählt sind, dass der Großteil der Kinder die Aufgaben im vorgegebenen Zeitrahmen lösen kann.

Der DEMAT 1+ enthält insgesamt neun Komponenten, die vollständig in Tabelle 5 aufgelistet sind. Sie betreffen die Bereiche Zahlenverständnis (z.B. die Subtests Mengen und Zahlen sowie Zahlenraum), verlangen aber auch schon Kenntnisse in den Grundrechenarten (etwa die Aufgaben zur Addition und Subtraktion sowie die „Kettenaufgaben“). Die „Sachaufgaben“ erfassen schließlich die Fähigkeit, in anschaulichen Kontext eingebundene Rechenaufgaben zu lösen.

Im DEMAT 2+ wird der Schwerpunkt mit sechs Untertests auf arithmetische Leistungen (Zahleneigenschaften, Grundrechenarten) gelegt. Weiterhin sind im Test Sachaufgaben, Aufgaben zu Fähigkeiten beim Umgang mit Größen (Längenvergleiche, Rechnen mit Geld) und zur Geometrie enthalten (vgl. Tab. 5). Wie im DEMAT 1+ werden auch im DEMAT 2+ Aufgaben zu „Addition“ und „Subtraktion“ gemischt dargeboten. Diesmal wird jedoch der Zahlenraum bis 100 repräsentiert.

Tabelle 5: Deutsche Mathematiktests (DEMAT 1+ bis DEMAT 6+) (Anzahl der Items) (nach Landerl et al., 2017)

Test	Inhaltsbereiche	**Subtests/ Aufgaben** (Aufgabenanzahl)	Dauer Gruppentest	Normstichprobe
DEMAT 1+		Mengen-Zahlen (3), Zahlenraum (5), Additionen (4), Subtraktionen (4), Zahlenzerlegung-Zahlenergänzung (4), Teil-Ganzes (4), Kettenaufgaben (4), Ungleichungen (4), Sachaufgaben (4)	45 min	2936
DEMAT 2+		Zahleneigenschaften (2), Längenvergleiche (4), Additionen (4), Subtraktionen (4), Verdoppeln (3), Divisionen (4), Halbieren (3), Rechnen mit Geld (4), Sachaufgaben (4), Geometrie (4)	45 min	4014
DEMAT 3+	Arithmetik	Zahlenstrahlen (3), Additionen (4), Subtraktionen (4), Multiplikationen (4)	45 min	4209
	Sachrechnen	Sachrechnen (4), Längen umrechnen (4)		
	Geometrie	Spiegelzeichnungen (3), Formen legen (3), Längen schätzen (2))		

<table>
<tr><th>Test</th><th>Inhaltsbereiche</th><th>Subtests/ Aufgaben (Aufgabenanzahl)</th><th>Dauer Gruppentest</th><th>Norm-stichprobe</th></tr>
<tr><td rowspan="3">DEMAT 4+</td><td>Arithmetik</td><td>Zahlenstrahlen (3), Additionen (4), Subtraktionen (4), Multiplikationen (4), Divisionen (4)</td><td rowspan="3">45 min</td><td rowspan="3">5266</td></tr>
<tr><td>Sachrechnen</td><td>Größenvergleiche (6), Sachrechnungen (8)</td></tr>
<tr><td>Geometrie</td><td>Lagebeziehungen (4), Spiegelzeichnungen (3)</td></tr>
<tr><td rowspan="3">DEMAT 5+</td><td>Arithmetik</td><td>Zahlenstrahl (2), Bestimmung eines Anteils (1), Rechengesetze (2), Umwandlung von Maßeinheiten (2), Rechnen mit Maßeinheiten (1), Rechnen mit unbekannter Variable (1), Schriftliches Rechnen mit unbekannten Variablen (1), Aufstellen eines Terms (1), Aufstellen einer Gleichung (1), Grundrechenarten (2)</td><td rowspan="3">35 min</td><td rowspan="3">2435</td></tr>
<tr><td>Geometrie</td><td>Umfangmessung (1), Symmetrie (1), Umfang Quadrat (1), Umfang Rechteck (1)</td></tr>
<tr><td>Sachrechnen</td><td>Proportionalität (3), Aufstellen eines Terms (4), Gleichung (1), Datenbearbeitung Tabelle/ Diagramm (7)</td></tr>
<tr><td rowspan="2">DEMAT 6+</td><td>Geometrie</td><td>Symmetrie (1), Flächenberechnung (1), Winkelbestimmung (1), Volumenberechnung (1)</td><td rowspan="2">35 min</td><td rowspan="2">1931</td></tr>
<tr><td>Sachrechnen</td><td>Proportionalität (5), Aufstellen eines Terms (2), Bestimmung von Flächenanteilen (1), Datenbearbeitung Tabelle/Diagramm (7)</td></tr>
<tr><td rowspan="3">DEMAT 7+</td><td>Zahl</td><td>Zahlengerade (6), Brüche und Dezimalbrüche (12), Terme (2)</td><td rowspan="3">45 min</td><td rowspan="3">1375</td></tr>
<tr><td>Messen</td><td>Größenangaben beurteilen (6), Flächen-/ Rauminhalt berechnen (6), Brüche und Dezimalbrüche (5)</td></tr>
<tr><td>Raum und Form</td><td>Achsenspiegelung (1), Winkelgrößen schätzen (4), Koordinatensystem (3), Formen (7)</td></tr>
<tr><td>DEMAT 8+</td><td>Aufbau analog zu DEMAT 7+</td><td></td><td>45 min</td><td>1468</td></tr>
<tr><td rowspan="3">DEMAT 9</td><td>Funktionaler Zusammenhang</td><td>Lineare Gleichungen (8), Zahlenrätsel (4), Prozent- und Zinsrechnen (7), Dreisatz (4)</td><td rowspan="3">45 min</td><td rowspan="3">1230</td></tr>
<tr><td>Messen/Raum und Form</td><td>Satz des Pythagoras (4), Geometrische Flächen/ Körper (8),</td></tr>
<tr><td>Daten und Zufall</td><td>Datenbasis Diagramm/Tabelle (8)</td></tr>
</table>

Für beide Verfahren gilt, dass sie sich leicht und zeitlich ökonomisch auswerten lassen. Über die erwähnten Schablonen lassen sich für die einzelnen Untertests und den Gesamttest Rohwerte ermitteln, die anhand der Normtabellen mit den Leistungen der

Eichstichprobe verglichen und entsprechend eingeordnet werden können. Da sich in der Normstichprobe systematische Geschlechtsunterschiede ergaben (Jungen schnitten besser als Mädchen ab), finden sich für beide Geschlechter auch separate Normtabellen.

Gütekriterien

Beide Testverfahren genügen den üblichen Gütekriterien voll und ganz. Demnach sind nicht nur Durchführungs- und Auswertungsobjektivität gegeben, sondern auch zufriedenstellende Kennwerte für die Reliabilität verfügbar. Die Gültigkeit der Verfahren kann aufgrund der Lehrplanvalidität der Tests als gegeben angesehen werden. Aus den Ergebnissen der Längsschnittstudie von Krajewski (2003) lässt sich weiterhin ableiten, dass auch die Anforderung der Kriteriumsvalidität erfüllt ist. So korrelierten die Leistungen der Kinder im DEMAT 2+ substanziell mit ihren Leistungen im ein Jahr vorher durchgeführten DEMAT 1+. Beide Verfahren sind also nicht nur curricular valide, sondern eignen sich auch gut für prognostische Zwecke.

Die **Deutschen Mathematiktests für dritte Klassen** (**DEMAT 3+**; Roick, Gölitz & Hasselhorn, 2018) **und für vierte Klassen** (**DEMAT 4**; Gölitz, Roick & Hasselhorn, 2006) wurden unter Federführung von Marcus Hasselhorn am Göttinger Institut für Psychologie entwickelt. Wie bei den DEMATs der Klassenstufen 1 und 2 stand auch bei diesen Verfahren das Kriterium der Lehrplangültigkeit im Mittelpunkt der Betrachtung. In Anlehnung an die Currcicula der deutschen Bundesländer und auch durchaus in Übereinstimmung mit den bundesweit geltenden Bildungsstandards im Bereich Mathematik wurden Untertests zu den drei großen Inhaltsbereichen Arithmetik, Sachrechnen und Geometrie konstruiert und gründlich vorgetestet, bevor es zur Normierung kam. Die einzelnen Subskalen sind in Tabelle 5 genauer dargestellt. Es werden in beiden Tests weitgehend die gleichen Bereiche abgeprüft, wenn auch auf unterschiedlichen Schwierigkeitsniveaus. In Klassenstufe 4 kommt die Subskala zu Divisionen neu hinzu, weiterhin geometrische Aufgaben zur Raumorientierung.

Beide Verfahren liegen in zwei echten Parallelformen vor und sind gründlich erprobt (für Details vgl. Gölitz, Roick & Hasselhorn, 2005). Die Durchführung in der Gruppensituation erfordert in der Regel eine Schulstunde. Anhand von Auswertungsschablonen lassen sich beide Tests leicht und zeitökonomisch auswerten. Die Normierungsstichproben sind mit mehr als 6000 Kindern (DEMAT 3+) bzw. mehr als 5200 Kindern (DEMAT 4) ausgesprochen umfangreich und repräsentativ. Neben den üblichen Individualnormen existieren für beide Tests auch Klassennormen, was sicherlich einen innovativen Aspekt der Verfahren ausmacht. Diese Klassennormen erlauben der Lehrerin und dem Lehrer eine Einordnung der durchschnittlichen Leistung ihrer Klasse in das Leistungsspektrum der Jahrgangsstufe, sowohl was den Mittelwert als auch was die Leistungsstreuung angeht. Demnach ist die zuverlässige Beurteilung des durchschnittlichen Leistungsniveaus der Klasse wie auch ihrer relativen Leistungshomogenität bzw. -heterogenität möglich, was didaktische Konsequenzen nahelegen kann.

Testgütekriterien

Wie schon bei den DEMATs 1+ und 2+ sind auch für diese beiden Verfahren die üblichen Testgütekriterien voll gegeben. Es liegen für beide Tests substanzielle Übereinstimmungen mit dem Lehrerurteil vor. Hasselhorn, Roick und Gölitz (2005) berichten über die Befunde einer in Baden-Württemberg mit 470 Schulkindern durchgeführten Längsschnittstudie, in deren Verlauf alle hier beschriebenen DEMAT-Verfahren von Klassenstufe 1 bis 4 eingesetzt wurden. Es zeigten sich bedeutsame Interkorrelationen zwischen den vier Verfahren, was andeutet, dass die Mathematikleistungen der Schülerinnen und Schüler sehr zeitstabil ausfielen (die Stabilitätskoeffizienten variierten zwischen .64 und .81). Über den DEMAT2+ war eine sehr gute Prognose schwacher Mathematikleistungen in der vierten Klassenstufe möglich. Diese Befunde deuten an, dass die DEMATs auch bei Fragen der Schullaufbahnempfehlung und der Einordnung von Rechenschwächen nützlich sein können.

Es sei hier ausdrücklich erwähnt, dass seit 2007 auch die Reihe **Eggenberger Rechentests (ERTs)** mit einer ähnlichen Zielsetzung wie die DEMATs mit österreichischen Normierungsstichproben für die Klassenstufen 1 bis 4 entwickelt und publiziert wurden. Wenn man davon ausgeht, dass sich die österreichischen Lehrpläne nicht sonderlich von denen Deutschlands und der Schweiz unterscheiden, dürften diese Verfahren ebenfalls gut im deutschsprachigen Bereich einsetzbar sein. Eine ausführliche Beschreibung dieser Verfahren findet sich bei Landerl et al. (2017).

4.2.2 Testverfahren zur Erfassung arithmetischer Grundlagen

4.2.2.1 Neuere Ansätze der Lernverlaufsdiagnostik in der Grundschule

Die bislang vorgestellten Schulleistungstests erfassen die mathematischen Kenntnisse von Schülerinnen und Schülern zu einem bestimmten Zeitpunkt, können demnach als Statustests eingestuft werden. Auch wenn sie Paralleltestversionen enthalten, gelingt es mit ihnen in der Regel nicht, Aufschluss über mittel- oder langfristige Lernverläufe zu erhalten. In den letzten Jahren sind von daher lehrplanbasierte Messverfahren konzipiert worden, die als lehrzielorientierte Tests zur Lernverlaufsdiagnostik eingesetzt werden können. Am Beispiel des **LVD-M 2-4 (Lernverlaufsdiagnostik-Mathematik für zweite bis vierte Klassen**; Strathmann & Klauer, 2012) sollen Prinzipien der Testkonstruktion und -durchführung kurz skizziert werden (vgl. auch Strathmann, 2014).

Nach Analyse der Mathematiklehrpläne der Bundesländer für die Grundschulen entschieden sich die Autoren des LVD-M 2-4 dazu, sich auf die Fortschritte bei der Ausführung formaler Rechenoperationen im Rahmen der vier Grundrechenarten zu beschränken. Für jedes der drei berücksichtigten Schuljahre wurden dann Aufgabenmengen zu den vier Grundrechenarten festgelegt. Damit ist es möglich, für jeden Schüler einer Klasse (computerbasiert) Aufgabenblätter zu generieren, deren Ergebnisse auf einer CD verwaltet werden. Die Lehrkraft legt (ebenfalls auf CD) eine Klassenverwaltung an, mit der die Schul- und Klassendaten gespeichert werden können, weiterhin auch Schülerdatensätze, bevor dann die Aufgaben generiert und Testtermine festgelegt werden. Die generierten Aufgaben enthalten in etwa vergleichbare Anforderungen, sodass Lernfortschritte auch zuverlässig erfasst werden können.

Mithilfe des Programms lassen sich Lernverlaufskurven für jeden einzelnen Schüler erstellen, sodass die Entwicklung der Rechenkompetenz über ein gesamtes Schuljahr hinweg dokumentiert werden kann. Auf Wunsch erstellt das Programm auch über die einzelnen Testtermine hinweg ein Verlaufsdiagramm der Klassenmittelwerte, sodass der Lernfortschritt auch global beurteilt werden kann. Wie die Testautoren herausstellen, erfüllt das

Verfahren die üblichen Gütekriterien wie Reliabilität und Validität in zufriedenstellender Weise.

In einer neueren Studie von Kuhn, Schwenk, Souvignier und Holling (2019) ließ sich die Relevanz des LVD-M 2-4 für die Leistungsprognose bei Kindern der dritten und vierten Klassenstufe belegen. Zu Beginn des Schuljahrs wurden unspezifische Prädiktoren (IQ, Leseflüssigkeit) und spezifische Prädiktoren (arithmetische Kompetenz) erhoben, danach der Lernverlaufstest wiederholt durchgeführt. Die Ergebnisse des LVD-M 2-4 sagten die arithmetische Kompetenz gegen Ende des Schuljahrs am besten vorher. Über die Lernverlaufsparameter ließen sich weiterhin (zusammen mit dem Eingangswissen im arithmetischen Faktenabruf) die Kinder mit Rechenschwäche bestimmen.

In diesem Zusammenhang scheint auch der Hinweis auf ein neueres **internetbasiertes System zur Lernverlaufsdiagnostik (quop)** relevant (vgl. Souvignier, Förster & Salaschek, 2014). Dieses Verfahren ist umfassender konstruiert und ermöglicht die computergestützte Durchführung einer Lernverlaufsdiagnostik in den Bereichen Lesen und Mathematik. Bei „quop“ loggen sich die Schüler*innen mit einem individuellen Account in das System ein und bearbeiten dann auf einem internetfähigen Computer selbstständig einen für sie dort bereitgestellten Test. Die Lehrkräfte können sich über einen individuellen Account in das „quop“-System einloggen und die Ergebnisse der Schüler*innen in einem speziellen Lehrermenü aufrufen. Für die Klassenstufen 1 bis 3 werden in den Lernverlaufstests im Fach Mathematik unterschiedliche Kompetenzen (Geometrie, Einheiten, Rechnen) überprüft, wobei die Kompetenzen in den Bereichen Geometrie und Einheiten neben curricularen Anteilen auch übergreifende mathematische Fähigkeiten repräsentieren. Pro Klassenstufe wurden vier Test-Parallelformen konstruiert, die im Verlauf eines Schuljahrs zweimal vorgegeben werden, Somit wird eine Diagnostik des Lernverlaufs über insgesamt acht Testzeitpunkte pro Schuljahr ermöglicht.

Das „quop“-System wird mittlerweile seit ca. fünf Schuljahren im Regelunterricht an Grundschulen eingesetzt. Befragungen der Autoren haben ergeben, dass sowohl die Lehrkräfte als auch die Schüler*innen mit dem System zufrieden sind (Souvignier et al., 2014). Die für Tests üblichen Gütekriterien werden erfüllt.

Ebenfalls für Zwecke der Lernverlaufsdiagnostik lässt sich die Testserie **KEKS** (May & Bennöhr, 2013; May, Bennöhr & Berger,

2014) verwenden. Das Verfahren erfasst Kompetenzen in den Bereichen Deutsch, Englisch und Mathematik und ist für den Einsatz innerhalb eines breiten Altersspektrums geeignet. Die Testmaterialien für den Bereich Mathematik fokussieren auf Kompetenzen im „Grundwissen und formalen Anwendungen" (Wissen um Rechenoperationen) und „textbasiertes Aufgabenlösen" (mathematische Problemlöseaufgaben). Die Aufgaben können ab der dritten Klassenstufe bis hin zur sechsten Klassenstufe verwendet werden, wobei die Möglichkeit besteht, die Testserie halbjährlich einzusetzen und damit Verlaufsdiagnosen durchzuführen. Die Normierung im Bereich Mathematik basiert auf den Daten von ca. 30.000 Schülerinnen und Schülern. Die Ergebnisse der Testung lassen sich entweder manuell oder computerbasiert auswerten. Bei der Online-Auswertung werden alle Lösungen mit den Einträgen in einer Datenbank verglichen, in die auch Daten einer bundesweiten Normierung eingegangen sind. Im Fall von längsschnittlichen Analysen lässt sich so etwa das jeweilige individuelle „Lernentwicklungsalter" im Bereich Mathematik in Relation zum Bundesdurchschnitt bestimmen. Die üblichen Gütekriterien sind bei diesem Verfahren in vollem Umfang gegeben.

4.2.2.2 Testverfahren zur allgemeinen Erfassung arithmetischer Kompetenzen

Mit dem **Heidelberger Rechentest** (**HRT 1-4**; Haffner, Baro, Parzer & Resch, 2005a) steht seit einigen Jahren ein Verfahren zur Verfügung, das vor allem auf die Erfassung von mathematischen Grundlagen abzielt und demnach kaum Lehrplangültigkeit aufweist. Das Verfahren ist ab Ende der ersten bis Ende der vierten Klasse im Gruppentest einsetzbar. Im Unterschied zur DEMAT-Serie geht es hier vor allem um die Feststellung von Grundrechenarten sowie von numerisch-logischen und räumlichen-visuellen Zusatzfunktionen und nicht so sehr um die Überprüfung von lehrplanbasierten Rechenleistungen. Der HRT unterscheidet sich von den oben beschriebenen Tests auch weiterhin bedeutsam durch seine Geschwindigkeitskomponente: Sind etwa bei den DEMATs die Bearbeitungszeiten so gesetzt, dass auch schwächere und langsamere Schüler*innen die vorgegebenen Aufgaben bearbeiten können, so ist dies beim HRT in der Regel nicht mehr der

Erfassung von mathematischen Grundlagen

Fall. Haffner und Kollegen hatten es sich zum Ziel gesetzt, mit dem HRT grundlegende Mengen- und Rechenoperationen zu erfassen, die nur wenig sprachliche Komponenten enthalten und auf primär numerisch-mathematische wie auch visuell-räumliche Verarbeitungskompetenzen fokussierten sollten, demnach auch kulturübergreifend relevant scheinen. Sie konstruierten das Verfahren bewusst als Speedtest, um rechenschwache Kinder zuverlässig identifizieren zu können. Bei begrenzter Zeitvorgabe können Kinder, die Schwierigkeiten mit basalen Rechenoperationen aufweisen, nur noch wenige Aufgaben pro Zeiteinheit lösen.

Tabelle 6: Beschreibung der Untertests des Heidelberger Rechentests (HRT 1-4) (aus Haffner, Baro, Parzer, Wu & Resch, 2005b)

Abk.	Untertest	Messinhalt	Aufgabenzahl	Zeit (min.)
SG	Schreibgeschwindigkeit	Visuomotorisches Arbeitstempo	60	0,5
RA	Addition	Grundrechnen – Plus	40	2
RS	Subtraktion	Grundrechnen – Minus	40	2
RM*	Multiplikation	Grundrechnen – Mal	40	2
RD*	Division	Grundrechnen – Geteilt	40	2
EG	Ergänzungsaufgaben	Rechenleistung bei variablen Gleichungsaufgaben	40	2
GK	Größer-Kleiner-Aufgaben	Größenvergleiche, Überblicksrechnen, Ungleichungen	40	2
ZF	Zahlenfolgen	Mathematisch logisches Denken, Erkennen von Regeln	20	3
LS	Längenschätzen	Visuelle Größenerfassung	24	3
WÜ	Würfel	Mengenerfassung unter Berücksichtigung räumlicher Vorstellung	28	3
MZ	Zählen geordneter Mengen	Zählgeschwindigkeit, Mengenstrukturierung	21	1
ZV	Zahlenverbinden	Wahrnehmungsgeschwindigkeit, Visuomotorik	200	2

Anmerkungen: * Untertests RM und RD werden erst ab Ende 2. Klasse durchgeführt; reine Arbeitszeit: bis Mitte 2. Klasse: 20 min 30 sec, ab Ende 2. Klasse: 24 min 30 sec

Eine weitere Besonderheit des Verfahrens, das es für längsschnittliche Untersuchungen attraktiv macht, ist darin zu sehen, dass die gleichen Aufgaben für die Klassenstufen 1 bis 4 konstruiert wurden. Der HRT prüft als zwei inhaltliche Schwerpunkte (a) *grundlegende Rechenoperationen* (Addition, Subtraktion, Multiplikation etc.) und (b) *logische Zahlverarbeitung, Mengenerfassung und räumlich-visuelle Fähigkeiten* (Längenschätzen, Zahlenverbindung etc.). Mit vier Untertests zu grundlegenden Rechenoperationen kann separat die Rechenflüssigkeit erfasst und ausgewertet werden. Vorab wird als Kontrollvariable die Schreibgeschwindigkeit erhoben. Die zwölf Untertests des HRT sind in Tabelle 6 genauer dargestellt.

Während die reine Testzeit pro Klassenstufe nur etwa 20 bis 25 Minuten beträgt, ist die Gesamtdurchführungszeit aufgrund ausführlicher Beispiele mit ca. 50 Minuten deutlich länger. Es liegen Normen aus einer repräsentativen Stichprobe von mehr als 3300 Kindern (Grund- und Sonderschüler*innen) vom Ende der ersten bis Ende der vierten Klassenstufe vor. Über die ermittelten Untertest-Normwerte lassen sich Skalenwerte für die Skalen *Rechenoperationen, Räumlich-visuelle Funktionen* und für die Skala *Gesamtwert* berechnen. Der Skalenwert für *Rechenoperationen* kann zur Diagnose einer Rechenschwäche (Dyskalkulie) herangezogen werden. Nicht klar ist, wie das Kontrollmerkmal „Schreibgeschwindigkeit" mit den Ergebnissen zu verknüpfen ist. Weiterhin kann sich die Kombination der beiden Skalen insbesondere dann als Problem erweisen, wenn es um die Diagnose einer Rechenschwäche geht. Kinder, die im Bereich der Rechenoperationen einen sehr niedrigen Wert erzielen (und damit im Sinne üblicher Kriterien als rechenschwach zu bezeichnen sind), können dieses Defizit durch relativ gute Leistungen im Bereich der räumlich-visuellen Funktionen kompensieren und werden im Gesamtwert nicht auffällig. (s. auch die entsprechende Kritik bei Landerl et al., 2017). Wie schon bei den oben dargestellten Testverfahren können auch die für den HRT ermittelten Gütekriterien voll überzeugen. Die Retestreliabilität nach ein bis zwei Wochen liegt für den Gesamttest bei .93. Auch die entsprechenden Reliabilitätskennwerte für die einzelnen Untertests überschreiten allesamt .80 und können von daher ebenfalls befriedigen. Das Verfahren ist also sehr zuverlässig und weist eine substanzielle Korrelation zum Lehrerurteil auf, die je nach Klassenstufe zwi-

Gütekriterien

schen -.66 und -.70 variiert. Ähnlich hoch liegt die Übereinstimmung mit dem Rechentest DEMAT 4 (r = .72), sodass auch von hinreichender Kriteriumsvalidität ausgegangen werden kann.

Beherrschung der Grundrechenarten

Vor einigen Jahren wurde mit dem **Diagnostischen Inventar zu Rechenfertigkeiten im Grundschulalter** (**DIRG**; Grube, Weberschock, Blum & Hasselhorn, 2010) ein Verfahren publiziert, das die Beherrschung der Grundrechenarten ab der ersten Klassenstufe bis zum Ende der Grundschulzeit überprüft. Das Autorenteam sieht in der Förderung arithmetischer Fertigkeiten einen zentralen Aspekt beim Erwerb mathematischer Kompetenzen. Im Unterschied zu anderen Rechentests im Bereich der Grundschule wird bei DIRG das Ziel verfolgt, grundlegende Rechenfertigkeiten sehr detailliert zu erfassen. Die Normdaten geben Hinweise auf Lernrückstände in diesen Bereichen, die rechtzeitig aufgeholt werden sollten, damit weiterführende arithmetische Kompetenzen auch wirklich aufgebaut werden können.

Grube et al. (2010) gehen davon aus, dass solides, basales arithmetisches Wissen schon im Verlauf der beiden ersten Grundschuljahre aufgebaut wird und dann für fortgeschrittene Rechenoperationen genutzt werden kann. Der Test ist in vier verschiedene Module (Testhefte) untergliedert, die einzeln oder kombiniert bearbeitet werden können. Das Modul BASIS (ab Ende des ersten Schuljahrs durchführbar) enthält vier Aufgabenblöcke zur Addition und Subtraktion im Zahlenraum bis 20, jeweils mit oder ohne Zehnerübergang. Das Modul M100 besteht aus Multiplikationsaufgaben zum kleinen Einmaleins, das Modul D100 aus Divisionsaufgaben, die auf Umkehraufgaben aus der Grundmenge von Modul M100 basieren. Das Modul AS1000 setzt sich schließlich aus zwei separaten Aufgabenblöcken bestehend aus Additions- und Subtraktionsaufgaben zusammen, in deren Rahmen zwei dreistellige Zahlen zu addieren oder subtrahieren sind und der Zahlenraum bis 1000 genutzt wird.

Die Module des DIRG können sowohl als Gruppentest als auch im Rahmen einer Individualtestung durchgeführt werden. Die Durchführungsdauer hängt von der Art und Anzahl der einbezogenen Module sowie von der Klassenstufe der untersuchten Kinder ab. Bei Durchführung einzelner Module schwankt die Untersuchungszeit zwischen sieben und 30 Minuten. Wenn alle vier Module durchgeführt werden sollen, ist etwa eine Schulstunde einzuplanen. Der Test lässt sich über Schablonen ökonomisch auswerten. Der Umfang der Normierungsstufe ist für das BASIS-Modul mit etwas mehr als 5400 Kindern aus vier Klassenstufen am größten und variiert für die übrigen Module zwischen annähernd 1200 und etwas mehr als 2000 Kindern. Durchführungs- und Auswertungsobjektivität sind gegeben, und auch die Interpretationsobjektivität ist in hohem Maße gewährleistet. Die Zuverlässigkeit des Verfahrens wurde über Retestreliabilitäten (bei zweimaliger Testdurchführung im Abstand von einer Woche) ermittelt, die zwischen r = .80 und .93 variieren und demnach durchaus befriedigen können. Auch zur Kriteriumsvalidität liegen mehrere Befunde vor, wobei die Korrelationen mit anderen Mathematiktests meist im mittleren Bereich (.34 bis .54) liegen. Noch etwas höher fallen die Zusammenhänge mit den Mathematiknoten aus (-.40 bis -.59), was insofern beeindrucken kann, als die Mathematiknote eigentlich Auskunft über einen breiteren Bereich mathematischer Kompetenzen geben sollte.

Ähnlich wie DIRG bezieht sich ein weiteres Verfahren, der **Kettenrechner für dritte und vierte Klassen** (**KR 3-4**; Roick, Gölitz & Hasselhorn, 2011; vgl. auch Roick & Hasselhorn, 2005) auf die Diagnose arithmetischer Rechenleistungen. Dieser Test ist allerdings für fortgeschrittene Grundschülerinnen und -schüler gedacht und dient vorrangig dem Zweck eines Leistungsscreenings innerhalb einer Schulklasse, wobei ein Schwerpunkt auf der Diagnose von Rechenstörungen liegt. Die Autoren weisen weiter darauf hin, dass sich das Verfahren gut zur ökonomischen Testung großer Stichproben im Bereich der Forschung eignet. Es lässt sich aber auch gut als Einzeltest verwenden. Wie schon beim DIRG wird auch hier davon ausgegangen, dass die Vermittlung arithmetischen Faktenwissens eine zentrale Aufgabe des Mathematikunterrichts der Grundschule darstellt. Es kann leicht belegt werden, dass die Lösung arithmetischer Aufgaben gerade rechenschwachen Kindern erhebliche Probleme bereitet (vgl. auch Kap. 5). Roick et al. (2011) weisen darauf hin, dass für die Lösung solcher Aufgaben auch hinreichende Kapazität des Arbeitsgedächtnisses gegeben sein muss. In diesem Aspekt lässt sich häufig ein Defizit rechenschwacher Kinder registrieren (Hasselhorn & Grube, 2003). Der Kettenrechner 3-4 basiert auf wissenschaftlichen Erkenntnissen zur Relevanz eines hinreichend großen Arbeitsgedächtnisses und der Bedeutung des Abrufs basaler arithmetischer Fakten für die Diagnose einer Rechenschwäche in der Grundschule. Für den

Leistungsscreenings

Test wurden komplexe Faktenaufgaben zur Addition, Subtraktion und Multiplikation im Zahlenraum bis 20 ausgewählt. Diese Aufgaben sind in Form kurzer Rechenketten angeordnet, was eine höhere Belastung des Arbeitsgedächtnisses mit sich bringt (Zwischenergebnisse müssen im Gedächtnis gehalten werden). Das Verfahren besteht aus vier gleichartigen Skalen mit je 40 Items.

Der Test ist hauptsächlich für die Gruppenuntersuchung gedacht und sehr ökonomisch durchführbar, da die Testzeit sowohl in der dritten als auch in der vierten Klassenstufe jeweils nur 25 Minuten beträgt. Die Normstichprobe wurde in zwölf Bundesländern rekrutiert und setzt sich aus insgesamt 3363 Kindern zusammen. Das Verfahren ist durchführungs- und auswertungsobjektiv und kann auch als hinreichend interpretationsobjektiv eingestuft werden. Maße der internen Konsistenz belegen weiterhin gute Reliabilität des Verfahrens (alphas > .95), was auch über Kennwerte zur Retestreliabilität bestätigt werden kann, die zwischen .88 und .93 variieren. Auch die Angaben zur Kriteriumsvalidität können insgesamt überzeugen. Die Korrelationen des KR 3-4 mit den Modulen des DIRG variieren zwischen .47 und .77. Auch zu den relevanten DEMATs bestehen mittelhohe korrelative Beziehungen, die zwischen .62 und .63 variieren.

Seit einigen Jahren ist mit dem **Bielefelder Rechentest für das zweite Schuljahr (BIRTE 2;** Schipper, Wartha & von Schroeders, 2011) auch ein computergestütztes Testverfahren zur Erfassung arithmetischer Kompetenzen von Zweitklässlern verfügbar. Die Autoren sehen den besonderen Wert ihres Verfahrens in einer prozessorientierten Diagnostik. Es soll nicht nur über individuelle Leistungsentwicklungen informiert werden, sondern auch aufgezeigt werden können, an welcher Stelle und aus welchem Grund einzelne Kinder den Anschluss an die Klasse verloren haben (vgl. auch Wartha & Schipper, 2013). Der Test ist sowohl als Einzel- als auch als Gruppenverfahren einsetzbar und dazu in der Lage, problematische Inhaltsbereiche und auffällige Lerner zu identifizieren. Er setzt sich aus vier Modulgruppen zusammen, die wiederum aus 13 Einzelmodulen bestehen. Die Modulgruppen beziehen sich auf die Inhaltsbereiche „Orientierung im Zahlenraum“ (z.B. Rückwärtszählen), „Basiskompetenzen“ (z.B. simultane Zahlerfassung, ordinale Darstellung von Zahlen), „Rechnen“ (Rechenaufgaben im Zahlenraum bis 100) und „Grundvorstellungen“ (z.B. Vorstellungen zu den Größenbereichen Längen und Geldwerte).

Auswertungen sind auf der Ebene der gesamten Lerngruppe, aber auch auf der Ebene des einzelnen Lernenden möglich.

Der Test wurde im Jahr 2009 an 2087 Kindern des zweiten Schuljahrs normiert, die an 46 Schulen aus insgesamt acht Bundesländern rekrutiert wurden. Das Verfahren kann als objektiv eingestuft werden und als reliabel gelten. Die Validität des Tests wurde auf verschiedene Weise überprüft. Die Inhaltsvalidität ist gegeben und die externe Kriteriumsvalidität zufriedenstellend: das Außenkriterium Mathematiknote korreliert mit dem Gesamttestwert mit $r = -.62$. In den Modulen sind Zeitobergrenzen für die Bearbeitung angegeben und die gesamte Testdurchführung dauert etwa 45–60 Minuten. Der Test kann unterbrochen und zu einem späteren Zeitpunkt fortgesetzt werden.

Ebenfalls auf die Diagnose basaler arithmetischer Kompetenzen ausgerichtet ist das Testverfahren **BASIS-MATH 4-8** (Moser Opitz, Reusser, Moeri Müller, Anliker, Wittich, Freesemann & Ramseier, 2010; vgl. auch Moser-Opitz, Ramseier & Reusser, 2013), das ab Ende der vierten Grundschulklasse bis zum achten Schuljahr als Individualtest eingesetzt werden kann. Es ist insbesondere für die Überprüfung der zentralen Kenntnisse der Grundschulmathematik bei schwachen Rechnern gedacht und basiert auf insgesamt 48 Aufgaben, über die nicht nur basale arithmetische Kompetenzen, sondern u.a. auch zugrunde liegende Rechenwege/Vorgehensweisen beim Rechnen sowie das Operationsverständnis und die Mathematisierungsfähigkeit erfasst werden können. Die Aufgaben lassen sich drei unterschiedlichen Anforderungsniveaus zuordnen, wobei das unterste Niveau Kenntnisse einfacher Grundoperationen im Zahlenraum bis 20 sowie mit Zehner- und Hunderterzahlen abprüft, das mittlere Niveau entsprechende Kenntnisse im Zahlenraum bis 1000, während schließlich im höchsten Anforderungsniveau der sichere Umgang mit großen Zahlen, das Erkennen von Zahlbeziehungen und die Einsicht ins Stellenwertsystem überprüft wird. Das Verfahren ist also nicht lehrplanorientiert entwickelt worden, sondern soll den Rückstand schwacher Rechner in mathematischen Kernkompetenzen erfassen, die normalerweise im Verlauf der Grundschulzeit erworben werden.

Grundschulmathematik bei schwachen Rechnern

BASIS-MATH 4-8 wurde an annähernd 700 Schülerinnen und Schülern der Klassenstufen 4 bis 8 aus Deutschland und der Schweiz normiert. Die Testdurchführung dauert etwa 20 bis maximal 45 Minuten. Ein auf CD verfügbares PC-Auswertungsprogramm ermöglicht eine ökonomische und komfortable Datenauswertung (in der Regel fünf bis zehn Minuten). Das Verfahren verfügt über hinreichende interne Konsistenz ($\alpha = .92$) und weist eine zufriedenstellende Übereinstimmung mit dem Lehrerurteil auf ($r = .57$). Die Diagnostik einer Rechenstörung nach ICD-10 (Dilling & Freyberger, 2019), DSM-5 (Falkai & Wittchen, 2020) oder S3-Leitlinie (Haberstroh & Schulte-Körne, 2018) ist mit diesem Verfahren allerdings nicht möglich, da die Normstichprobe und damit die jeweilige Klassennorm durch den fehlenden Einbezug von Gymnasialklassen nicht repräsentativ ist.

Mittlerweile liegt mit dem BASIS-MATH-G2+ (Moser Opitz, Stöckli, Grob, Reusser & Nührenbörger, 2020) ein entsprechendes Verfahren vor, das gegen Ende der zweiten und zu Beginn der dritten Klassenstufe sowohl als Gruppen- als auch als Einzeltest eingesetzt werden kann. Auch dieser Test differenziert stark im unteren Leistungsbereich und eignet sich demnach zur Abklärung einer Rechenschwäche. Das Verfahren wurde an einer Stichprobe von mehr als 2.700 Schüler*innen aus Deutschland und der Schweiz normiert. Es erfüllt die üblichen Gütekriterien und lässt sich im Rahmen einer Zeitstunde durchführen, wobei für die eigentliche Durchführung 45 Minuten, für die Einführung ca. 15 Minuten veranschlagt werden.

4.2.3 Testverfahren auf Basis entwicklungspsychologischer Theorien

Erwerb relevanter Basiskompetenzen

Ein Verfahren, das nicht nur die Rechen*performanz* überprüft, sondern den Erwerb relevanter Basiskompetenzen im Sinne eines grundlegenden mathematisch-konzeptuellen Verständnisses in den Mittelpunkt des Interesses stellt, ist der am Entwicklungsmodell von Krajewski orientierte Test zur **Erfassung mathematischer Basiskompetenzen im Verlauf der ersten Klasse** (**MBK-1+**; Ennemoser, Krajewski & Sinner, 2017), der bereits unter Kap. 4.1 detailliert beschrieben wurde. Das Verfahren kann ab der ersten bis zu Beginn der zweiten Klassenstufe als Gruppentest mit ganzen Schulklassen durchgeführt werden und nimmt etwa eine Schulstunde in Anspruch. Es überprüft die Verfügbarkeit zentraler Basiskompetenzen zu Beginn der Schulzeit und ist von daher nicht primär am Lehrplan, sondern wie der MBK-0 an den Stufen der Entwicklung grundlegender Mengen-Zahlen-Kompetenzen im Sinne des Modells von Krajewski (2007) orientiert.

Die Kompetenzen auf Ebene 1 (numerische Basisfertigkeiten) werden durch ein Zahlendiktat sowie durch den Test „Zahlenlücken“ erfasst, der die Kenntnis der Zahlenfolge prüfen soll. Die Kompetenzen der Ebene 2 werden vor allem in der bildlichen Darstellung überprüft. So sollen z.B. zu einer vorgegebenen Zahl die passende Zahl von Bällen gezeichnet werden. Weitere Aufgaben mit dem Zahlenstrahl erfassen das Anzahlkonzept sowie die unpräzise Zuordnung von Zahlen zu Abschnitten des Zahlenraums, die Anzahlseriation sowie den Anzahlvergleich. Auf der Ebene 3 wird schließlich das tiefere Verständnis für die Zahlenstruktur (Eins mehr, Eins weniger, Teil-Ganzes, Zahlergänzung) überprüft und die Frage zu klären versucht, ob die Kinder Zahlen bereits als Relationszahlen begreifen. Das Konzept der Zahlergänzung wird etwa durch klassische Platzhalteraufgaben überprüft (z.B. 3+_ = 6), weiterhin im Rahmen bildlicher Darstellung über einen „Teil-Ganzes“-Subtest. Den Abschluss bilden mündlich vorgegebene Textaufgaben, die im Testheft bildlich veranschaulicht sind und das Operieren mit Anzahlen von Murmeln erfordern. Als zusätzlicher Subtest, der nicht in den Gesamtwert des MBK-1+ eingeht (da nicht kompetenzorientiert), steht optional ein Untertest zur Erfassung der *Performanz* im schnellen Basisrechnen zur Verfügung. Durch 20 Aufgaben im Zahlenraum bis 10, die unter sehr knappen Zeitvorgaben zu lösen sind, wird hier die Schnelligkeit beim Faktenabruf des kleinen „Einspluseins“ erfasst.

Der Test liegt in zwei Parallelversionen vor und lässt sich mit Schablonen einfach und zeitökonomisch auswerten. Aus den Rohwerten eines Kindes werden die Summenwerte für die drei Kompetenzebenen sowie der Gesamtwert gebildet. Anhand dieser Werte kann die numerische Entwicklung eines Kindes differenziert mit den Leistungen einer gleichaltrigen Normgruppe verglichen und Förderhinweise abgeleitet werden. Hierfür stellt das Manual für die vier Quartale des ersten Schuljahres jeweils T-Normen und Prozentrangwerte zur Verfügung. Die Normstichprobe basiert auf den Ergebnissen von mehr als 6000 Schülerinnen und Schülern aus insgesamt 14 Bundesländern, ist also als repräsentativ einzustufen. Die üblichen Gütekriterien werden voll erfüllt. Das Verfahren ist durchführungs- und auswertungsobjektiv und kann auch hinsichtlich seiner Reliabilität überzeugen. So liegen etwa die Retestreliabilitäten bei einem Halbjahresabstand zwischen .67 und .77. Das Testergebnis korreliert substanziell mit den Ergebnissen lehrplanorientierter Tests, wobei die Korrelationen Werte über .60 erreichen. Auch die prognostische Gültigkeit des Verfahrens kann überzeugen, da in Längsschnittstudien Korrelationen zwischen dem MBK-1+ und den ein bzw. zwei Jahre später erhobenen Leistungen in standardisierten Mathematiktests von .70 und mehr gefunden wurden Ennemoser, Krajewski & Sinner (2017).

Die differenzierte, auf dem ZGV-Modell von Krajewski basierende Erfassung mathematischer Basiskompetenzen wird mit dem neu entwickelten **Test zur Erfassung mathematischer Basiskompetenzen (MBK 2-4+**; Krajewski & Ennemoser, in Vorb.) auch über den gesamten Verlauf der Grundschulzeit möglich. Wie beim MBK 1+ lässt sich mithilfe dieses Verfahrens überprüfen, ob Schüler*innen über grundlegende Voraussetzungen für das Verständnis der Grundschulmathematik verfügen. Somit gelingt die Identifikation von Kindern mit gravierenden, über reine Übungsdefizite hinausgehenden Rechenschwierigkeiten, die etwa in einer Rechenschwäche bzw. Dyskalkulie münden könnten, und Performanzdefizite in lehrplanvaliden Testverfahren lassen sich qualitativ solide einordnen bzw. herleiten. Die Kurzform eignet sich als ökonomisches Screening zur Auslese von Risikokindern.

Wie bereits in den Kap. 2.3 und 4.1 für das ZGV-Modell beschrieben, basieren die Verfahren der Testreihe „Mathematische Basiskompetenzen" auf teils fundamental anderen Grundannahmen als andere Testverfahren. Zentral aus theoretischer Sicht ist hier das *Prinzip minimalistischer Kompetenzzuschreibungen* zu nennen, welches eine Überschätzung der einer Aufgabenlösung zugrunde liegenden verfügbaren basalen Kompetenzen verhindert. Folglich sollen Testleistungen jeweils nur auf jene Kompetenzen zurückgeführt werden, die für das Erbringen einer Leistung zwingend erforderlich, aber gleichzeitig hinreichend sind, damit mögliche Förderbedarfe nicht übersehen werden (Krajewski & Ennemoser, 2013).

Der MBK 2-4+ stellt eine unmittelbare Fortführung des Testverfahrens für das Kindergartenalter (MBK 0, Krajewski, 2018) und des oben genannten MBK 1+ dar. Er besteht aus dem *Kerntest Zahlen-Größen-Verständnis* (ZGV) und dem optional einsetzbaren

Ergänzungstest „Schneller Faktenabruf". Der Kerntest erfasst analog zu den beiden MBK-Tests für jüngere Kinder (MBK 0, MBK 1+) Zahl-Größen-Kompetenzen im Sinne des Modells der Zahl-Größen-Verknüpfung von Krajewski (ZGV-Modell). Hierzu kann wahlweise eine Kurz- oder Langform eingesetzt werden. Die Kurzform erfasst die ersten beiden Ebenen der Zahlverständnisentwicklung im ZGV-Modell, die Langform zusätzlich auch die dritte Ebene. Folgende Subtests sind den einzelnen Ebenen zugeordnet: Ebene 1: Zahlendiktat (ZD), Zahlenfolge (ZF), Zahlordnung (ZO, nur Langform); Ebene 2: Zahlvergleich (ZV), Zahlenstrahlen (ZS); Ebene 3 (nur Langform): Zehn mehr (ZM), Zahlergänzung (ZE), Rechengeschichten (RG). Der Ergänzungstest prüft wie der entsprechende Zusatztest im MBK 1+ die Performanz bzw. den Automatisierungsgrad einfacher Rechenfakten des kleinen Einspluseins und Einsminuseins, über den MBK 1+ hinausgehend zusätzlich auch des Einmaleins und Einsdurcheins.

Die reine Testzeit beträgt für den *Kerntest ZGV* in der Langform etwa 15 Minuten (inkl. Instruktion ca. 20 min) und in der Kurzform lediglich ca. 8 Minuten (inkl. Instruktion ca. 12 min). Der *Ergänzungstest Basisrechnen* beansprucht insgesamt etwa 5 Minuten (reine Testzeit 2 min).

Die Normstichprobe umfasst insgesamt 4.448 Kinder aus elf Bundesländern. Für die Gesamtwerte im Kerntest Zahl-Größen-Verständnis (ZGV Kurz- bzw. Langform) und den Ergänzungstest Schneller Faktenabruf liegen T-Werte und Prozentränge vor. Für die drei Ebenen des ZGV-Kerntests werden Prozentränge berichtet, die dem Anwender lediglich zur Orientierung dienen, aber nicht überinterpretiert werden sollen. Separate Normtabellen finden sich für die Halbjahre der verschiedenen Klassenstufen.

Das Verfahren ist durchführungs- und auswertungsobjektiv, die Retestreliabilität beträgt für einen Zeitabstand von 1,5 Jahren r=.67. Wie die bereits beschriebenen Verfahren der MBK-Reihe verfügt auch der MBK 2-4+ über überzeugende interne Konsistenzen (Kerntest ZGV Kurzform: r=.94; Kerntest ZGV Langform: r=.97; Ergänzungstest Schneller Faktenabruf: r=.97). Kurz- und Langform des Kerntest ZGV korrelieren mir r=.95. Die über die Korrelation mit curricularen Mathematiktests (DEMATs) ermittelte Validität des Verfahrens ist bei Korrelationskoeffizienten zwischen r=.69 und r=.82 hoch, ebenso die prognostische Validität (Korrelation mit zukünftigen Mathematikleistungen).

4.2.4 Testverfahren auf Basis neuropsychologischer Theorien

Seit Beginn dieses Jahrtausends wurden auf der Basis neuropsychologischer Ansätze zur Beschreibung und Erklärung von Rechenvorgängen Einzeltestverfahren konzipiert, die sich speziell für die Abklärung von Rechenschwäche eignen und gezielt Defizite im Bereich der Zahlenverarbeitung und der Rechenoperationen erfassen sollen. Von Aster und Kollegen haben im Jahr 2001 eine **neuropsychologische Testbatterie für Zahlenverarbeitung und Rechnen bei Kindern (ZAREKI)** zur Abklärung von entwicklungsbedingter Dyskalkulie entwickelt. Ein Problem mit dieser Batterie war darin zu sehen, dass sie sehr leicht war und auch wenig differenzierte. So hatten selbst rechenschwache Kinder keine besonderen Probleme mit den geforderten Leistungen (vgl. Landerl et al., 2017). Seit wenigen Jahren steht mit dem **ZAREKI-R** (von Aster, Weinhold Zulauf & Horn, 2006) eine revidierte Testform zur Verfügung, in der die Aufgabenzahl pro Untertest erhöht wurde und zusätzlich Untertests mit höherem Schwierigkeitsgrad neu aufgenommen wurden. Das revidierte Verfahren besteht aus zwölf Untertests, die aufgrund statistischer Analysen insgesamt vier Dimensionen erfassen sollen: Neben dem kulturvermittelten *Zahlen- und Faktenwissen* (Transkodieren und Zahlenvergleich: erklärt die meiste Varianz) werden mit der zweiten Dimension *arithmetische und analog-semantische Kompetenzen* (Zahlenstrahl und Kopfrechnen) und weiterhin die Dimensionen *Zählfertigkeiten* sowie das *zahlenbezogene Arbeitsgedächtnis* (über den Subtest „Zahlen nachsprechen“) erfasst.

neuropsychologische Testbatterie

Im ZAREKI-R wird lediglich die Bearbeitungsgenauigkeit erfasst. Es handelt sich also um einen reinen Powertest, der im Rahmen einer Schulstunde durchgeführt werden kann. Das neue Verfahren basiert auf einer erweiterten Normstichprobe von etwas mehr als 700 Kindern und verfügt nun auch über Normwerte für Erstklässler, sodass die ZAREKI-R nun für den gesamten Grundschulbereich verwendet werden kann. Die Normwerte gelten jeweils für ein ganzes Schuljahr, was angesichts der lehrplanbedingten raschen Lernfortschritte im Laufe eines Jahres nicht ganz optimal erscheint (vgl. auch Landerl et al., 2017). Reliabilität und Validität sind mit Cronbachs α um .95 und einer Korrelation mit der Schulnote von .64 gegeben.

Ähnlich wie die ZAREKI-R basiert auch das **Rechenfertigkeiten- und Zahlenverarbeitungs-Diagnostikum für die 2. bis 6. Klasse (RZD 2–6**; Jacobs & Petermann, 2005a) auf neuropsychologischen Theorien. Bei der Aufgabenerstellung orientierten sich die Verfasser an den diagnostischen Leitlinien des ICD-10, speziell auch an den diagnostischen Leitlinien der Deutschen Gesellschaft für Kinder- und Jugendpsychiatrie und Psychotherapie

diagnostische Leitlinien des ICD-10

Tabelle 7: Vergleich von RZD 2–6 und ZAREKI-R (aus Jacobs & Petermann, 2005b)

	RZD 2–6	**ZAREKI-R**
Testart	Power-, Speed- und Power-Speed-Test	Powertest
Normierungsstichprobe	497 Kinder aus deutschen Schulen (Bremen und Niedersachsen)	238 Kinder aus Schweizer Grundschulen (Zürich)
Normgruppeneinteilung	Nach Klassenstufen (2–6)	Nach Altersgruppen (1–3) Altersspanne: 7;6–10;11
Durchführung Einstiegskriterium:	Angepasst an jeweilige Klassenstufe (mit Umkehrregel)	Gleich für alle Altersgruppen
Abbruchkriterium:	Vorgegebene Anzahl falscher Antworten	Alle Aufgaben werden durchgeführt
Dauer:	30–60 Minuten (abhängig von der Klassenstufe)	Ca. 15 Minuten
Zeitnahmen:	Ja (Vergabe von Zeitpunkten)	Nein
Untertests	Angepasst an Klassenstufe: variiert zwischen 16–17 Untertests	Für alle Altersstufen gleich: 11 Untertests keine Multiplikation, Division sowie keine schriftlichen Aufgaben, geringe Textaufgabenanzahl
Auswertungskriterien Quantitativ:	Differenzierte Bewertung (Zeit, Wiederholung, Selbstkorrektur) Gesamtscore ≤ PR 10	Differenzierte Bewertung (Wiederholung, Selbstkorrektur) Gesamtscore < PR 17 oder Gesamtscore < PR 27 und ein Indexwert/drei Subtests < PR 17
Differenzierte Bewertung:	Interpretation des Power-Speed-Scores unter Berücksichtigung des Zeitgesamtscores und des Punktgesamtscores	Aufteilung in Subtypen: „Arabischer Subtyp" „Sprachlicher Subtyp" „Tiefgreifender Subtyp"

(DGKPJ, 2003), die drei Ebenen des diagnostischen Prozesses unterscheidet und neben der Abklärung verschiedener numerisch-rechnerischer Kompetenzen auch die Überprüfung von Gedächtnisleistungen als für die Dyskalkulie-Diagnose bedeutsam annimmt (Jacobs & Petermann, 2005b). Die Unterteststruktur des RZD 2–6 ist mit der der ZAREKI-R weitgehend vergleichbar (für einen Vergleich zwischen beiden Verfahren siehe Tab. 7). Im Einzelnen werden Zählfertigkeiten, Zahlenwissen, visuell-räumliche Mengenaspekte, Kopfrechnen, schriftliches Rechnen, Textaufgaben sowie das Wissen um und die Anwendung von Rechenregeln erfasst. Während der RZD 2–6 im unteren Leistungsbereich sehr gut differenziert, ist dies für den oberen Leistungsbereich nicht der Fall. Im Unterschied zum ZAREKI-R kann bei den Untertests zum Kopfrechnen, zum schriftlichen Rechnen, zum flexiblen Anwenden und zu den Textaufgaben zusätzlich zur Bearbeitungsgenauigkeit auch die *Bearbeitungsgeschwindigkeit* erfasst werden, was positiv hervorzuheben ist.

Das Verfahren lässt sich in einem Zeitrahmen von 30–45 Minuten durchführen, benötigt 15–20 Minuten Auswertungszeit (inkl. der Erstellung eines Leistungsprofils) und wurde an einer Stichprobe von knapp 500 Kindern aus Bremen und Niedersachsen normiert. Wenn auch vergleichsweise wenige Informationen zu den Testgütekriterien vorliegen, so kann der RZD 2–6 als objektiv und reliabel eingestuft werden. Normdaten finden sich für die Klassenstufen 2 bis 5. Im Hinblick auf die Gültigkeit des Verfahrens wird Augenscheinvalidität unterstellt. Insgesamt lässt sich dem Verfahren bescheinigen, dass es als ansprechend gestalteter und benutzerfreundlicher Rechentest weitgehend überzeugen kann. Als etwas nachteilig kann die Einschränkung der Anwendung jeweils auf die erste Hälfte jedes Schuljahres angesehen werden. Will man Rechenprobleme schon in den beiden ersten Schuljahren feststellen, ist man auf andere Verfahren angewiesen.

Mit dem kürzlich publizierten RZD 2-8 (Jacobs & Petermann, 2020) wurde der Einsatzbereich dieses Einzeltests erweitert; er kann nun also auch bei schwachen Siebt- und Achtklässlern verwendet werden. Das Verfahren stellt eine Weiterentwicklung und Überarbeitung des RZD 2-6 dar, wobei nun auch auf neue Normen zurückgegriffen wird. Wie schon das RZD 2-6 erfasst der neue Test Basiskompetenzen und Rechenfertigkeiten, ermittelt dabei sowohl die Güte der Rechenfertigkeit (Power) als auch die Bearbeitungsgeschwindigkeit. Neben einem Gesamtwert lässt sich zusätzlich ein Wert für die Skalen Zahlenverständnis und Konzeptwissen/Rechenprozedur berechnen. Das Verfahren erfüllt die üblichen Gütekriterien und wurde an insgesamt 645 Schülerinnen und Schülern in den Bundesländern Baden-Württemberg, Bremen, Hamburg, Niedersachsen und Nordrhein-Westfalen normiert.

Mit der **Bamberger Dyskalkulie-Diagnostik (BADYS 1–4+;** Schardt & Merdian, 2006) steht ein weiteres förderdiagnostisches Einzeltestverfahren zur Verfügung, das für die differenzierte Erfassung von besonderen Rechenschwierigkeiten konzipiert wurde. Es ist eines der wenigen neuropsychologisch orientierten Verfahren, dessen Aufgaben sich teilweise auch an den Inhalten von Lehrplänen orientieren. Die Testbatterie besteht aus fünf Untertests und erfasst mathematische Grundkompetenzen (Mengen- und Zahlerfassung), die Grundrechenarten (Addition und Subtraktion, Multiplikation und Division) und den Umgang mit Maßen. Bei den Subtests zur Mengenerfassung und zu den Grundrechenarten kann neben der Bearbeitungsgenauigkeit auch die Geschwindigkeit registriert werden. Während die Langform je nach Klassenstufe aus 80 bis 116 Aufgaben besteht und in etwa 70 bis 90 Minuten durchführbar ist, umfasst die Kurzform zwischen 44 und 83 Aufgaben und benötigt in der Einzeltestung bis zu 45 Minuten Testzeit. Handelt es sich bei der Langform um ein individuell durchzuführendes adaptives Verfahren, so kann die Kurzform sowohl im Einzel- als auch im Gruppentest durchgeführt werden.

adaptives Verfahren

Das Testverfahren ist ab Ende der ersten bis zum Anfang der fünften Klassenstufe (für Haupt- und Förderschüler*innen bis Anfang der sechsten Klassenstufe) einsetzbar. Die Normen basieren auf einer Eichstichprobe von mehr als 1900 Kindern der ersten bis sechsten Klassenstufe. Die Testauswertung kann entweder manuell oder computergestützt erfolgen und die Testgütekriterien werden erfüllt. So ist das Verfahren objektiv und kann auch durch seine Zuverlässigkeit überzeugen. Die Augenscheinvalidität ist ebenso gegeben wie die kriteriumsbezogene Validität. So konnten durchweg hohe Korrelationen mit anderen standardisierten Verfahren zur Erfassung von Rechenleistungen festgestellt werden, wobei Korrelationen von ca. .60 bis .80 mit verschiedenen DEMATs und dem ZAREKI berichtet werden.

Eher regional bekannt ist der von Jens Holger Lorenz konzipierte **Hamburger Rechentest** (**HaReT**; Lorenz, 2005c). Er wurde im Auftrag des Hamburger Landesinstituts entwickelt und verfolgt die Zielsetzung, Kinder mit sich anbahnenden Rechenschwierigkeiten möglichst frühzeitig zu erkennen. Der Test basiert auf dem Triple-Code-Modell von Dehaene und geht von der Annahme aus, dass Zahlen im Gehirn im Sinne von „mentalen Zahlenstrahls" repräsentiert sind. Der Autor reagiert mit diesem Verfahren auf die Anforderungen der in den verschiedenen Bundesländern formulierten Bildungspläne, die ein wesentliches Ziel des Mathematikunterrichts in dem verständigen Umgehen mit Zahlen („Zahlensinn") sehen. Der HaReT versucht sowohl zu Beginn der Schulzeit wichtige kognitive Voraussetzungen zu erfassen, die für die Ausbildung der visuell-räumlichen Vorstellung der Zahlzusammenhänge notwendig sind, und berücksichtigt dann in den höheren Klassenstufen unterschiedliche Aspekte des Zahlensinns (vgl. auch Lorenz, 2013).

Triple-Code-Modell

Die Tests sind so konstruiert, dass sie im unteren Leistungsbereich differenzieren. Der Testautor nimmt Deckeneffekte bei leistungsstärkeren Schülerinnen und Schülern bewusst in Kauf. Das Verfahren kann sowohl in Gruppen als auch im Einzelversuch durchgeführt werden. An einer Erprobungsstudie im Jahr 2004 nahmen 4821 Schülerinnen und Schüler aus dem Großraum Hamburg teil. Aufgrund der Ergebnisse dieser Erprobungsstudie wurde die Testendversion erstellt, die an einer Eichstichprobe von 2157 Schülerinnen und Schülern aus 50 Hamburger Schulen normiert wurde (die Eichstichprobe setzt sich je nach Klassenstufe aus 512 bis 557 Schülerinnen und Schülern zusammen). Die interne Konsistenz des Tests variiert zwischen .94 und .97 und ist damit hinreichend hoch.

Vor einigen Jahren ist schließlich mit dem **Test zur Diagnose von Dyskalkulie (TeDDy-PC**; Schroeders & Schneider, 2008) ein computergestütztes Einzelverfahren erschienen, das im Rahmen der Dyskalkulie-Diagnose eingesetzt werden kann, sich im Unterschied zu den anderen hier beschriebenen Verfahren aber auch zur Feststellung mathematischer Hochbegabung eignet. Die Zusammenstellung der Untertests orientiert sich am Triple-Code-Modell zur Entstehung von Rechenschwäche nach Dehaene (s.o.). Der Testkonstruktion lagen die Lehrpläne aller deutschen Bundesländer zugrunde. Das Aufgabenspektrum reicht von den

computergestütztes Einzelverfahren

Grundrechenarten über das Erkennen geometrischer Figuren bis hin zu kurzen Sachaufgaben. In Abhängigkeit von der Klassenstufe werden acht bis neun Subtests bearbeitet. Die Handhabung des Computerprogramms gelingt den Kindern problemlos und bereitet aufgrund des spielerischen Charakters meist auch viel Spaß.

Das Verfahren kann ab Ende des ersten Schuljahrs bis Anfang des vierten Schuljahrs eingesetzt werden. Die Durchführung selbst nimmt im Schnitt etwa 25 Minuten in Anspruch. Die Normdaten beziehen sich auf die Ergebnisse von knapp 800 Kindern. Ähnlich wie auch für die oben beschriebenen neuropsychologischen Verfahren sind beim TeDDy-PC die Testgütekriterien erfüllt. Das Verfahren ist objektiv durchführ- und auswertbar. Seine Reliabilitätskennwerte sind ebenso zufriedenstellend wie die Angaben zur Lehrplangültigkeit und zur kriteriumsbezogenen Validität. Die Korrelationen mit den DEMATs liegen im Durchschnitt bei .60. Ein Vorteil der Durchführung am Computer ist darin zu sehen, dass die Testauswertung automatisiert abläuft. Diese erlaubt eine globale Einordnung der mathematischen Kompetenzen wie auch eine Analyse der jeweiligen Stärken und Schwächen auf Untertestebene. Die automatisierte Gutachtenerstellung und die grafische Präsentation der Befunde erleichtert das Schreiben von Gutachten.

Der Überblick über diagnostische Verfahren zur Erfassung von im Grundschulalter verfügbaren Kompetenzen und Leistungen im Bereich Mathematik sollte überzeugend demonstriert haben, dass sich die Situation in neuerer Zeit entscheidend verbessert hat. Es liegt mittlerweile eine ganze Reihe von durchdachten und professionell konstruierten Gruppen- wie auch Einzeltests vor, die sowohl zur Erfassung des allgemeinen Leistungsniveaus in ganzen Schulklassen als auch bei Verdacht auf Rechenschwäche (Dyskalkulie) im Einzelfall verwendbar sind und übliche Gütekriterien voll erfüllen. Die Testanwender können also je nach Untersuchungsabsicht und anvisierter Altersgruppe differenziert auswählen. Die noch von Hemminger et al. (2000) beklagte Mangelsituation ist jedenfalls überwunden.

4.3 Testverfahren zur Erfassung mathematischer Leistungen in der Sekundarstufe

Ein etwas anderes Bild ergibt sich, wenn man nach Testverfahren zur mathematischen Leistungserfassung in der Sekundarstufe (also ab der fünften Klassenstufe) Ausschau hält. Schon der von Brähler, Holling, Leutner und Petermann (2002) vorgelegte Überblick (Band 1, S. 439 ff.) hatte hier nicht viel anzubieten, und auch in der von Schuchardt und Hasselhorn (2005) zusammengestellten Übersicht befindet sich kaum geeignetes Testmaterial, insbesondere dann, wenn man nach schulformübergreifenden Ansätzen sucht. Eine Ausnahme stellt der vor etwa 30 Jahren entwickelte **Bruch- und Dezimalrechentest 6+ (BDT 6**; Haenisch & Lukesch, 1981) dar, der Fertigkeiten und Fähigkeiten in einem spezifischen mathematischen Kompetenzbereich der sechsten Klassenstufe erfasst. Andere Verfahren wie etwa der **Mathematiktest- ein Testverfahren zur beruflichen Eignungsdiagnostik** (Ibrahimovic, Bulheller & Häcker, 2002) fokussieren auf spezielle Gruppen wie etwa Schulabgänger allgemeinbildender Schulen und sind somit nicht generell geeignet. Wie noch zu zeigen sein wird (s.u.), hat sich die Situation mittlerweile jedoch leicht gebessert.

schulformübergreifende Mathematiktests

Die Schwierigkeiten bei der Konstruktion eines schulformübergreifenden Mathematiktests lassen sich gut am Beispiel der unter Federführung von Harald Marx an der Universität Leipzig geplanten Verfahren illustrieren, die ursprünglich als „**Deutsche Mathematiktests**" (DEMATs 5+ und 6+) konzipiert wurden, letztendlich jedoch nicht verwirklicht wurden. Probleme entstehen insbesondere dann, wenn versucht wird, ein lehrplangültiges Verfahren für die Sekundarstufe zu entwickeln. Marx und Kollegen unterzogen sich der Mühe, eine Schnittmenge von bundesweit akzeptablen, weil lehrplangültigen Aufgaben für Haupt-, Realschule und Gymnasium zu entwickeln, wobei die Inhalte von insgesamt 30 Lehrplänen analysiert wurden. Wie Marx und Krocker (2005) detailliert ausführen, befanden sie sich dabei bald in einem „Prokrustesbett", also einem sehr engen, einzwängenden (Lehrplan-)Korsett wieder. Sie mussten konstatieren, dass in etwas weniger als der Hälfte aller Lehrpläne die inhaltlichen Festlegungen für die Klassenstufen 5 und 6 erfolgten, ohne hier zu differenzieren. Eine Aufgabenentwicklung für die fünfte Klassenstufe war also nur auf Grundlage derjenigen Pläne möglich, die separate Vorgaben für beide Klassenstufen machten. Hier stellte sich auch weiterhin die Frage, welche Inhalte zusätzlich zu denen der vierten Klassenstufe zu berücksichtigen waren. Vielfach wurde die Hauptaufgabe des Mathematikunterrichts der fünften Klassenstufe darin gesehen, den Grundschulstoff zu festigen und ggf. zu vertiefen. In den Bereichen „Natürliche Zahlen“, „Rechnen mit Größen“ und „Geometrie“ fanden sich vielfach Aufgaben, die wenig über den Grundschulstoff hinausgingen. Andererseits fand sich in den unterschiedlichen Lehrplänen aber auch eine große Variabilität der postulierten Lernziele. Auch wenn die Lehrpläne der einzelnen Bundesländern in vielerlei Hinsicht als „überreglementiert“ gelten können (vgl. etwa vom Hofe, Kleine, Blum & Pekrun, 2005), so sind sie andererseits oft so unscharf formuliert, dass keine klaren Handlungsanweisungen erkennbar werden.

Da gerade für den Beginn der Sekundarstufe, also für die Klassenstufen 5 und 6 bislang kaum geeignete Verfahren verfügbar waren und die Marktlücke geschlossen werden sollte, wurden in der Folge die beiden ursprünglich als „Würzburger Mathematiktests für 5. bzw. 6. Klassen“ (WÜMAT) vorgesehenen WÜMAT-Tests als Substitute für die verzögerten ursprünglichen DEMATs 5+ und 6+ eingesetzt und als neue **Deutsche Mathematiktests** veröffentlicht (**DEMAT 5+** und **DEMAT 6+**; Götz, Lingel & Schneider, 2013 a, b und c).

Die Konzeption dieser Testverfahren soll am Beispiel des DEMAT 5+ vorgestellt werden. Die Autoren reagierten wie schon Marx und Kollegen auf das Problem, dass bislang für die fünfte Jahrgangsstufe im deutschsprachigen Raum keine aktuellen, curricular validen und in der Gruppensituation einsetzbaren Schulleistungstests zur Erfassung mathematischer Kompetenzen zur Verfügung standen. Ihre Lehrplananalyse ergab, dass die zu vermittelnden mathematischen Kompetenzen in dieser Klassenstufe unabhängig von der Schulform den Themenfeldern Arithmetik, Geometrie und Sachrechnen zugeordnet werden können. Diese Themenfelder sollten auch im Mittelpunkt des neuen Verfahrens stehen. Weiterhin dienten die Bildungsstandards und deren inhaltliche Leitideen (vgl. Blum et al., 2006; Kultusministerkonferenz, 2004) als Orientierungsrahmen. Bei der Konstruktion des Tests wurden die fünf Leitideen der Bildungsstandards „Zahl und

Lehrplananalyse

Operation", „Raum und Form", „Größen und Messen", „funktionale Zusammenhänge" sowie „Daten und Zufall" systematisch berücksichtigt. In zwei Pilotierungsetappen wurde ein Aufgabenpool unterschiedlicher inhalts- und anforderungsbezogener Aspekte auf seine Eignung hin überprüft und schließlich in die Endversion gebracht. Die Aufgaben zu den Inhaltsbereichen Arithmetik, Geometrie und Sachrechnen sowie weitere Details zum Test sind in Tabelle 8 aufgelistet. Es lässt sich daraus ableiten, dass der Test zeitökonomisch in etwas mehr als einer halben Stunde durchführbar ist.

Für den DEMAT 5+ liegen Normwerte für das Ende der fünften Klasse vor, die im Sommer 2011 erhoben wurden. Der Test sollte vornehmlich innerhalb der letzten sechs Wochen des fünften Schuljahres eingesetzt werden, kann aber auch noch bis Ende des ersten Halbjahres der sechsten Klassenstufe verwendet werden. Über Lösungsschablonen ist eine einfache und rasche Auswertung des Verfahrens möglich. Für den Vergleich mit der Normstichprobe von etwas mehr als 2400 Schülerinnen und Schülern aus neun Bundesländern bieten sich in der Testdiagnostik Prozentrang- und T-Werte an. Da sich signifikante Effekte für die Schulform und das Geschlecht ergaben, werden im Test entsprechend getrennte Normen aufgeführt. Es verwundert nicht sonderlich, dass er für Gymnasiast*innen eher leicht ausfällt (von den 34 Aufgaben werden im Mittel 21 gelöst), während er für Hauptschüler*innen eher schwer scheint (von 34 Aufgaben werden im Schnitt neun richtig gelöst). Es finden sich jedoch weder Boden- noch Deckeneffekte, und auch eine hinreichende Streuung der Leistungswerte ist für jede Schulform gegeben.

Testgütekriterien

Im Hinblick auf die üblichen Testgütekriterien kann das Verfahren überzeugen. Durchführungs- und Auswertungsobjektivität sind ebenso gegeben wie die Interpretationsobjektivität. Zur Erfassung der Reliabilität wurden Maße der internen Konsistenz ermittelt, die gute Werte ergaben ($\alpha = .89$). Bei Testwiederholung nach vier Wochen fand sich eine Retestreliabilität von $r = .85$, was auf hohe Stabilität der Testwerte hindeutet. Schließlich ergaben sich auch substanzielle Korrelationen zum DIRG ($r = .65$). Die Korrelation mit der Mathematiknote betrug für die Gesamtstichprobe $r = -.46$. Die kriteriumsbezogene Validität ist demnach ebenfalls gegeben.

Tabelle 8: Überblick über die Aufgabeninhalte des DEMAT 5+ (leicht modifiziert nach Götz et al., 2013 a)

Inhaltsbereich	Aufgabeninhalt	Anzahl Items	Leitidee	Bearbeitungs-zeit
Subtest A Arithmetik	Zahlenstrahl	2	**1**, 3	11 Min.
	Bestimmung eines Anteils	1	**1**, 3	
	Rechengesetze	2	**1**	
	Umwandung von Maßeinheiten	2	1, **3**	
	Rechnen mit Maßeinheiten	1	1, **3**	
	Rechnen mit unbekannter Variable	1	1, **4**	
	Schriftliches Rechnen mit unbekannten Variablen	1	**1**	
	Aufstellen eines Terms	1	**1**	
	Aufstellen einer Gleichung	1	1, **4**	
	Grundrechenarten	2	**1**	
		14		
Subtest B Geometrie	Umfangmessung	1	1, **2**, 3	5 Min.
	Symmetrie	1	**2**	
	Umfang Quadrat	1	**1**, 2, 3	
	Umfang Rechteck	1	**1**, 2, 3, 4	
		4		
Subtest C Sachrechnen	Proportionalität Dezimalzahl	1	1, 3, **4**	15 Min.
	Aufstellen eines Terms: Division	1	**1**, 3	
	Proportionalität	2	1, 3, **4**	
	Aufstellen eines Terms: Subtraktion	1	**1**, 3	
	Aufstellen eines Terms: Addition	1	**1**, 3	
	Gleichung	1	1, 3, **4**	
	Datenbearbeitung Tabelle	2	1, 3, **5**	
	Aufstellen eines Terms: Differenz	1	**1**, 3	
	Datenbearbeitung Diagramm	5	1, 3, **5**	
		15		
	Summe DEMAT 5+ Gesamt	33		31 Min.

Anmerkung: Zuordnung zu den Leitideen der Kultusministerkonferenz – fett markiert ist die Primärzuordnung wie folgt: 1: Zahl und Operation; 2: Raum und Form; 3: Größen und Messen; 4: Funktionaler Zusammenhang; 5: Daten und Zufall

Nachdem der weiter unten vorgestellte DEMAT 9 bereits seit 2012 verfügbar ist, wird die DEMAT-Serie durch die Ergänzung um **DEMAT 7+** (Pirr & Ennemoser, in Vorb.) und **DEMAT 8+** (Pirr & Ennemoser, in Vorb.) für den Bereich der Sekundarstufe derzeit vervollständigt. Diese ebenfalls lehrplanorientierten Verfahren dienen der schulformübergreifenden oder wahlweise auch schulformspezifischen Überprüfung mathematischer Kompetenzen am Ende der siebten und zu Beginn der achten Klasse (DEMAT 7+) resp. Ende der achten und zu Beginn der neunten Klasse (DEMAT 8+) an Haupt-, Real-, Gesamtschulen und Gymnasien. Beide Verfahren erlauben über die normative Erfassung der Schulleistung im Fach Mathematik unter anderem die Klärung von Fragen der Schullaufbahnempfehlung, die Diagnose von Rechenschwäche/ Rechenstörung/ Dyskalkulie bzw. die Ermittlung spezifischen Förderbedarfs. Ergänzend zum Gesamtergebnis können die gezeigten Leistungen differenziert nach den fünf Leitideen der Bildungsstandards sowie den sechs inhaltsübergreifenden mathematischen Kompetenzen beurteilt werden.

Im DEMAT 7+ wird die Leitidee „Zahl“ insbesondere durch Aufgaben zum Verständnis von Brüchen und zur Durchführung von Rechnungen mit diesen aufgenommen; die Leitidee „Messen“ wird unter anderem durch Aufgabenstellungen zum Flächen- oder Rauminhalt thematisiert. Aufgabentypen zu Achsenspiegelung, Winkelgrößen und weiteren geometrischen Bereichen realisieren die Leitidee „Raum und Form“, während Aufgaben wie zur Proportionalität der Leitidee „Funktionaler Zusammenhang“ zuzuordnen sind und schließlich die fünfte Leitidee „Daten/Zufall“ sehr alltagspraktisch über Mittelwertbestimmungen in unterschiedlichen Lebenskontexten erfasst wird. Der DEMAT 7+ erfordert als Gruppentest eine reine Bearbeitungszeit von 45 Minuten (inkl. Instruktion ca. 50-55 min.), die Auswertung erfolgt zeitökonomisch über Schablonen. Die Normstichprobe umfasst insgesamt 1.375 Schüler*innen aus zehn Bundesländern. Neben den schulformübergreifenden Normen liegen getrennte Normen für Gymnasien, Haupt- und Realschulen sowie für Gesamtschulen vor. Zusätzlich zu den Normen für die Gesamtleistung lassen sich auch Normwerte für eine differenzierte Beurteilung nach einzelnen Leitideen beziehungsweise Kompetenzschwerpunkten ermitteln. Durchführungs- und Auswertungsobjektivität sind gegeben, die interne Konsistenz (Cronbachs α) liegt für den Gesamttest bei r=.94. Eine differenziertere Betrachtung der fünf Leitideen ergibt Konsistenzschätzungen zwischen .77 und .85. Für die sechs allgemeinen mathematischen Kompetenzen liegen die Kennwerte zwischen .69 und .85. Die über die Korrelation mit anderen Mathematiktests ermittelte Validität des Verfahrens ist bei Korrelationskoeffizienten, die um .70 variieren, hinreichend hoch.

Der für das Folgejahr geeignete DEMAT 8+ (Pirr & Ennemoser, in Vorb.) ist in Konzeption und im Aufbau analog zum DEMAT 7+, ebenfalls als Gruppentest in vergleichbarer Dauer durchführbar. Zur Normierung konnten Daten von insgesamt 1.468 Schülern*innen aus zehn Bundesländern gewonnen werden. Durchführungs- und Auswertungsobjektivität sind gesichert, die interne Konsistenz (Cronbachs α) liegt für den Gesamttest bei r=.91. Die Validität wird durch die Korrelation mit den beiden Kerntests der MBK 4-13+ (mit ZGV r=.66, mit KRW r=.70) belegt.

Für den **Deutschen Mathematiktest für die neunte Klassenstufe** (**DEMAT 9**; Schmidt, Ennemoser & Krajewski, 2012) wurde zunächst erwogen die ursprünglich für die DEMATs 5 und 6 geplante Unterscheidung zwischen Basisteilen für alle Schulformen und Erweiterungsteilen für weiterführende Schulformen zu übernehmen. In Pilotstudien unterschied man ebenfalls zwischen einem „Grundblock" für alle Schulformen und einem „Erweiterungsblock", der zusätzliche Aufgaben für Realschüler*innen und Gymnasiast*innen enthielt. Für die Endversion des Tests wurde diese Differenzierung aus zwei Gründen verworfen: Zum einen wurde durch die Hinzunahme des Erweiterungsblocks der vorgesehene Rahmen einer Schulstunde überschritten. Zudem wurde über diesen Block keine hinreichende und zufriedenstellende zusätzliche Varianz in den Testleistungen aufgeklärt. Man entschied sich jedoch dafür, ein Screeninginstrument zur Erfassung basaler mathematischer Kompetenzen mit aufzunehmen. Mit dem **Test zur Erfassung des Konventions- und Regelwissens** (**KRW;** Ennemoser, 2013) kann zusätzlich innerhalb von dreieinhalb Minuten geprüft werden, wie es um die basalen Rechenkompetenzen im Zahlenraum bis 10 bestellt ist.

Screeninginstrument zur Erfassung basaler mathematischer Kompetenzen

Dem Aufbau des DEMAT 9 liegen wie auch bei den neuen DEMATs 5+ und 6+ die Lehrpläne aller deutschen Bundesländer sowie die Bildungsstandards der Kultusministerkonferenz zugrunde. Die Subtests des Verfahrens beziehen sich auf drei zentrale Inhaltsbereiche und bestehen aus curricular validen Aufgaben zu Arithmetik/Gleichungen/Funktionen, Geometrie, Sachrechnen und Stochastik. Die Leitidee der Bildungsstandards „Messen, Zahl und Raum" wird durch vorwiegend geometrische Aufgaben repräsentiert, die des „Funktionalen Zusammenhangs" durch Prozent- und Zinsrechnungsaufgaben, durch lineare Gleichungen, Zahlenrätsel und Dreisatzaufgaben. Schließlich wird die Leitidee „Daten und Zufall" durch Statistikaufgaben abgebildet. In Pilotuntersuchungen wurde der zunächst gesammelte Aufgabenpool erprobt und von ursprünglich 189 auf zuletzt 43 Aufgaben gekürzt. Die Durchführungszeit für den DEMAT 9 wird mit etwa 35 Minuten angegeben. Nimmt man das KRW-Screening mit hinzu, beläuft sich die Testzeit auf knapp 40 Minuten. Wie alle anderen DEMATs kann auch dieses Verfahren als Gruppen- und Einzeltest angewendet werden.

Der DEMAT 9 verfügt über hinreichende Durchführungsobjektivität und lässt sich über Schablonen einfach und zeitökonomisch auswerten. Für die Beurteilung und Interpretation der individuellen Schülerleistungen stehen Normtabellen zur Verfügung, über die sich Prozentrang- und T-Werte bestimmen lassen. Für den KRW finden sich separate Normwerte. Die Normen beruhen auf den Daten von 1230 Schülerinnen und Schülern aus insgesamt 14 Bundesländern. Da sich keine Geschlechtsunterschiede fanden, finden sich separate Normen lediglich für die unterschiedlichen Schulformen. Bei einem Maximalrohwert von 43 beträgt der durchschnittliche Wert für die Gymnasiast*innen 26.64, der für die Realschüler*innen 17.42 und für die Hauptschüler*innen 9.14. Ähnlich wie beim DEMAT 5+ finden sich auch hier keine wirklichen Boden- oder Deckeneffekte, und auch die Streuung ist für alle Schulformen hinreichend groß. Die interne Konsistenz liegt mit $\alpha = .97$ in einem sehr hohen Bereich. Das Verfahren ist lehrplanvalide und verfügt über zufriedenstellende Kriteriumsvalidität. Interessanterweise korrelieren DEMAT 9 und KRW mit $r = .73$, was illustriert, dass sich schon über ein kurzes basales Screening mit einfachen Aufgaben die mathematische Kompetenz von Neuntklässlern vergleichsweise gut bestimmen lässt.

Aspekte der Lehrplangültigkeit

Aspekte der Lehrplangültigkeit werden schließlich auch von Ibrahimovic und Bulheller (2005) herausgestellt, die mit dem **Mathematiktest Grundkenntnisse für Ausbildung und Beruf** ein Verfahren vorgelegt haben, dessen Ausgangspunkt die Analyse curricularer Anforderungen der sechsten bis neunten Klassen allgemeinbildender Schulen darstellt. Der Test ist in vier Aufgabengruppen untergliedert und enthält textfreie algebraische Aufgaben, Textaufgaben, einfache geometrische Aufgaben sowie Aufgaben zum Tabellen- und Grafikverständnis. Der Mathematiktest liegt in zwei Parallelversionen vor und kann im Hinblick auf die berichteten Gütekriterien (Durchführungs- und Auswertungsobjektivität, Reliabilität und Kriteriumsvalidität) überzeugen. Die Normierungsstichprobe umfasst mehr als 15000 Personen und kann demnach als äußerst umfangreich und repräsentativ eingestuft werden. Prozentrangnormen liegen für Schülerinnen und Schüler getrennt nach Bildungsgruppen (Hauptschule, Realschule, Gymnasium), für Erwachsene und weiterhin auch für die Gesamtstichprobe vor, allerdings wird in den Normen nicht nach Klassenstufen und Altersgruppen differenziert.

Die **Bamberger Dyskalkulie-Diagnostik** enthält neben dem schon oben beschriebenen Verfahren für die Grundschule (BADYS 1-4+) auch eine Testversion für die Sekundarstufe I (**BADYS 5-8+**; Schardt & Merdian, 2012). Dieses auf neurokognitiven Grundlagen basierende förderdiagnostische Verfahren hat einen „Kerntest“, der aus fünf Subskalen besteht und in etwa 45 bis 60 Minuten durchgeführt werden kann. Er bildet die Grundlage für die Diagnose einer Rechenschwäche. Der Kerntest überprüft geometrische Kenntnisse, basisnumerische Fertigkeiten (Zahlerfassung) sowie numerische Fertigkeiten (Addition und Subtraktion, Multiplikation und Division, die Anwendung von Rechenregeln.) Die drei Zusatzskalen „Gedächtnisleistungen“, „Umgang mit Maßeinheiten“ und „Brüche/ Dezimalbrüche“ erfassen weitere Kompetenzen, die für Mathematikleistungen in den erfassten Klassenstufen relevant sind, und können bei Bedarf eingesetzt werden. Für die Durchführung sind weitere 20 bis 30 Minuten anzusetzen. Das Verfahren kann als Einzel- oder Gruppentest eingesetzt werden. Allerdings erscheinen die Normstichproben insbesondere für den Anspruch von Gruppentests pro Klassenstufe etwas niedrig. Sie sind durch die in der Normierungsuntersuchung vorgenommene Ergänzung der Schulstichprobe um eine klinische Stichprobe darüber hinaus auch nicht repräsentativ für die untersuchten Klassen. Die Diagnostik einer Rechenstörung nach ICD-10 (Dilling & Freyberger, 2019), DSM-5 (Falkai & Wittchen, 2020) oder S3-Leitlinie (Haberstroh & Schulte-Körne, 2018), für die auf repräsentative Alters- oder Klassennormen zurückzugreifen ist, ist mit diesem Verfahren daher nicht möglich. Positiv ist anzumerken, dass die Daten nicht nur manuell, sondern auch computergestützt ausgewertet werden können.

Ein anderer Ansatz wurde von Lehmann, Peek, Gänsfuß, Lutkat, Mücke und Barth (2000) verfolgt, die eine **Qualitätsuntersuchung an Schulen zum Unterricht in Mathematik** durchführten und dabei in Brandenburg eine repräsentative Auswahl von Schulen vornahmen (insgesamt 163 Schulen mit mehr als 12600 Schülerinnen und Schülern aus 459 Schulklassen der Jahrgangsstufen 5 und 9). Um die Mathematikleistungen zuverlässig bestimmen zu können, wurden insgesamt drei standardisierte Tests eingesetzt, die speziell für diese Untersuchung entwickelt wurden. Im ersten Konstruktionsschritt für die **QuaSUM-Tests** wurde eine Datenbank angelegt, in die ausschließlich neu entwickelte Aufgaben von Brandenburger Mathematiklehrkräften aufgenommen wurden. Diese Aufgaben sollten sich eng an den geltenden Rahmenplänen und der tatsächlichen Unterrichtspraxis in den Klassenstufen 5 und 9 orientieren. Für beide Klassenstufen wurden mehr als 600 Aufgaben generiert, die dann wieder auf ihren Schwierigkeitsgrad und ihre Eignung hin durchgesehen wurden. Nach umfangreichen Vorerprobungen wurden schließlich 40 Aufgaben mit einer mittleren Testschwierigkeit und guter Reliabilität als **QuaSUM-Mathematiktest für die Klassenstufe 5** zusammengestellt, wobei den Konstrukteuren hier zugutekam, dass in Brandenburg die Grundschulphase bis zur sechsten Klassenstufe reicht, also keine Schulformdifferenzierung vorgenommen werden musste. Bei der Konstruktion des **QuaSUM-Mathematiktests für die Klassenstufe 9** stellte sich die Problematik schon etwas anders dar. Es wurde ein Kernbereich von 40 Aufgaben definiert, den alle Schülerinnen und Schüler bearbeiten sollten und der für alle Schulformen zufriedenstellende Reliabilitäten aufwies. Darüber hinaus wurden weitere 40 Aufgaben einbezogen, die nach Schulform bzw. Kursniveau differenziert waren. Beide QuaSUM-Mathematiktests waren also dadurch charakterisiert, dass sie aufgrund der aktiven Beteiligung der Brandenburger Lehrkräfte eine enge Beziehung zur gängigen Unterrichtspraxis aufwiesen.

Beziehung zur gängigen Unterrichtspraxis

Zusätzlich wurde bei der Untersuchung von Neuntklässlern noch der sogenannte **Mathe40-Test** eingesetzt, der insgesamt 40 Aufgaben aus einem Pool von 158 Aufgaben enthielt, die 1996 im Rahmen der **Third International Mathematics and Science Study**

(TIMSS) bei Siebt- und Achtklässlern verwendet worden waren. Diese Items waren so ausgewählt worden, dass sie einerseits die Themenbereiche von TIMSS abdeckten, andererseits möglichst wenig Überlappung mit den QuaSUM-Aufgaben aufweisen sollten. Interessanterweise korrelierten die Ergebnisse in beiden Tests relativ hoch miteinander (r = .79). Dies wirft die Frage auf, ob tatsächlich lehrplanvalide Verfahren unverzichtbar sind, wenn der mathematische Leistungsstand von Sekundarstufenschüler*innen angemessen erfasst werden soll. In jedem Fall sind die beschriebenen QuaSUM-Tests (ähnlich wie die der Hamburger Untersuchung zur Lernausgangslage LAU) nur im jeweiligen Bundesland verlässlich einsetzbar.

Wie bereits an anderer Stelle erwähnt (vgl. Kap. 3.2), hatte eine mit Neuntklässlern durchgeführte Studie von Ennemoser und Kollegen (2011) hohe Korrelationen mit den curricularen Mathematikleistungen bereits für basalste mathematische Kompetenzen wie das Bestimmen von Vorgänger- und Nachfolgerzahlen, das Aufschreiben von Ziffernzahlen, das Bestimmen von Zahlen am Zahlenstrahl oder das Vergleichen von Zahlen nach ihrer Größe im sechs- bis zehnstelligen Zahlenraum sowie die Kenntnis der mathematischen Notation herausgestellt. Diese entwicklungs- und kognitionspsychologisch konzipierten Testaufgaben sind Bestandteil der **Testbatterie mathematischer Basiskompetenzen für die Klassen 4 bis 13 (MBK 4-13+**; Ennemoser & Krajewski, in Druck). Das Gruppentestverfahren stellt eine unmittelbare Weiterführung der drei Tests mathematischer Basiskompetenzen für den Kindergarten bis zur vierten Klasse dar (MBK 0, MBK 1+, MBK 2-4+; vgl. Tabellen 9 und 10). Es erfasst in sehr ökonomischer Weise ab dem Ende des vierten bis zum 13. Schuljahr, zudem bei Studierenden, mathematische Basiskompetenzen und damit die Grundlagen für das Verständnis des Mathematiklehrplanstoffes. Das Verfahren differenziert im gesamten Leistungsbereich einer Klassenstufe und ermöglicht innerhalb eines breiten Anwendungsbereichs auch die zuverlässige Identifikation von Kindern und Jugendlichen mit Schwierigkeiten in Mathematik bzw. mit einer Rechenstörung/ Rechenschwäche/ Dyskalkulie. Dabei eignet sich das Kernmodul „Mathematische Basiskompetenzen" mit einer Durchführungsdauer von 15 Minuten zur Auslese von „Risikokindern". In Verbindung mit einem lehrplanvaliden Testverfahren wird erkennbar, inwieweit bei einer Schülerin oder einem

Schüler lediglich von einem Lernrückstand im Schulfach Mathematik oder aber von tieferliegenden Schwierigkeiten im mathematischen Verständnis (mangels hinreichender Basiskompetenzen) auszugehen ist. Das optional durchführbare zehnminütige Ergänzungsmodul liefert relevante Daten für weitere Fragestellungen in Forschung und Individualdiagnostik. Von besonderer anwendungspraktischer Bedeutung ist die Tatsache, dass mit ein und demselben Verfahren sowohl Viertklässler als auch Abiturienten untersucht werden können. Die MBK 4-13+ kann somit sowohl in der Regelschule, insbesondere aber auch im Rahmen der Beratung in sonderpädagogischen, pädagogisch-psychologischen und lerntherapeutischen Arbeitsfeldern und schließlich in der Forschung breite Anwendung finden.

Wie mit den anderen Verfahren der MBK-Serie werden auch mit dieser Testbatterie mathematische Basiskompetenzen im Sinne des Entwicklungsmodells der Zahlen-Größen-Verknüpfung von Krajewski erfasst; diese sind hier im Kerntest *Zahl-Größen-Verständnis (ZGV)* im Kernmodul Mathematische Basiskompetenzen repräsentiert. Dieser Kerntest erfasst die gleichen Kompetenzen wie die anderen MBK-Verfahren (Ebene 1: Zahlendiktat, Zahlenfolge; Ebene 2: Zahlenstrahlen, Zahlvergleich; Ebene 3: Tausend mehr als, Zahlergänzung, Teil-Ganzes, Rechengeschichten), lediglich in einem höheren Zahlenraum. Das Kernmodul überprüft darüber hinaus mit dem Kerntest *Konventions- und Regelwissen* (*KRW*, vornehmlich durchführbar ab Klasse 7) eine zweite wichtige Säule mathematischer Basiskompetenzen, die im Verlauf der Sekundarstufe zunehmend an Bedeutung gewinnt. Hier steht die Beherrschung wichtiger mathematischer Konventionen und Regeln wie Vorzeichen- und Klammernregeln, Dezimalzahlen, Brüche, Potenzen und Wurzeln im einstelligen Zahlenraum im Fokus. Das optional einsetzbare *Ergänzungsmodul* beinhaltet vier Ergänzungstests, die mit dem schnellen Faktenabruf, Überschlagsrechnen, Verfügbarkeit quantitativer Bezugssysteme und Würfelnetze weitere, etwa für die individualisierte Förderung relevante, Informationen liefern. Die beiden Module der MBK 4-13+ sind als Gruppen- und als Einzeltest in (Pseudo-) Parallelformen A und B durchführbar. Der Kerntest ZGV liegt zudem in Kurz- und Langform vor.

Zur Einordnung der Ergebnisse dienen Normwerte von insgesamt 10.703 Schülern*innen aus 13 Bundesländern und 362 Lehramtsstudierenden. Neben den für beide Module verfügbaren T-Werten und Prozenträngen liegt speziell für das Kernmodul Basiskompetenzen auch die Möglichkeit der Zuordnung zu einem Entwicklungsalter vor. Separate Normtabellen finden sich für die Halbjahre der Klassenstufen 4 bis 10 (Ende vierte bis Ende zehnte Klasse), für die elfte Klasse, die 12./13. Klasse sowie für den Kerntest KRW ergänzend auch für Studierende. Es liegen nach Schulform getrennte spezifische Normen für Haupt- & Realschule vs. Gymnasium sowie schulformübergreifende Gesamtnormen (gültig auch für die Gesamtschule) vor.

Das Verfahren ist durchführungs- und auswertungsobjektiv. Wie die bereits beschriebenen Verfahren der MBK-Reihe verfügt auch die MBK 4-13+ über eine überzeugende interne Konsistenz (Kernmodul Basiskompetenzen: Cronbach`s α zwischen .84 und .98). Die über Korrelationen mit curricularen Mathematiktests (DEMAT-Reihe) ermittelten Validitäten des Verfahrens sind mit Korrelationskoeffizienten zwischen .61 und .72 hinreichend hoch. Da die MBK 4-13+ zu repräsentativen Anteilen in allen Regelschulen (Haupt-/ Realschulen, Gesamtschulen, Gymnasien) normiert wurde, eignet sich das Verfahren zur Diagnostik von Rechenstörung/ Rechenschwäche/ Dyskalkulie nach ICD-10 (Dilling & Freyberger, 2019), DSM-5 (Falkai & Wittchen, 2020) oder S3-Leitlinie (Haberstroh & Schulte-Körne, 2018), denn so kann mit ihr eine für die Diagnose zwingend notwendige Diskrepanz der individuellen Mathematikleistung im Vergleich zu einer repräsentativen Klassennorm festgestellt werden.

Kürzlich sind mit den Gruppentests **BASIS-MATH-Gr4+-5** (Moser Opitz, Freesemann, Grob & Prediger, 2016) bzw. **BASIS-MATH-G6+** (Moser Opitz, Labhart, Grob & Prediger, 2021) zwei weitere Verfahren zur Abklärung mathematischer Kompetenzen in der Sekundarstufe erschienen, die gegen Ende der 4. und 5. bzw. 6. Klassenstufe sowie zu Beginn der 5. bzw. 7. Klassenstufe eingesetzt werden können und insbesondere im unteren Leistungsbereich gut differenzieren. Sie eignen sich demnach zur Einschätzung des Förderbedarfs bei solchen Schüler*innen, die bestimmte Inhalte der Grundschulmathematik nicht oder nur unzureichend verstanden haben. Die Tests erfüllen die üblichen Gütekriterien und lassen sich innerhalb einer Zeitstunde im Klassenkontext durchführen. Sie wurden jeweils an einer Stichprobe von 3999 bzw. 3368 Schüler*innen aus Deutschland und

Tabelle 9: Anwendungszeiträume, Durchführungszeiten und Normierung der MBK-Testverfahren (aus Ennemoser & Krajewski, in Druck)

	MBK 0 (3-7 Jahre, Einzeltest)	**MBK 1+ (1. Klasse, Gruppentest)**	**MBK 2-4 (2.-4. Klasse, Gruppentest)**	**MBK 4-13+ (4.-13. Klasse, Gruppentest)**
Anwendungszeitraum	ab 3½ Jahren bis Ende der Kindergartenzeit	kurz nach Schuleintritt bis Ende 1. Klasse (bei Rechenschwierigkeiten bis 4. Klasse)	Anfang 2. bis Ende 4. Klasse (bei Rechenschwierigkeiten bis 10. Klasse)	Ende 4. bis 13. Klasse sowie Studium
Durchführungszeit				
Kernmodul Math. Basiskompetenzen: Zahl-Größen-Verständnis (ZGV)				
Kurzform	15 min (Einzeltest)	20-45 min (Gruppentest; 12 min reine Bearbeitungszeit)	ca. 12 min (Gruppentest; 7,5 min reine Bearbeitungszeit)	10 min (Gruppentest; 6,5 min reine Bearbeitungszeit)
alternativ: Langform	25 min (Einzeltest)	30-60 min (Gruppentest; 21 min reine Bearbeitungszeit)	ca. 20 min (Gruppentest)	18 min (Gruppentest; 11,5 min reine Bearbeitungszeit)
Konventions- und Regelwissen (KRW)				5 min (Gruppentest; 3,5 min reine Bearbeitungszeit)
Ergänzungsmodul (jeweils optional): Schneller Abruf von Rechenfakten		3 min (Gruppentest; 80 bzw. 40 sec reine Bearbeitungszeit)	ca. 3 min (Gruppentest)	2 min (Gruppentest; 1,5 min reine Bearbeitungszeit)
Überschlagsrechnen				3 min (Gruppentest; 2 min reine Bearbeitungszeit)
Quantitative Bezugssysteme				ca. 3 min (Gruppentest)
Würfelnetze				2 min (Gruppentest; 1,5 min reine Bearbeitungszeit)
Normstichprobe	3.871 Kinder aus vier Bundesländern	6.084 Kinder aus 14 Bundesländern	4.448 Kinder aus 11 Bundesländern	10.703 Schüler*innen aus 13 Bundesländern sowie 362 Studierende

Tabelle 10: Subtests der MBK-Testverfahren im Vergleich (einander zugeordnete, dasselbe Konstrukt erfassende Subtests jeweils in einer Zeile; aus Ennemoser & Krajewski, in Druck)

Kerntest Zahl-Größen-Verständnis (ZGV)	**MBK 0 (3-7 Jahre, Einzeltest)**	**MBK 1+ (1. Klasse, Gruppentest)**	**MBK 2-4 (2.-4. Klasse, Gruppentest)**	**MBK 4-13+ (4.-13. Klasse, Gruppentest)**
Ebene 1 Beherrschung/ Automatisierung von numerischen Basisfertigkeiten wie Beherrschung der Zahlwortfolge vorwärts und rückwärts sowie arabische Ziffernkenntnis	Zahlenfolge *(bis 31)*	Zahlenlücken *(bis 20)*	Zahlenfolge *(bis 4-stellig)*	Zahlenfolge *(bis 7-stellig)*
	Ziffernkenntnis *(bis 20)*	Zahlendiktat *(bis 2-stellig)*	Zahlendiktat *(bis 5-stellig)*	Zahlendiktat *(bis 13-stellig)*
Ebene 2 Beherrschung/ Automatisierung der Zahl-Größen-Verknüpfung (Mengenbewusstheit von Zahlen, einfaches Zahlverständnis)	Zahlvergleich *(bis 20)*	Zahlvergleich *(bis 50)*	Zahlvergleich *(bis 4-stellig)*	Zahlvergleich *(bis 11-stellig)*
		Zahlenstrahlen *(bis 100)*	Zahlenstrahlen *(bis 1000)*	Zahlenstrahlen *(bis 10000)*
	Anzahlkonzept *(bis 10)*	Anzahlkonzept *(bis 9, nur Langform)*		
	Anzahlseriation *(bis 8)*	Anzahlseriation *(bis 10, nur Langform)*	Zahlordnung *(bis 5-stellig, nur Langform)*	
	Mengenvergleich (bis 6, *nur Langform)*			
Ebene 3 Beherrschung/ Automatisierung des Verständnisses für numerische Beziehungen zwischen Zahlen (tiefes Zahlverständnis)	Anzahlunterschiede *(bis 8, nur Langform)*	Zahlzerlegung *(bis 10)*	Zahlergänzung *(bis 100, nur Langform)*	Zahlergänzung *(bis 1000, nur Langform)*
	Anzahlrelationen *(bis 9, nur Langform)*	Textaufgaben *(bis 9, nur Langform)*	Rechengeschichten *(bis 10, nur Langform)*	Rechengeschichten *(bis 1200, nur Langform)*
		Eins weniger *(bis 12)*		
		Eins mehr *(bis 26, nur Langform)*	Zehn mehr *(bis 3-stellig, nur Langform)*	Tausend mehr *(bis 8-stellig, nur Langform)*
		Teil-Ganzes *(bis 7, nur Langform)*		Teil-Ganzes *(3-stellig, nur Langform)*

		MBK 0 (3-7 Jahre, Einzeltest)	MBK 1+ (1. Klasse, Gruppentest)	MBK 2-4 (2.-4. Klasse, Gruppentest)	MBK 4-13+ (4.-13. Klasse, Gruppentest)
Kerntest Konventions- und Regelwissen (KRW)	Beherrschung/ Automatisierung der mathematischen Notation				Vorzeichen (Zahlenraum bis 10) Klammern (Zahlenraum bis 10) Brüche (Zahlenraum bis 10) Potenzen/Wurzeln (Zahlenraum bis 10) Dezimalzahlen (Zahlenraum bis 10)
Ergänzungsmodul	Schneller Abruf von Rechenfakten		Basisrechnen *(10-er Raum, Einspluseins)*	Faktenabruf *(10-er Raum, Einspluseins, Einsminuseins, Einmaleins, Einsdurcheins)*	Faktenabruf *(10-er Raum, Einspluseins, Einsminuseins, Einmaleins, Einsdurcheins)*
	Überschlagsrechnen				Überschlagsrechnen *(bis 6-stellig)*
	Quantitative Bezugssysteme				Quantitative Bezugssysteme *(bis 20)*
	Würfelnetze				Würfelnetze

der Schweiz normiert. Allerdings wurde bei diesen Eichungen auf den Einbezug von Gymnasialklassen verzichtet und stattdessen Schüler*innen mit dem Förderschwerpunkt Lernen in die Normstichproben aufgenommen, sodass die resultierenden Normwerte für die jeweiligen Klassenstufen nicht repräsentativ sind. Aus diesem Grund können die Klassennormen dieses Verfahrens, wie auch die der BADYS 5-8 (s. oben), nicht zur Diagnostik einer Rechenstörung nach den üblichen Klassifikationssystemen herangezogen werden.

Abschließend sei in diesem Zusammenhang bemerkt, dass die vor einigen Jahren insbesondere für den Sekundarstufenbereich entwickelten **nationalen Bildungsstandards** gerade bei den neueren diagnostischen Verfahren zunehmend Beachtung finden (vgl. auch vom Hofe, Kleine, Blum & Pekrun, 2005). Diese werden also nicht nur in bestimmten Klassenstufen länderübergreifend in Vergleichsarbeiten oder Jahrgangsstufentests umgesetzt, sondern sind auch Kernbestand neuerer normierter Tests. Da die Konstruktion der länderübergreifend entwickelten Verfahren zwar im Wesentlichen den Anforderungen traditioneller Testdiagnostik entspricht, sind im Hinblick auf die Durchführungs- und Auswertungsobjektivität nicht immer optimale Voraussetzungen gegeben. Von daher scheint es wichtig, dass zusätzlich standardisierte Tests verfügbar sind, die die inhaltlichen Anforderungen erfüllen und zudem meist ökonomisch einsetzbar sind.

Merkmale schwacher Rechner | 5

5.1 Definitionsprobleme

Rechenstörungen sind bei Kindern relativ verbreitet, und dies nicht nur im deutschsprachigen Raum (vgl. etwa Geary, 1993; Krajewski & Schneider, 2007). In Abhängigkeit von dem jeweils bevorzugten Diagnosekriterium lassen sich etwa 5 bis 8% der Grundschulkinder als rechenschwach klassifizieren (vgl. Badian, 1983; Geary & Hoard, 2005; Hasselhorn & Schuchardt, 2006). Die Unterschiede in der Kriteriensetzung sind dabei beträchtlich und variieren zwischen einem Prozentrang von kleiner als 10 bis zu einem Prozentrang von 35. Dies besagt, dass in Untersuchungen mit einem sehr strengen Auswahlkriterium lediglich solche rechenschwache Kinder berücksichtigt werden, die zu den leistungsschwächsten 10% ihrer Altersgruppe gehören, während bei einem eher „weichen" Auswahlkriterium das unterste Leistungsdrittel einbezogen wird. Ein „weiches" Auswahlkriterium wurde insbesondere bei Längsschnittstudien angesetzt, die im Vorschulalter begannen und sicherstellen wollten, dass über die frühen Screeningversuche möglichst viele spätere Problemfälle korrekt identifiziert werden können (Desoete, Ceulemans, de Weerdt & Pieters, 2012; Krajewski, 2003; Krajewski & Schneider, 2009a; Navarro, Aguilar, Marchena, Ruiz, Menacho & van Luit, 2012). Es steht außer Frage, dass Vergleiche über verschiedene Studien hinweg aufgrund dieser Unterschiede in der Kriteriensetzung nicht immer leicht fallen und sich je nach Stichprobenzusammensetzung auch unterschiedliche Störungsschwerpunkte ergeben können.

Einordnung von Rechenschwierigkeiten

Probleme bei der Einordnung von Rechenschwierigkeiten sind dadurch begründet, dass sich in der einschlägigen Literatur unterschiedliche Begriffe wie „Rechenschwäche", „Rechenstörung" oder „Dyskalkulie" finden, die von einigen Autoren synonym verwendet werden, von anderen dagegen in unterschiedlicher Bedeutung. International ist das Konzept der Lernstörungen im Bereich Mathematik (learning disabilities in mathematics) weitverbreitet. Der Begriff der „*Rechenstörung*" wird von der Weltgesundheitsorganisation (WHO) im Rahmen ihrer Internationalen Klassifikation psychischer Störungen (ICD-10; Dilling & Freyberger, 2019) im Sinne beeinträchtigter mathematischer Kompetenzen gewertet und den Entwicklungsstörungen zugerechnet:

F 81.2 „Rechenstörung“ nach ICD-10:
„Diese Störung beinhaltet eine umschriebene Beeinträchtigung von Rechenfertigkeiten, die nicht allein durch eine allgemeine Intelligenzminderung oder eine eindeutig unangemessene Beschulung erklärbar ist. Das Defizit betrifft die Beherrschung grundlegender Rechenfertigkeiten wie Addition, Subtraktion, Multiplikation und Division, weniger die höheren mathematischen Fertigkeiten, die für Algebra, Trigonometrie, Geometrie und Differential- sowie Integralrechnung benötigt werden ... Die Rechenschwierigkeiten dürfen nicht ... direkt auf Defizite im Sehen, Hören oder auf neurologische Störungen zurückzuführen sein. Ebenso dürfen sie nicht als Folge irgendeiner neurologischen, psychiatrischen oder anderen Krankheit erworben worden sein. ...“

Schwache Mathematikleistungen sind nach dieser Klassifikation nicht auf organische und neurologische Defizite und auch nicht auf eine ungenügende Unterrichtung zurückzuführen, sondern treten infolge einer *Entwicklungsverzögerung* auf. Die typische Symptomatik von Kindern mit Schwierigkeiten in Mathematik ist durch eine Vielfalt von *„Anfängerfehlern“* beim Rechnen charakterisiert. Die betroffenen Kinder zeigen beispielsweise Beeinträchtigungen bei der Reihenbildung von Zahlworten, in der Zuordnung von Mengen zu Zahlen, in der Abstraktion von Mengen auf Korrelate (Punkte, Striche), im Erlernen der Ziffern des Dezimalsystems und bei der Durchführung von Operationen (Addition, Subtraktion) in der bloßen Vorstellung (Remschmidt, 2000). Vor allem ist es die *Quantität*, also die Vielzahl von „Anfängerfehlern“, die ins Auge fällt. Die Ursache für das fehlende Verständnis arithmetischer Operationen bei Kindern mit *schwerwiegenden* Rechenstörungen kann in der Regel darin gesehen werden, dass ihnen der Aufbau abstrakter Zahlenraum- oder Zahlenstrahlvorstellungen nicht gelingt (von Aster, 2003). Insgesamt findet sich in der Literatur eine Vielzahl unterschiedlicher Einzelsymptome, die es schwer macht, „typische“ Fehlerschwerpunkte zu identifizieren. Stattdessen scheinen es eher die oben beschriebenen „Anfängerfehler“ zu sein, die spätere Schwierigkeiten mit dem Rechnen kennzeichnen und ein tieferes mathematisches Verständnis von vornherein behindern (vgl. auch Krajewski &

Entwicklungsverzögerung

Schneider, 2005). Übereinstimmung besteht jedoch in der Erkenntnis, dass Defizite in den numerischen Basiskompetenzen über die Grundschulzeit hinweg persistieren und deshalb sehr ernst zu nehmen sind (vgl. Gaupp, Zoelch & Schumann-Hengsteler, 2004; Grube, 2006).

Nicht leicht nachvollziehbar scheint das Postulat der ICD-10-Definition, dass höhere mathematische Fertigkeiten, die für den Mathematikstoff der Sekundarstufe gebraucht werden, weniger stark von der Störung betroffen sind. Wir kennen keinerlei empirischen Beleg für diese These und können uns auch schlecht vorstellen, dass höhere mathematische Fertigkeiten dann funktionieren können, wenn basale numerische Kompetenzen fehlen. Zumindest Algebra und Differential- wie Integralrechnung bauen auf grundlegenden rechnerischen Fähigkeiten auf und dürften ohne sichere Kenntnisse der Grundrechenarten kaum zu bewältigen sein.

Die eindeutige Bestimmung eines Störungsbildes wird dadurch erschwert, dass neben dem oben in der ICD-10-Definition aufgeführten Typus einer umschriebenen Beeinträchtigung weitere Fälle existieren, bei denen neben einer Störung der Leistungen im mathematischen Bereich auch eine Beeinträchtigung im Lesen und Schreiben registriert wird. Die ICD-10-Klassifikation berücksichtigt diese Gruppe insofern, als sie eine Kategorie der „kombinierten Störungen schulischer Fertigkeiten" in ihr System integriert. Letztere wird von den ICD-10-Autoren jedoch selbst als schlecht definierte und noch unzureichend konzeptualisierte Restkategorie eingestuft. Wie im Folgenden noch genauer gezeigt werden soll, haben einige deutschsprachige wie auch internationale Studien (z.B. Jordan, Hanich & Kaplan, 2003; Krajewski, 2003; Schwenck & Schneider, 2003) belegen können, dass die Gruppe von Kindern mit kombinierten Defiziten im mathematischen und Schriftsprachbereich rein quantitativ betrachtet über eine solche „Restkategorie" hinausgeht und sich auch qualitativ (etwa im Hinblick auf Funktionen des Arbeitsgedächtnisses) von der Gruppe „rein" rechenschwacher Kinder unterscheidet. In der Studie von Schwenck und Schneider (2003) mit mehr als 100 Erstklässlern konnte beispielsweise anhand einer statistischen Clusteranalyse gezeigt werden, dass sich Subtypen von Kindern mit spezifischen Defiziten in Schriftsprachleistungen oder Rechenleistungen sowie Kinder mit kombinierten Störungsmustern

kombinierte Störungen schulischer Fertigkeiten

zuverlässig trennen ließen. Bei den beiden Gruppen rechenschwacher Kinder waren die Mädchen insgesamt überrepräsentiert. Im Hinblick auf die Gruppe mit kombinierten Rechen- und Schriftsprachproblemen erschien bedenklich, dass ihre Leistungen im Rechnen, Lesen und Rechtschreiben deutlich unterhalb der beiden Gruppen mit umschriebenen Lernstörungen lagen. Da sich in dieser Gruppe etwa 10% der insgesamt untersuchten Kinder befanden, kann wirklich nicht von einer Restkategorie ausgegangen werden.

Im deutschsprachigen Bereich wird der Begriff „*Rechenschwäche*“ häufig verwendet, um deutlich unterdurchschnittliche mathematische Leistungen zu kennzeichnen, und dies unabhängig von der Intelligenz. In der oben erwähnten S3-Leitlinie (Haberstroh & Schulte-Körne, 2019) wird der Begriff „Rechenstörung“ so definiert, dass Minderleistungen bezüglich der Richtigkeit und benötigten Bearbeitungszeit im Bereich Basiskompetenzen, Grundrechenarten und/oder Textaufgaben vorliegen und weiterhin auch Minderleistungen im visuell-räumlichen Arbeitsgedächtnis und/oder den exekutiven Funktionen beobachtbar sind. Demgegenüber wird mit dem Etikett „*Dyskalkulie*“ eine Untergruppe schwacher Rechner bezeichnet, nämlich solche Schülerinnen und Schüler, die Rechenschwäche bei normaler bis überdurchschnittlicher Intelligenz zeigen und damit der oben aufgeführten ICD-10-Definition entsprechen. In Analogie zum Legastheniekonzept wird bei Dyskalkulie also eine Diskrepanz zwischen mathematischen und allgemeinen intellektuellen Kompetenzen angenommen, die in der Regel zwischen 1 bis 2 Standardabweichungen liegt. Es wird hier auf eine umschriebene Störung abgehoben und unterstellt, dass bei den betroffenen Schülerinnen und Schülern in anderen schulischen Leistungsbereichen kein Defizit feststellbar ist. Die Prävalenzschätzungen im deutschsprachigen Raum bewegen sich zwischen 5 und 7%, liegen also deutlich unter denen von allgemeiner Rechenschwäche (vgl. Fritz & Ricken, 2008; Jacobs & Petermann, 2007). Während sich der Begriff der Dyskalkulie nur auf entwicklungsbedingte Rechenstörungen bezieht, werden mit „Akalkulie“ demgegenüber Rechenschwächen bezeichnet, die etwa aufgrund von Hirnschädigungen zu einem späten Zeitpunkt erworben wurden und nicht von Anfang an bestanden. Wir werden die von Krajewski (2003) vorgeschlagene Differenzierung zwischen diesen drei Konzepten in den folgenden Ausführungen übernehmen.

In der Praxis wird die hier vorgenommene Differenzierung insofern bedeutsam, als therapeutische Maßnahmen häufig lediglich bei Vorliegen von Dyskalkulie staatlich finanziert werden. Aufgrund der Vorgaben des Sozialgesetzbuches VIII § 35 kann für diese Kinder und Jugendliche eine Eingliederungshilfe beantragt werden, deren Kosten für die Förderung in dyskalkulietherapeutischen Einrichtungen vom Jugendamt getragen werden sollen. Die Verwaltungspraxis verlangt in diesen Fällen in der Regel bestimmte Differenzen zwischen Intelligenztest- und Mathematiktestergebnissen. Wie Lorenz (2003) hervorhebt, zeigt sich die Willkür der Festlegung darin, dass die geforderte Differenz zwischen beiden Testmaßen je nach Finanzlage der öffentlichen Kassen schwanken kann.

5.1.1 Exkurs: Probleme mit dem Diskrepanzkriterium der Dyskalkulie

Diskrepanzdefinition des Dyskalkulie

Die Willkür bei der praktischen Festlegung der Diskrepanz zwischen Testergebnissen im Bereich der Intelligenz und der mathematischen Fertigkeiten hat dazu geführt, dass die Diskrepanzdefinition der Dyskalkulie nicht unumstritten geblieben ist und wiederholt kritisiert wurde (vgl. Fritz & Ricken, 2008; Lambert, 2015; Landerl et al., 2017; Lorenz, 2005a). Es stellt sich die Frage, wie zuverlässig die Diagnosen sein können, wenn in unterschiedlichen Problemfällen unterschiedliche Tests und unterschiedliche Grenzwerte für Rechenschwäche herangezogen wurden. Möglicherweise wird ein Kind in einem Verfahren als „dyskalkulisch" diagnostiziert, in einem anderen dagegen nicht. Problematisch erscheint auch, dass einige Intelligenztests wie etwa der Hamburg-Wechsler-Intelligenztest für Kinder (HAWIK IV) oder der K-ABC-Test Aufgaben enthalten, die mathematische Kompetenzen erfordern. Bearbeiten rechenschwache Kinder solche Tests, fällt ihr IQ-Wert möglicherweise so ungünstig aus, dass sie das Diskrepanzkriterium nicht mehr erfüllen und von speziellen Fördermaßnahmen ausgeschlossen sind.

Es stellt sich weiterhin die Frage, ob sich die Störung bei Kindern mit normaler versus solchen mit unterdurchschnittlicher Intelligenz unterschiedlich manifestiert, und ob rechenschwache Kinder mit unterdurchschnittlicher Intelligenz von den üblichen

Fördermaßnahmen ausgeschlossen bleiben sollten. In einer Studie von Jiménez Gonzáles & García Espinel (2002) wurden sieben- bis neunjährige Kinder mit Rechenschwäche und entweder hoher oder niedriger Intelligenz in ihren Rechenleistungen beim Lösen von Textaufgaben verglichen. Beide Gruppen schnitten bei den Mathematiktests deutlich schlechter ab als Kinder mit normaler Intelligenz und Rechenkompetenz, unterschieden sich jedoch nicht in der Art ihrer Strategien und der Lösungshäufigkeit. Es ließen sich aus der Studie also keine Hinweise darauf ableiten, dass für Kinder mit Dyskalkulie und allgemeiner Rechenschwäche unterschiedliche Fördermaßnahmen angezeigt sind, sodass die praktische Bedeutung des Diskrepanzkriteriums in Frage zu stellen ist.

Die hier geschilderte Problematik erinnert in vielen Aspekten an diejenige der Legasthenieforschung, bei der ebenfalls mehrfach belegt werden konnte, dass sich im Hinblick auf die Art der Störung und die Wirksamkeit der Fördermaßnahmen kein Unterschied zwischen Legasthenikern (klassifiziert nach Diskrepanz zwischen Lese-Rechtschreibleistung und IQ) und allgemein schwachen Lesern/Rechtschreibern mit unterdurchschnittlichem IQ finden ließ (vgl. Marx, 2007). Im Hinblick auf die Förderung rechenschwacher Kinder lässt sich aus diesen Befunden ableiten, dass alle Kinder unabhängig von der Intelligenz frühzeitig gefördert werden sollten, um zu verhindern, dass sich anfängliche Schwierigkeiten beim Erwerb von basalen Rechenkompetenzen zu gravierenden Problemen im mathematischen Bereich ausweiten.

5.2 Typische Verlaufssymptomatik der Rechenschwäche

Wenn auch mittlerweile in mehreren Studien Vorläuferprobleme von Rechenschwäche im Kindergarten identifiziert werden konnten (vgl. Krajewski, 2003; von Aster et al., 2007), so ist dennoch über die vorschulische Entwicklung von betroffenen Kindern immer noch wenig bekannt. Nach wie vor gilt, dass Rechenstörungen in der Regel erst in der Grundschule zuverlässig erkannt werden. Wie Jacobs und Petermann (2007) berichten, werden Kinder mit Rechenstörungen gehäuft in der dritten und vierten Grundschulklasse identifiziert und zu Fördermaßnahmen in Beratungsstellen und Kinderambulanzen angemeldet. Es scheint so, dass die Diagnose eng mit Veränderungen in den Anforderungen des Rechenunterrichts zusammenhängt. So wird etwa die Erweiterung des Zahlenraums über 100 hinaus nach Ende der zweiten Klassenstufe für Kinder mit Rechenstörung zu einer großen Herausforderung.

Rechenschwäche

Erscheinungsbild

Es ist sicherlich so, dass sich Rechenschwäche sehr unterschiedlich manifestieren kann. Schulz (1995) konstatiert beispielsweise ein äußerst vielfältiges und uneinheitliches Erscheinungsbild. Dennoch lassen sich bestimmte Gemeinsamkeiten ausmachen, die sich auch als Verzögerungen in der von Krajewski (2007) beschriebenen Entwicklung von Mengen-Zahlen-Kompetenzen interpretieren lassen. So sind rechenschwache Kinder etwa häufig dadurch charakterisiert, dass sie bereits ab dem Kindergartenalter Beeinträchtigungen auf der ersten Kompetenzebene des ZGV-Modells (numerische Basisfertigkeiten, vgl. Abb. 1) zeigen, weshalb sie Defizite im Umgang mit Zahlwörtern aufweisen und ihnen das Benennen arabischer Zahlen lange Zeit sehr schwer fällt (Kenntnis von Zahlenfolge und Ziffern; Ebene 1). Kinder mit Rechenschwierigkeiten machen zudem im Vergleich zu normalen Rechnern der jeweiligen Klassenstufe wesentlich mehr Fehler beim Benennen von Vorgängern und Nachfolgern von Zahlen und zeigen Schwierigkeiten beim Rückwärtszählen und beim Zählen in größeren Schritten (Beherrschung der exakten Zahlenreihenfolge; Ebene 1). Insbesondere aber können rechenschwache Kinder in den ersten Schuljahren Defizite in den Mengen-Zahlen-Kompetenzen der zweiten Ebene nicht überwinden. Sie fallen dadurch auf, dass sie keine angemessenen Anzahlschätzungen vornehmen können und kein Verständnis für die Verknüpfung von Zahlen mit Mengen besitzen (Anzahlkonzept; Ebene 2). Fehlt aber dieses Konzept, ist ein Verständnis numerischer Rechenoperationen nicht möglich; Additions- und Subtraktionsaufgaben können in diesem Fall allenfalls über Auswendiglernen bewältigt werden und spiegeln dann kein arithmetisches Verständnis wider. Wie Krajewski und Schneider (2009a) mit rechenschwachen Viertklässlern zeigen konnten, kann der Erwerb der ersten beiden Ebenen der Mengen-Zahlen-Kompetenzen in der Tat als entscheidender Entwicklungsschritt im Vorschulalter betrachtet werden, den es im Sinne einer Prävention von Rechenschwäche zu erreichen gilt.

Ein wesentliches Problem rechenschwacher Kinder wird auch darin gesehen, dass ihnen einfache Additionen und Subtraktionen nicht gelingen und sie sehr lange versuchen, Rechenaufgaben zählend zu lösen, die von den Klassenkameraden mit normaler Rechenfähigkeit über nicht zählende Rechenverfahren (etwa über automatisierten Abruf aus dem Langzeitgedächtnis) bewältigt werden. Im Vergleich mit den in dieser Hinsicht normal entwickelten Altersgenossen fällt weiterhin auf, dass sich rechenschwache Kinder sehr spät von unreifen Techniken wie etwa der Strategie des Fingerrechnens lösen und damit in Situationen, die qualitativ anspruchsvollere Strategien erfordern, unangemessen vorgehen. In der Folge wird auch der Aufbau von Faktenwissen (etwa das kleine Einmaleins) nur unzureichend vorangetrieben. Wie Landerl et al. (2017) anmerken, gelingt rechenschwachen Kindern der Übergang vom zählenden Rechnen zum direkten Abruf arithmetischer Fakten aus dem Gedächtnis auch nach längerer Beschulung nicht. In späteren Phasen zeigen sich massive Schwierigkeiten im Anwenden mathematischer Erkenntnisse in praktischen Situationen, im sachgemäßen Umgang mit mathematischen Symbolen, im Erfassen quantitativer und qualitativer Beziehungen sowie im Verständnis und der Darstellung geometrischer Sachverhalte.

Wenn man davon ausgeht, dass konzeptuelles Wissen, Strategien und Faktenwissen zentrale Komponenten in der Entwicklung mathematischer Kompetenz darstellen, so kann man sich leicht ausmalen, dass der Rückstand der rechenschwachen Kinder im Verlauf der Schuljahre zunehmend größer wird. Man kann von daher nicht einfach unterstellen, dass sich die Defizite vielleicht zu einem späteren Zeitpunkt einfach ausgleichen lassen und dann zu akzeptablen Leistungsniveaus führen. Es ist vielmehr anzunehmen, dass die rechenschwachen Kinder ohne gezielte zusätzliche Förderung das Leistungsniveau normaler Rechner nicht erreichen werden. Hasselhorn & Schneider (im Druck)

5.3 Theoretische Annahmen zur Entstehung von mathematischen Kompetenzen und Rechenschwäche

Wenn auch das Phänomen der Rechenschwäche bei Kindern in der Forschung bislang noch nicht die Aufmerksamkeit gefunden hat wie etwa Störungen beim Erwerb der Schriftsprache, wurde es in den letzten beiden Jahrzehnten in unterschiedlichen wissenschaftlichen Disziplinen wie etwa der Kinder- und Jugendpsychiatrie, der Psychologie und der Sonderpädagogik intensiver untersucht. Wie noch zu zeigen sein wird, kommen die einzelnen Disziplinen zu durchaus unterschiedlichen Einschätzungen hinsichtlich der Rolle wesentlicher Verursachungsfaktoren und geeigneter Therapieansätze. Eine Gemeinsamkeit kann darin gesehen werden, dass Rechenschwäche mehrheitlich nicht als Krankheit aufgefasst wird, sondern als Phänomen mit vielfältigen Ursachen.

Verursachungsfaktoren

Manche Autoren nennen globale Ursachen, die sowohl im Individuum als auch in der Umwelt anzusiedeln sind. Nach Grissemann und Weber (2000) lässt sich beispielsweise eine Reihe von eher unspezifischen Faktoren identifizieren, die mit Rechenschwäche korreliert sind. So werden häufig etwa neuropsychologische Faktoren (etwa visuo-motorische Integrationsstörungen oder räumlich-visuelle Erfassungs- und Vorstellungsschwäche), soziokulturelle, familiäre und genetische Bedingungen der Rechenschwäche genannt. Auch mathematikdidaktische Ansätze verweisen auf die Relevanz kindzentrierter und umweltbedingter Faktoren. So führt etwa Schulz (1995) die Schwierigkeiten von Kindern beim Lernen im Mathematikunterricht auf deren Entwicklungsverzögerung zurück, die dann zu mangelnder Passung zwischen Lernangebot und Entwicklungsstand führt. Ein besonderes Problem des Mathematikunterrichts in der Grundschule besteht ihrer Meinung nach darin, dass in einem Schülerjahrgang Entwicklungsunterschiede von bis zu vier Jahren beobachtet werden können. Als für den Erfolg wie auch Misserfolg bedeutsame Lernermerkmale werden kognitive Funktionen wie Abstraktions- und Vorstellungsvermögen sowie Konzentrations- und Gedächtnisfähigkeit genannt, die bei der mathematischen Informationsverarbeitung und -speicherung eine wesentliche Rolle spielen.

Störungen in der visuellen und auditiven Wahrnehmung

Ältere neuropsychologische Arbeiten fokussierten auf Störungen kognitiver Komponenten, etwa Störungen in der visuellen und auditiven Wahrnehmung und im Bereich des Gedächtnisses. Neuere neuropsychologische Betrachtungen gehen demgegenüber von Modellvorstellungen aus, in denen unterstellt wird, dass je nach Art der Rechenoperation unterschiedliche Hirnbereiche involviert sind. Sie erfreuen sich derzeit größerer Popularität und sollen im Folgenden genauer erörtert werden. Das inzwischen klassische, in Kapitel 1 detailliert beschriebene Modell der drei Repräsentationsebenen (Triple-Code-Modell; Dehaene, 1992) beschreibt drei unterschiedliche numerische Bereiche (Module), in denen Zahlen während des Rechnens repräsentiert und verarbeitet werden. Das erste Modul, der „auditiv-verbale Wortrahmen", enthält Fertigkeiten wie das Zählen und das Aufsuchen arithmetischer Fakten (etwa das „kleine Einmaleins"), die auf allgemeinen sprachlichen Informationsprozessen basieren. Die Zahlenfolge wird dabei wie jede andere Sprachsequenz gelernt, sodass für den Abruf dieser numerischen Kompetenzen keine anderen Repräsentationsformen erforderlich sind. Das zweite Modul, auch „visuell-arabische Zahlform" genannt, bezieht sich auf numerische Vorgänge innerhalb unserer Zahldarstellung, also des Dezimalsystems, die ausschließlich visuell repräsentiert sind und keine weitere sprachliche Kodierung benötigen. Ein Beispiel wäre hier das schriftliche Addieren mehrstelliger Zahlen. Schließlich bezieht sich das dritte Modul, die „analoge Größen-Repräsentation" auf die Fähigkeit, Mengen oder Anzahlen zu vergleichen und abzuschätzen. Hier fungieren Zahlen als näherungsweise Vorstellung, und es ist eine ungenaue Mengenvorstellung ausreichend, wenn etwa Überschlagsrechnungen, Mengenvergleiche oder die Schätzung von Anzahlen auf einen Blick („subitizing") gefordert werden. Wichtig scheint, dass die beschriebenen Module relativ unabhängig voneinander arbeiten und auch in unterschiedlichen Hirnarealen verankert sein dürften.

Mit Blick auf das in Kapitel 1 beschriebene Entwicklungsmodell von Krajewski sind demnach auch in Einklang mit dem Modell von Dehaene verschiedene Einzelfertigkeiten im Verlauf der Entwicklung miteinander zu koordinieren, um zu einem echten und bewussten Zahlenverständnis zu gelangen. Bevor die Zahl in ihrer tiefen Bedeutung erfasst wird, müsste demnach die Fähigkeit zur ungenauen Wahrnehmung von Mengen (Dehaene: *analoge Größenrepräsentation*) zunächst mit der Zahlwort-Reihe (Dehaene: *auditiv-sprachliche Repräsentation*) und den Ziffern (Dehaene: *visuell-arabische Repräsentationen*) verknüpft werden (Krajewski: Verknüpfung der numerischen Basisfertigkeiten), damit ein Kind Zahlen als Anzahlen verstehen (Krajewski: das Anzahlkonzept erreichen) und flexibel von einer Repräsentationsform in die andere übertragen kann. Gelingt dieser Koordinationsvorgang nur unzureichend und tauchen auf einer oder mehreren Repräsentationsebenen größere Schwierigkeiten auf, dürfte damit das Risiko einer späteren Rechenschwäche deutlich gesteigert werden.

vorschulischer Fertigkeitserwerb

Im Allgemeinen betonen entwicklungspsychologisch orientierte Ansätze die Bedeutung des vorschulischen Fertigkeitserwerbs und gehen davon aus, dass Kindergartenkinder schon in beträchtlichem Umfang mathematische Konzepte erwerben. Bereits Piaget und seine Schüler stellten die Bedeutung eines früh verfügbaren Mengenverständnisses für die Entwicklung des Zahlbegriffs heraus. Die klassischen Untersuchungen von Piaget und Szeminska (1975) legten den Schluss nahe, dass sich der Zahlbegriff aus dem Verständnis von Klasseninklusion (Verständnis für Teil-Ganzes-Beziehungen von Mengen) und Seriation (Verständnis für Ungleichbeziehungen von Mengen) entwickelt. Die Bedeutung eines angemessenen Verständnisses von Mengen für den Erwerb der Zahl (vgl. in Krajewskis Modell, Abb. 1: „Mengenunterschiede" auf Ebene 1 und „Mengenrelationen" auf Ebene 2) ist in diesem Ansatz fundamental, denn es sind die Mengen, an denen jene Handlungen vollzogen werden, die später in Form von Zahlen und Rechenoperationen abstrakt dargestellt werden. Piaget nahm jedoch an, dass darüber hinaus den frühen Zählfertigkeiten von Kindern keine Bedeutung zukäme. Das alleinige Operieren mit Mengen sah er als hinreichend für den Erwerb von Zahlverständnis und Rechenoperationen. Die Verknüpfung von Mengen und Zählfertigkeiten (vgl. die grau unterlegten Bereiche auf Ebene 2 in Abb. 1) erscheint in Piagets Ansatz also nicht als wesentlich. So wurden aus Piagets Ansatz Förderempfehlungen abgeleitet, die die Mengenlehre betonten, den Erwerb basaler Zählfertigkeiten jedoch vernachlässigten.

Erwerb von Rechenoperationen

Ausgehend von Piagets Theorie der kognitiven Entwicklung begreift Aebli (1976) den Erwerb von Rechenoperationen als allmähliche Verinnerlichung von Handlungen auf der konkreten und bildlichen Ebene bis hin zu ihrer symbolischen Repräsentation in Ziffern. Sein Ansatz beruht auf dem Gedanken, dass jede arithmetische Operation (z.B. Addition, Subtraktion) die Abstraktion einer konkreten Handlung (hinzufügen, wegnehmen) bedeutet. Das Kind gelangt demnach über das Verstehen dieser konkreten Handlungen in mehreren Schritten zum angemessenen

Verständnis der abstrakten Rechenoperation im Ziffernformat (plus, minus). Die Sequenz dieser Schritte beinhaltet, dass die angesprochenen Handlungen zunächst konkret (also mit dreidimensionalen Objekten) vollzogen werden, dann über bildliche Darstellung (also zweidimensional) vermittelt werden, bis schließlich die Handlungsdarstellung mithilfe von abstrakten Symbolen, nämlich den arabischen Zahlen erfolgen kann. Während Aebli (1976) nicht davon ausgeht, dass man sich die konkreten Mengen bei jedem Rechenvorgang bewusst macht, unterstellt er jedoch, dass das Bewusstsein für die Menge beständig hintergründig vorhanden ist und bei Bedarf verfügbar gemacht werden kann. Damit setzt er in seinem Modell voraus, dass Kinder Zahlen bereits mit Mengen verknüpft und damit mindestens das in Krajewskis Modell erst auf Kompetenzebene 2 angesiedelte Anzahlkonzept bzw. gegebenenfalls sogar das auf Kompetenzebene 3 angesiedelte Verständnis für Anzahlrelationen erworben haben. Unsicherheiten rechenschwacher Kinder mit der Zahlenfolge, das Unverständnis für die Mächtigkeit von Zahlen oder ihre aus Zählfehlern resultierenden Rechenfehler lassen sich daher mit diesem Modell nur schwer erklären.

Neuere Modellvorstellungen zur Entwicklung der mathematischen Kompetenz

Neuere Modellvorstellungen zur Entwicklung der mathematischen Kompetenz von Kindern, die auf diesen älteren Erkenntnissen und auch denen der neueren angloamerikanischen Entwicklungspsychologie aufbauen, wurden schon in den Anfangskapiteln dieses Bandes näher beschrieben. Zusammenfassend lässt sich festhalten, dass aus entwicklungspsychologischer Sicht die Verknüpfung des Verständnisses für Mengen und Mengenrelationen mit der Zahlwortfolge als fundamental für die numerische Entwicklung herausgestellt werden kann, da sich diese frühen Mengen-Zahlen-Kompetenzen als bedeutsamste Faktoren für die Entwicklung eines angemessenen mathematischen Verständnisses erweisen. Wie Krajewski (2005) herausstellt, werden die anfänglichen Zahlwortfolgen durch die Verknüpfung mit Mengen zu einer Bewusstheit für die hinter Zahlen stehenden Mengen als Mittel zur Manipulation von Mengenanzahlen begriffen. Damit wird dann auch ein grundlegendes Verständnis des Rechnens mit abstrakten Zahlen geschaffen.

Wenn man davon ausgeht, dass die Rechenschwäche auf unterschiedlichen Ursachen (etwa Defiziten in einem oder mehreren der genannten Module nach Dehaene oder auf einer oder mehreren Ebenen des Modells von Krajewski) basieren kann, scheint es auch folgerichtig, unterschiedliche Störungstypen anzunehmen. Rourke und seine Mitarbeiter (vgl. etwa Brandys & Rourke, 1991; Rourke, 1978) haben in den letzten drei Jahrzehnten Untersuchungen durchgeführt, die verschiedene Typen von Lernschwierigkeiten nahelegen. Im Hinblick auf mathematikbezogene Probleme werden zwei Gruppen unterschieden: Die *Gruppe RS* (Rechtschreibstörung) definiert sich durch unterdurchschnittliche Fähigkeiten in Mathematik und durch noch geringere schriftsprachliche Leistungen. Demgegenüber ist die *Gruppe A* (Arithmetik) dadurch charakterisiert, dass sich in ihr Kinder mit deutlich unterdurchschnittlichen Fähigkeiten in Mathematik, jedoch zumindest durchschnittlichen Leistungen im Lesen und Rechtschreiben befinden. Die Schwächen der Kinder der RS-Gruppe werden dabei Störungen der linken Hirnhälfte, diejenigen der A-Gruppe Störungen der rechten Hirnhälfte zugeordnet.

unterschiedliche Störungstypen

Typen von Lernschwierigkeiten

Geary (1990, 1994, 2004) kam zu ähnlichen Befunden und unterschied insgesamt drei Gruppen von Kindern mit Rechenschwäche: (a) Kinder mit visuell-räumlichen Defiziten ohne Einschränkung im schriftsprachlichen Bereich; (b) Kinder mit unzureichend entwickeltem Verständnis von Rechenstrategien und Rechenalgorithmen, und (c) Kinder mit Defiziten in basalen Rechenkompetenzen und gleichzeitigen Defiziten im Lesen und Rechtschreiben sowie der akustischen Wahrnehmung und dem akustischen Gedächtnis. Letzteres spielt auch in Form des *Arbeitsgedächtnisses* (Baddeley & Hitch, 1974) insofern eine Rolle, als gerade Kinder der Kategorie (c) nach Geary, die sowohl im Rechnen als auch im Lesen und Schreiben Defizite aufweisen, über ein unterdurchschnittlich entwickeltes Arbeitsgedächtnis verfügen.

Andere Subgruppen-Unterscheidungen basieren auf dem Triple-Code-Modell von Dehaene (1999). So unterschied von Aster (2000) aufgrund von unterschiedlichen Leistungsprofilen rechenschwacher Kinder im ZAREKI-Test drei Subtypen: (a) einen tiefgreifenden Subtyp, der insbesondere im Zahlensinn, aber auch in allen anderen Bereichen der Zahlenverarbeitung Schwächen aufweist; (b) einen sprachlichen Subtyp, der Defizite beim Kopfrechnen, Abzählen und Rückwärtszählen zeigt, zusätzlich aber auch Probleme im Sprach- sowie Schriftsprachbereich hat, und (c) den arabischen Subtyp, der insbesondere Defizite beim Lesen und Schreiben von Zahlen, also der Transkodierung von Zahlwörtern in ihre arabischen Ziffernentsprechungen aufweist. In einer neueren Klassifikation von Wilson und Dehaene (2007) werden insgesamt fünf Subtypen angenommen. Der erste Subtyp weist Defizite im Zahlensinn auf, während die Probleme des zweiten Subtyps auf eine Verbindungsstörung zurückzuführen sind: Hier gelingt die Verknüpfung von symbolischen und nicht-symbolischen Zahlenrepräsentationen nur unzureichend. Darüber hinaus werden drei Kerndefizite postuliert. Das erste ist durch besondere Schwierigkeiten beim Aufbau und Abruf von arithmetischem Faktenwissen charakterisiert, während das zweite Probleme im Bereich der exekutiven Funktionen betrifft, die sich negativ auf Faktenwissen und Strategiegebrauch auswirken können. Das dritte Kerndefizit wird im Bereich der räumlich-visuellen Aufmerksamkeit gesehen und führt zu Problemen beim „Subitizing" sowie bei der Wahrnehmung nicht-symbolischer Mengeninformation.

In einer Arbeit von Fuchs, Fuchs, Stuebing, Fletcher, Hamlett und Lambert (2008) wurde ein weiterer interessanter Aspekt, nämlich die Frage thematisiert, ob Schwierigkeiten im Bereich arithmetischer Operationen (computation) und im Bereich von Sachaufgaben (problem solving) mit unterschiedlichen kognitiven Fähigkeiten einhergehen. Eine Stichprobe von 924 Drittklässlern aus insgesamt 89 Schulklassen lösten Aufgaben zu beiden Bereichen und wurden danach klassifiziert, ob sie Probleme in lediglich einem Bereich, beiden Bereichen oder keinem Bereich aufwiesen. Weiterhin wurden die Leistungen dieser Schüler in neun weiteren kognitiven Bereichen erfasst. Als wesentlicher Befund der Studie wurde herausgestellt, dass Probleme im Bereich arithmetischer Operationen mit Stärken im sprachlichen Bereich und Schwächen im Bereich der Aufmerksamkeit und der Informationsverarbeitungsgeschwindigkeit korrespondierten. Demgegenüber waren grundlegende Schwierigkeiten bei der Lösung von Sachaufgaben mit sprachlichen Defiziten sowie der Zugehörigkeit zu benachteiligten Schichten assoziiert. Die Autoren folgerten aus ihren Ergebnissen, dass man diese beiden Komponenten mathematischer Kompetenz in der Praxis separat erfassen und dafür auch unterschiedliche Interventionsmethoden entwickeln sollte.

Die Annahme unterschiedlicher Subtypen rechenschwacher Kinder erklärt sich damit, dass sehr unterschiedliche Profile zur gleichen Problematik führen können. Es muss allerdings angemerkt werden, dass allenfalls der Zahlensinn-Subtyp relativ gut nachweisbar (und separierbar) scheint, während es noch keine überzeugenden empirische Belege für die klare Abgrenzung der übrigen Subtypen gibt (vgl. Lambert, 2015; Landerl et al. 2017).

5.4 Empirische Befunde zur typischen Symptomatik und zu kognitiven Defiziten bei Rechenschwäche und Dyskalkulie

Wichtige neue Erkenntnisse im Hinblick auf die Hintergründe problematischer Leistungsentwicklungen im mathematischen Bereich bieten die inzwischen in größerer Zahl verfügbaren Langzeitstudien zur Entwicklung von mathematischen Kompetenzen (vgl. etwa Geary, 1993; Krajewski, 2003), aber auch solche eher querschnittlich angelegten Studien, in denen die Leistung von rechenschwachen Kindern mit der normaler Rechner verglichen wird. Aufgrund der immer noch relativ offenen Frage, ob sich Subtypen im Sinne von Geary oder Rourke zuverlässig voneinander abgrenzen lassen, sind dabei solche Studien, die Vergleiche zwischen diesen Subtypen ermöglichen, besonders interessant (z.B. Jordan, Hanich & Kaplan, 2003; Landerl, Bevan & Butterworth, 2004).

5.4.1 Typische Symptomatik

Längsschnittstudien

Wie schon oben ausgeführt fanden sich in Längsschnittstudien, die die Entwicklung mathematischer Kompetenzen junger Kinder vom Vorschulalter bis in die Grundschule hinein beobachteten, deutliche Hinweise darauf, dass bei später rechenschwachen Kindern schon frühzeitig Auffälligkeiten im Entwicklungsverlauf beobachtet werden können (vgl. etwa Krajewski & Schneider, 2006; von Aster, Schweiter & Weinhold Zulauf, 2007; Weißhaupt, Peucker & Wirtz, 2006). Diese Studien illustrieren also übereinstimmend, dass frühzeitige Defizite im elementaren Mengen- und Zahlenverständnis mit schwachen Mathematikleistungen in der Grundschule einhergehen und bereits im Vorschulalter erkannt werden können.

Von Aster und Kollegen konnten etwa zeigen, dass diejenigen Kinder, die im Kindergartenalter Defizite im Umgang mit Zahlen aufwiesen, in der zweiten Klassenstufe mehrheitlich als rechenschwach eingestuft wurden. Rechenschwache Kinder weisen in den ersten Schuljahren Defizite im Bereich der Zählfunktionen auf, gehen also etwa fälschlicherweise davon aus, dass Objekte in einer bestimmten Reihenfolge gezählt werden müssen, um zum richtigen Ergebnis zu kommen (Geary, 2004).

In der Längsschnittstudie von Desoete, Ceulemans, De Weerdt und Pieters (2012) wurden mathematische Kompetenzen im Umgang mit Zahlen und Mengen bei Kindergartenkindern erfasst, deren Leistungsentwicklung dann bis zum Ende der zweiten Klassenstufe verfolgt wurde. Aufgrund der mathematischen Testergebnisse Ende der zweiten Klasse wurden retrospektiv Subgruppen mit ausgeprägten Rechenstörungen, solche mit schwachen und solche mit normalen Mathematikleistungen unterschieden. Die Kinder mit ausgeprägten Rechenstörungen wiesen im Vergleich mit den anderen beiden Gruppen bereits im Kindergarten deutlich niedrigere Werte bei Mengen- und Zahlenvergleichen auf. Einen ähnlichen Ansatz verfolgten Aunio, Heiskari, van Luit und Vuorio (2015), beschränkten sich in ihrer Längsschnittstudie jedoch auf das letzte Kindergartenjahr. Aufgrund einer ersten Testung zu Beginn des letzten Kindergartenjahrs wurden Subgruppen schwacher, normaler und überdurchschnittlich guter Rechner gebildet. Zwei weitere Erhebungen gegen Mitte und Ende des letzten Kindergartenjahrs belegten, dass sich alle drei Gruppen über den Untersuchungszeitraum hinweg bedeutsam steigern konnten. Die anfänglichen Gruppenunterschiede blieben jedoch im Wesentlichen erhalten. So bewegten sich die schwachen Rechner zum dritten Messzeitpunkt auf einem Niveau, das die normalen Rechner bereits zum ersten Messzeitpunkt erreicht hatten.

Landerl et al. (2017) betonen die *Defizite* der rechenschwachen Kinder in sogenannten „basisnumerischen Fähigkeiten“, also etwa der Fähigkeit zur Unterscheidung von Mengen, zum raschen Erfassen kleiner Mengen und zur Zahlenverarbeitung im engeren Sinn, etwa dem Lesen und Schreiben von Zahlen (Kompetenzen der Ebene 1 in Abb. 1). Diese Defizite beziehen sich auch auf das Zahlenwissen, also die Verfügbarkeit des arabischen Zahlencodes und des dekadischen Stellenwertsystems der arabischen Zahlen. Probleme in den hier erforderlichen Transkodiervorgängen werden bei rechenschwachen Kindern oft dadurch deutlich, dass sie sich bei der Übersetzung von gehörten Zahlwörtern in Zahlen oft „Zahlendreher" leisten, also etwa „zweiunddreißig" zu 23 machen. Diese Fehler sind im Deutschen in der Zehner-Einer-Inversion bei Zahlwörtern begründet und kommen in anderen Sprachen wie etwa dem Chinesischen so nicht vor. Landerl et al. (2004) konnten zeigen, dass sich diese Probleme nicht nur bei Schulanfängern beobachten lassen, sondern auch bei fortgeschrittenen (englischsprachigen) Grundschüler*innen mit Rechenschwächen deutlich häufiger vorkommen als bei normalen Rechnern der gleichen Altersgruppe. Für den deutschen Sprachraum ergaben sich in einer Studie von Gaupp, Zoelch und Schumann-Hengsteler (2004) sehr ähnliche Befunde. Beim Lesen und Schreiben von Zahlen und dem Anordnen von Zahlen auf einem Zahlenstrahl mit abzählbarer Skalierung, also einem Zahlenstrahl mit abzählbaren Einheiten (Kompetenzen der Ebene 1, Abb. 1) fanden sich signifikante Unterschiede zwischen rechenschwachen und normal rechnenden Dritt- und Viertklässlern, ebenso im Hinblick auf das Vergleichen von Zahlen und das Schätzen von Mengen (Kompetenzen der Ebene 2, Abb. 1) sowie in Aufgaben zur Erfassung der Rechenfertigkeit in den vier Grundrechenarten im Zahlenraum bis 20 (Anforderungsniveau der ersten und zweiten Jahrgangsstufe). In der Studie von Krajewski und Schneider (2009a) wiesen rechenschwache Viertklässler bereits vier Jahre vorher, also kurz vor Schuleintritt deutliche Defizite in den Mengen-Zahlen-Kompetenzen der ersten beiden Ebenen auf, zeigten also Lücken im grundlegenden mathematischen „Handwerkszeug". Sie verfügten darüber hinaus auch nach Schuleintritt nicht über altersentsprechende mathematische Grundfertigkeiten, die für das Lösen sehr leichter Rechenaufgaben (Abruf einfacher Rechenfakten) erforderlich sind.

Defizite in den Mengen-Zahlen-Kompetenzen

Dieses besondere Defizit in der grundlegenden Rechenfertigkeit erscheint besonders charakteristisch für Kinder mit Rechenschwächen zu sein. In nationalen wie auch internationalen Studien zur Rechenschwäche wird übereinstimmend berichtet, dass in den meisten Fällen von Dyskalkulie ein deutliches Defizit im Aufbau und Abruf des arithmetischen Faktenwissens beobachtet wird (vgl. Geary, 1993; Geary & Hoard, 2001; Kaufmann, 2002). Hiermit ist der bei normalen Rechnern in der frühen Grundschulzeit erfolgende Übergang vom zählenden Rechnen zum direkten Abruf von arithmetischen Fakten aus dem Gedächtnis gemeint.

Dieser Übergang gelingt den rechenschwachen Kindern – wenn überhaupt – erst sehr spät. Mit dieser Problematik korrespondiert auch das Phänomen, dass rechenschwache Kinder oftmals sehr lange bei „unreifen" und im Falle komplexerer Aufgabenstellungen nicht mehr angemessenen Strategien bleiben, also etwa dem Fingerrechnen. Bei Additionsaufgaben wie etwa „5+3", bei denen eine „counting-on"-Strategie (also das Weiterzählen ab 5 angemessen wäre), verwenden diese Kindern eine „counting-all"-Strategie, zählen also von vorne an (und meist mit den Fingern). Sie zeigen auch nicht die bei normalen Rechnern beobachtbare größere Flexibilität beim Einsatz von Rechenstrategien, gehen also beispielsweise dann nicht zu der eleganteren „min"-Strategie über, die aus der Aufgabe „3+8" die Aufgabe „8+3" werden lässt. Geht man davon aus, dass es der Gebrauch von flexiblen Zählstrategien ist, der allmählich zum Aufbau von Gedächtnisrepräsentationen arithmetischer Fakten und damit auch zur Fähigkeit führt, solche basalen Fakten direkt und automatisch aus dem Langzeitgedächtnis abzurufen, wird deutlich, warum rechenschwache Kinder sich hier so schwer tun. Diese Probleme sind dabei gleichermaßen bei Kindern mit umschriebenen Rechenstörungen als auch bei solchen mit kombinierten Rechen- und Schriftsprachproblemen beobachtbar (Geary, 2004; Jordan et al., 2003).

5.4.2 Kognitive Defizite bei Rechenschwäche

Da es sich beim Erwerb mathematischer Kompetenzen um ein durchaus komplexes Geschehen handelt, scheint es nicht einfach, kognitive Defizite zu benennen, die eindeutig mit allen Formen von Rechenschwäche korrespondieren. Von Landerl et al. (2017) wird darauf verwiesen, dass Kinder von Geburt an mit basalen Kompetenzen zur *Verarbeitung von Mengen* („Numerositäten") ausgestattet sind. Auf diesen Basiskompetenzen baut die spätere Entwicklung auf. Landerl et al. (2017) gehen davon aus, dass bei rechenschwachen Kindern ein „Startermechanismus" gestört ist, der bei normal entwickelten Kindern für die automatische Verarbeitung von Numerositäten verantwortlich ist. Dieses Defizit scheint dafür verantwortlich zu sein, dass bei später rechenschwachen Kindern zwar schon frühzeitig die

Zahlwortreihe gelernt wird, den Kindern aber das Verständnis dafür fehlt, dass diese Zahlwörter für bestimmte Mengen stehen. Dehaene (1999) bezeichnete dieses Defizit als *beeinträchtigten Zahlensinn* (restricted number sense), Krajewski (2008a) als *fehlende Mengenbewusstheit von Zahlen* (vgl. Kompetenzebene 2: Anzahlkonzept). Es gibt in der Tat zahlreiche Hinweise darauf, dass bei rechenschwachen Kindern sehr basale Defizite hinsichtlich der Verarbeitung von Zahlen und Numerositäten vorliegen, was im Folgenden anhand der Befunde von Landerl und Kollegen (2004, 2009) in den wichtigsten Aspekten skizziert werden soll.

basale Defizite

Defizite im Zahlengrößenvergleich. Landerl et al. (2004) präsentierten acht- bis neunjährigen englischen Schulkindern eine Zahlenvergleichsaufgabe, bei der möglichst schnell darüber zu entscheiden war, welche von zwei nebeneinander am Computerbildschirm präsentierten einstelligen arabischen Zahlen größer war. In der „numerischen Bedingung" sollte die Zahl mit dem größeren numerischen Wert ausgewählt werden (was Kompetenzen der zweiten Entwicklungsebene in Abb. 1 entspricht), in der „physischen Bedingung" dagegen die Zahl, die größer geschrieben war. Die Befunde machten deutlich, dass Kinder mit Dyskalkulie in der numerischen Bedingung signifikant höhere Reaktionszeiten aufwiesen als die Kinder mit normalen Rechenkompetenzen, und dies unabhängig davon, ob sie eine umschriebene Rechenstörung oder zusätzlich noch eine Legasthenie aufwiesen. In der Kontrollbedingung des physischen Größenvergleichs zeigten sich dagegen keine Unterschiede zwischen diesen Gruppen (vgl. Abb. 15).

Defizite im Mengengrößenvergleich und Zahlenstrahl. In einer Studie von Landerl et al. (2009) wurde anhand von Computeraufgaben geprüft, ob die Defizite rechenschwacher Kinder lediglich im Verständnis der Symbolfunktion arabischer Zahlen liegen, ob sie also Probleme damit haben, bei der Präsentation von Ziffern die entsprechende Mengenrepräsentation zu aktivieren, oder darauf basieren, dass der Mengenvergleich an sich (der Kompetenzen der ersten Entwicklungsebene in Abb. 1 widerspiegelt) Schwierigkeiten bereitet. Zu diesem Zweck wurde eine Mengengrößen-Vergleichsaufgabe entwickelt, die keinerlei Zahlenverständnis, sondern lediglich den Vergleich zweier Felder erforderte, auf denen sich unterschiedlich viele gelbe und blaue Quadrate befanden. Die Kinder mussten angeben, auf welchem

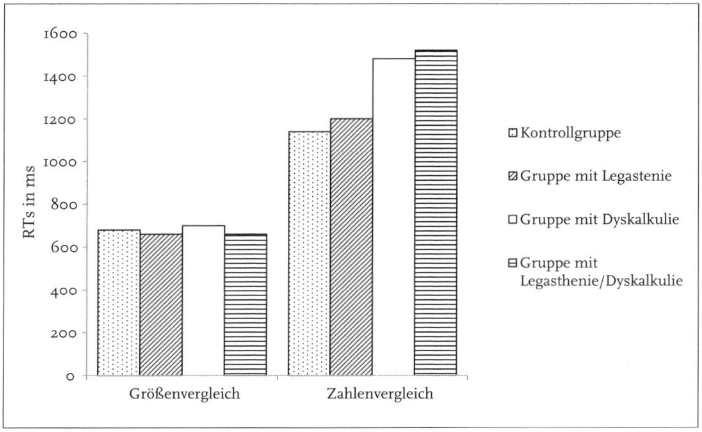

Abbildung 15 | Reaktionszeiten für Zahlengrößenvergleich und physischen Größenvergleich für 8- bis 9-Jährige mit unauffälliger Entwicklung, Legasthenie, Dyskalkulie und kombinierter Legasthenie/Dyskalkulie (modifiziert aus Landerl & Kaufmann, 2008)

Feld sich mehr gelbe Quadrate befanden. Da in beiden Feldern jeweils Quadrate unterschiedlicher Größe vorhanden waren, wurde ausgeschlossen, dass die Kinder ihre Entscheidung lediglich auf der Basis der Anzahl der Quadrate oder des Ausmaßes der Farbfläche treffen konnten. Landerl et al. (2009) stellten als wichtigsten Befund heraus, dass die rechenschwachen Kinder auch beim nicht symbolischen Vergleich von Mengen mehr Zeit benötigten als normal rechnende Kinder. Wiederum fand sich für die Teilgruppen mit isolierter und kombinierter Störung kein bedeutsamer Unterschied.

Eine weitere Aufgabe bezog sich auf den Umgang mit dem Zahlenstrahl. Die Kinder sollten auf einem Zahlenstrahl von 0 bis 100 bzw. 0 bis 1000 anzeigen, wo bestimmte Zahlen anzuordnen sind. Die Kinder mit Rechenschwäche zeigten dabei eine größere Abweichung vom korrekten Wert als die normal rechnenden Kinder, wobei die Richtung der Abweichung darauf hindeutet, dass ihr Zahlenstrahl noch logarithmisch ist: So nehmen niedrige Zahlen auf dem Zahlenstrahl zu viel Raum ein; die Zahl 20 wird auf dem Zahlenstrahl bis 1000 etwa dort vermutet, wo sich die 300 befindet. Sowohl die Befunde zum Zahlenvergleich als auch die zu den Zahlenstrahlaufgaben weisen darauf hin, dass die Kinder mit Rechenschwäche eine weniger präzise Vorstellung von Zahlen haben als normale Rechner der gleichen Altersstufe und demnach ihr unpräzises Anzahlkonzept (Kompetenzebene 2 in Krajewskis Modell, Abb. 1) nicht altersgemäß entwickelt ist.

Für unausgelesene Stichproben ist durch umfassende statistische Meta-Analysen gut belegt, dass es einen bedeutsamen Zusammenhang zwischen dem Abschneiden in Zahlenstrahl-Aufgaben und Leistungen in mathematischen Aufgaben gibt: Schneider, Merz, Stricker et al. (2011) fanden auf der Basis von 41 einschlägigen Studien eine mittlere Korrelation von $r = .44$, wobei der Zusammenhang mit dem Alter zunahm.

Die Vorstellung einer logarithmischen Zahlrepräsentation wird auch durch Befunde zum „Subitizing" (schnelles Erfassen von Mengen) gestützt, wobei hier die theoretische Annahme besagt, dass kleine Mengen (bis zu vier gleichartige Objekten) offenbar auf einen Blick erfasst werden können, dass dieser nonverbale (visuelle) Mechanismus bei größeren Mengen jedoch nicht mehr ausreicht. Die Analyse von Reaktionszeitmustern bei Aufgaben zum Zählen von Punktmengen zeigt einen deutlichen Anstieg der Reaktionszeiten ab etwa fünf Elementen (vgl. Landerl et al., 2017). Ab dieser Größenordnung muss wohl auch von normalen Rechnern gezählt werden, was den Anstieg in den Reaktionszeiten erklärt.

Abruf des arithmetischen Faktenwissens

Defizite im Gedächtnis. Ein wesentliches Problem rechenschwacher Kinder besteht in massiven Schwierigkeiten im Aufbau und Abruf des arithmetischen Faktenwissens. Geary und seine Mitarbeiter (etwa Geary 1993; Geary & Hoard, 2001) erklärten sich dieses Problem mit Defiziten im semantischen Langzeitgedächtnis und in einer begrenzten Kapazität des Kurzzeit- bzw. Arbeitsgedächtnisses. In Anlehnung an die populäre Modellvorstellung des Arbeitsgedächtnisses von Baddeley und Hitch (1974) wurde angenommen, dass bei rechenschwachen Kindern alle wesentlichen Komponenten, nämlich das sprachliche Arbeitsgedächtnis, seine visuell-räumlichen Komponenten wie auch die exekutive Kontrolle, also etwa die Aufmerksamkeitssteuerung eingeschränkt sein könnten. Rechenschwache Kinder verfügen demzufolge nur über eine begrenzte Gedächtniskapazität, die ihnen Schwierigkeiten damit bereitet, während der gleichzeitigen Bearbeitung mehrerer Teilaufgaben alle relevanten Informationen im Arbeitsgedächtnis zu behalten. Die reine Artikulationsgeschwindigkeit sollte nach Auffassung von Geary und Kollegen jedoch nicht eingeschränkt sein. Aufgrund der begrenzten Gedächtniskapazität kommt es in der Folge zu längeren Lösungszeiten und mehr Fehlern beim zählenden Rechnen, und damit auch zu größeren Schwierigkeiten beim Einspeichern von korrekten Rechenfakten in das semantische Langzeitgedächtnis.

Einschränkungen des Arbeitsgedächtnisses

Die empirische Befundlage zu Einschränkungen des Arbeitsgedächtnisses und des semantischen Langzeitgedächtnisses bei rechenschwachen Kindern stellt sich insgesamt recht uneinheitlich dar. Während die Ergebnisse der Studien von Geary und Mitarbeitern zahlreiche Hinweise auf Rückstände bei rechenschwachen Kindern liefern, konnte dies in anderen neueren Studien nicht eindeutig belegt werden (vgl. Landerl et al., 2017, für eine Übersicht der Befunde). Während etwa eine Reihe von Studien Defizite im Nachsprechen von Zahlen und Wörtern bei rechenschwachen Kindern berichtete, fanden sich in systematischen Replikationsuntersuchungen von Landerl et al. (2004, 2009) keine spezifischen Einschränkungen bei Kindern mit isolierter Rechenstörung. Insgesamt kommt die Arbeitsgruppe von Landerl zum Schluss, dass bei Kindern mit isolierten Rechenstörungen auch keine Einschränkungen im Bereich der phonologischen Informationsverarbeitung gegeben sind (die bei Kindern mit Lese-Rechtschreibproblemen in der Regel defizitär ist). Demgegenüber weisen einige Studien darauf hin, dass sowohl die exekutive Kontrolle (etwa im Sinne von Aufmerksamkeitssteuerung) als auch die visuell-räumliche Komponente des Arbeitsgedächtnisses bei rechenschwachen Kindern eingeschränkt arbeitet. Aus einer Untersuchung von Fuchs, Compton, Fuchs, Paulsen, Bryant & Hamlett (2005) lässt sich etwa ableiten, dass die Konzentrationsleistung und Aufmerksamkeitssteuerung Unterschiede in mathematischen Kompetenzen von Erstklässlern bedeutsam vorhersagen, während die gleichzeitig erhobenen Arbeitsgedächtnisleistungen bei Kontrolle der Aufmerksamkeitsunterschiede keine Vorhersagekraft mehr aufweisen.

Die insgesamt inkonsistente Befundlage wird dann schlüssiger, wenn man die Ergebnisse für die oben skizzierten unterschiedlichen Subtypen von Dyskalkulie im Sinne von Geary oder Rourke separat auswertet und dabei insbesondere auch das Phänomen der „Komorbidität", also das Vorliegen einer Rechenschwäche bei gleichzeitiger Lese-Rechtschreibproblematik in

Defizite in der vorschulischen Mengen-Zahlen-kompetenz

Betracht zieht. Wie schon oben konstatiert weist ein nicht unerheblicher Prozentsatz rechenschwacher Kinder gleichzeitig eine Lese-Rechtschreibschwäche auf (vgl. Schwenck & Schneider, 2003; Schuchardt & Mähler, 2010). In der schon mehrfach erwähnten Würzburger Längsschnittstudie (Krajewski, 2003; Krajewski & Schneider, 2006, 2009a, 2009b) fanden sich bei rein rechenschwachen Kindern vor allem Defizite in der vorschulischen Mengen-Zahlenkompetenz und keine besonderen Probleme im Gedächtnisbereich. Geringere Leistungen im verbalen und visuellen Arbeitsgedächtnis und ein verlangsamter Abruf von Zahlen aus dem Langzeitgedächtnis wurden nur dann registriert, wenn es sich um rechen- und rechtschreibschwache Kinder handelte. Schuchardt und Mähler (2010) folgerten aus ihrem Vergleich unterschiedlicher Subgruppen rechenschwacher Kinder, dass Defizite in bereichsspezifischen (mathematikbezogenen) Merkmalen wie auch solche in bereichsübergreifenden Merkmalen (etwa dem Arbeitsgedächtnis) unabhängig davon registriert werden konnten, ob zusätzlich auch das Lesen und Schreiben beeinträchtigt ist. Zumindest tendenziell waren jedoch bei Kindern mit kombinierten Rechen- und Schriftsprachproblemen auch deutlichere Einschränkungen im Arbeitsgedächtnis beobachtbar.

In diesem Zusammenhang scheint die Frage interessant, ob Rechenstörungen, die im Zusammenhang mit Lese-Rechtschreibschwäche auftreten, eine andere Ursache haben als Rechenstörungen bei guter Lese-Rechtschreibkompetenz. Diese etwa von Geary und Hoard (2001) oder Rourke (1993) vertretene These lässt sich durch andere Befunde nicht bestätigen. So fanden Landerl et al. (2004) beispielsweise keine bedeutsamen qualitativen Unterschiede zwischen Rechenleistungen von rechenschwachen Kindern mit und ohne Legasthenie: Die Defizite in den basisnumerischen Fertigkeiten fielen durchaus vergleichbar aus. Da die Gruppengrößen mit etwa zehn Kindern in dieser Studie relativ gering ausfielen, schien eine Replikationsstudie angezeigt. In der nun umfassender angelegten Studie von Landerl et al. (2009) wurden aus einer Gesamtstichprobe von mehr als 1000 Kindern der zweiten bis vierten Klassenstufe vier Teilstichproben von rein rechenschwachen, rechen-leseschwachen, rein leseschwachen und in beiden Bereichen normal entwickelten Kindern gebildet. Die Gruppengrößen variierten nun zwischen ca. 20 und 40 Kindern. Es wurden sowohl basisnumerische Fertigkeiten als auch die phonologische Informationsverarbeitung erfasst, weiterhin Aspekte des Arbeitsgedächtnisses.

Die Ergebnisse der Untersuchung fielen relativ eindeutig aus: Im Hinblick auf die phonologische Informationsverarbeitung zeigten sich nur bei den beiden Gruppen mit Lese- Rechtschreibproblemen defizitäre Werte. Demgegenüber ergaben sich für die rechenschwachen Kinder mit normalen Lese- und Rechtschreibleistungen unauffällige Befunde in diesem Bereich, wobei interessanterweise auch bei dem schnellen Benennen von Ziffern keinerlei Einbußen sichtbar wurden. Landerl et al. (2009) folgerten aus diesem Befund, dass das schlichte Benennen von Ziffern, also die Übersetzung einer arabischen in eine sprachliche Ziffernform, nicht unbedingt den Zugriff auf die Zahlensemantik erfordert, bei der sich die rechenschwachen Kinder sehr schwer tun. Die Ergebnisse beider Studien legten den Schluss nahe, dass die Defizite in der kombiniert rechen- und lese-rechtschreibschwachen Gruppe additiv sind: Sie resultieren also aus einer Kombination beider Störungen. Während Rechenschwäche mit Defiziten in der kognitiven Repräsentation von Numerositäten (Zahlen und Mengen) assoziiert ist, steht Lese-Rechtschreibschwäche mit Defiziten in der phonologischen Informationsverarbeitung in enger Beziehung. Bei Kindern, die beide Störungen aufweisen, addieren sich auch die zugrunde liegenden Defizite auf. Wie Landerl et al. (2017) zu Recht anmerken, wäre bei einer gemeinsamen Grundstörung im Fall von Rechenschwäche und LRS eine gewisse „Unteradditivität“ zu erwarten, was meint, dass die Defizite in der kombinierten Gruppe geringer ausfallen sollten als die Summe der Defizite der jeweils isoliert beeinträchtigten Gruppen. Dies ist jedoch nicht der Fall, sodass von einer Spezifizität beider Lernstörungen auszugehen sei.

Zugriff auf die Zahlensemantik

In einer Folgestudie von Schwenck, Dummert, Endlich und Schneider (2015) mit lese-rechtschreibschwachen und rechenschwachen Probanden wurde ebenfalls ein Schwerpunkt auf Kinder der zweiten und vierten Klassenstufe gelegt, doch handelte es sich hier um ein Längsschnittdesign. Die Schüler*innen mit Lernstörungen wurden aus einer Gesamtstichprobe von etwas mehr als 900 Zweitklässlern rekrutiert. Die Gesamtstichprobe wurde gegen Ende der vierten Klasse erneut getestet, so dass auch ein Urteil darüber möglich war, wie stabil die ursprüngliche

Subgruppen-Einteilung über die Zeit hinweg blieb. Ähnlich wie bei Landerl et al. (2009) stellte sich auch hier heraus, dass die Gruppen der rein leseschwachen und kombiniert lese-rechenschwachen Kinder ein Defizit im Bereich der phonologischen Bewusstheit aufwiesen, die kombinierte Teilgruppe zusätzlich ein Defizit im visuell-räumlichen Arbeitsgedächtnis und der Aufmerksamkeit. Die Befunde erhärteten damit auch die These von Landerl und Kollegen, dass die Probleme der komorbiden Gruppe additiv sind und für Dyslexie und Dyskalkulie unterschiedliche kognitive Profile anzunehmen sind. Diejenigen Kinder, die eine Kombination beider Störungen aufweisen, benötigen demnach eine besonders umfangreiche Förderung. Wenn sie unterbleibt, können sich weitere Probleme ergeben. In einer weiteren Datenanalyse zu dieser Studie ließ sich etwa zeigen, dass bei der kombinierten Gruppe im Vergleich zu den spezifisch lese- bzw. rechenschwachen Kindern gegen Ende der Grundschulzeit deutlich mehr Verhaltensprobleme resultierten (Endlich, Dummert, Schneider & Schwenck, 2014).

Im Zusammenhang mit diesem Gruppenvergleich scheint auch der Befund für eine weitere Teilgruppe dieser Studie, nämlich sog. „Overachiever" (normale Leser und Rechner mit niedriger Intelligenz) interessant. Diese Kinder schnitten sowohl im Bereich der phonologischen Bewusstheit als auch im Hinblick auf das Arbeitsgedächtnis überdurchschnittlich gut ab. Defizite im intellektuellen Bereich konnten demnach durch Stärken in der phonologischen Bewusstheit und dem Arbeitsgedächtnis effektiv kompensiert werden. Was die Stabilität der Ausgangsklassifikation angeht, so ließen sich nur etwa 60% der Kinder zwei Jahre später wieder exakt der gleichen Teilgruppe zuweisen. Dies repliziert die auch bei Krajewski (2003) für den Zeitraum erste bis zweite Klasse berichtete fehlende Stabilität der Subgruppenzuordnungen und deutet auf dynamische Prozesse und darauf hin, dass es in der Grundschulzeit durchaus bedeutsame Veränderungen im Leistungsstatus der Kinder geben kann.

In der Langzeitstudie von Krajewski und Schneider (2009b), die bereits ein Jahr vor Schuleintritt begann, zeigte sich demgegenüber, dass die Entwicklung von Schriftsprache und der mathematischen Kompetenzen bereits in einem sehr frühen Stadium miteinander in Zusammenhang steht. Hier wirkte sich die Fähigkeit der phonologischen Bewusstheit bedeutsam auf den

Erwerb der Zahlwortfolge aus. Darüber hinaus wurde die Beherrschung höherer Mengen-Zahlen-Kompetenzen jedoch nicht direkt von der phonologischen Informationsverarbeitung beeinflusst. Für diese höheren Kompetenzen erwiesen sich visuell-räumliche Fähigkeiten des Arbeitsgedächtnisses als bedeutsam. Obwohl einige Studien frühe Fähigkeiten des Arbeitsgedächtnisses in die Vorhersage von Mathematikleistungen einbinden, ist die Forschungslage im Hinblick auf die Frage von Defiziten im Bereich unterschiedlicher Arbeitsgedächtniskomponenten bisher noch relativ unklar. Hier fehlen weitere spezifisch angelegte Längsschnittstudien, über die sich mögliche Kausalbeziehungen zwischen Gedächtnisentwicklung und Störungsform abbilden lassen. In künftigen Forschungsarbeiten zum Thema sollte zudem über gezielte Vergleiche der Kinder mit kombinierten Störungen und der Gruppe von Kindern mit einer umschriebenen Rechenstörung versucht werden, die qualitativen Unterschiede in der Art der Störungsbilder, falls solche existieren, noch genauer herauszuarbeiten, was sich positiv auf Interventionsbemühungen auswirken sollte.

Verursachungsfaktoren der Rechenschwäche

Der in diesem Kapitel präsentierte Überblick zur Symptomatik und möglichen Verursachungsfaktoren der Rechenschwäche legt den Schluss nahe, dass es sich hier nicht um ein einheitliches Symptombild, sondern um ein sehr heterogenes Ursachengeflecht handelt, das aus sehr unterschiedlichen Quellen gespeist werden kann. Das von Jacobs und Petermann (2007) erstellte Ursachenmodell (vgl. Abb. 16) macht die Vielfalt der Beeinflussungsmöglichkeiten deutlich. Wie viele dieser Faktoren beeinträchtigt sein müssen, um die Störung auszulösen, ist bis heute nicht abschließend geklärt. Es ist jedoch anzunehmen, dass die in Abbildung 16 aufgeführten primären Ursachenfaktoren das Störungsbild wesentlich prägen, während die Interaktion mit Sekundärfaktoren zur Intensivierung des Problems führen kann.

Verlauf der Dyskalkulie

Obwohl bislang nur wenige Befunde zum langfristigen Verlauf der Dyskalkulie vorliegen und insbesondere längsschnittliche Untersuchungen nach wie vor rar sind, scheint insbesondere zu Beginn der Schulzeit die Stabilität rechnerischer Defizite noch begrenzt. Andererseits gibt es zahlreiche Hinweise darauf, dass im Verlauf der Schulzeit die Persistenz des Defizits steigt, also rechenschwache Kinder ihren Rückstand gegenüber normalen Rechnern nicht mehr aufholen (vgl. Küspert, 2010; Landerl

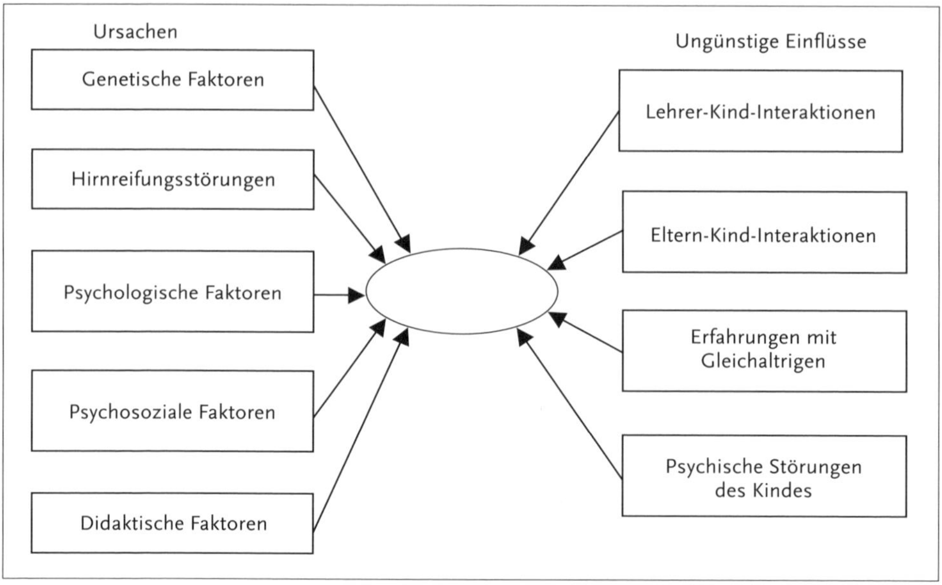

Abbildung 16 | Multikausales Erklärungsmodell (aus Jacobs & Petermann, 2005b; modifiziert von den Verfassern)

et al., 2017). Die Problematik scheint bei Kindern mit kombinierter Rechen- und Schriftsprachstörung insgesamt stärker ausgeprägt zu sein als bei Kindern mit isolierter Rechenschwäche. In jedem Fall scheint es angezeigt, Interventionsmaßnahmen möglichst früh einzuleiten. Hier gilt ähnlich wie bei der Therapie von Lese-Rechtschreibproblemen, dass späte Interventionen sehr aufwendig werden und vergleichsweise weniger erfolgreich sind als frühe präventive Maßnahmen.

6 Fördermassnahmen im schulischen Bereich

Intervention der Dyskalkulie

Die Ausführungen zu den vielfältigen Problemen von Kindern mit Rechenschwächen haben deutlich gemacht, dass Diagnose und Intervention der Dyskalkulie möglichst frühzeitig erfolgen sollten. Die schon beschriebenen Programme zur Frühförderung mathematischer Kompetenzen im Kindergarten sind mehr oder weniger hilfreich und effektiv. Dennoch können sie nicht gänzlich verhindern, dass bei einigen Kindern von Beginn der Schulzeit an rechnerische Defizite auftreten. Erfolgt die Behandlung dieser Schwierigkeiten erst relativ spät im schulischen Werdegang, muss davon ausgegangen werden, dass sich bei den betroffenen Kindern aufgrund der zahlreichen Frustrationserlebnisse psychologische Störungen aufgebaut haben, denen wirkungsvoll begegnet werden muss, wenn die Therapie erfolgreich sein soll.

Im Zusammenhang mit der Dyskalkulie bzw. Rechenschwäche wird immer wieder darauf hingewiesen, dass sie häufig von Ängsten begleitet wird, was etwa vor Lernzielkontrollen zu massiven Prüfungsängsten führen kann (vgl. etwa Born & Oehler, 2009). Eine Forsa-Umfrage aus dem Jahr 2009 hat beispielsweise ergeben, dass sich jeder dritte Schüler ab der fünften Klassenstufe vor Mathematikarbeiten fürchtet. Dabei scheinen Kinder mit ausgeprägten Problemen im Bereich Mathermatik besonders stark betroffen zu sein. Wie eine Arbeit von Lyons und Beilock (2012) gezeigt hat, sind bei der Ankündigung von Rechenaufgaben bei Menschen mit starker Mathematikangst zwei Hirnareale besonders aktiviert, die normalerweise auf körperliche Schmerzen reagieren. Dieses Phänomen wurde interessanterweise während der anschließenden Bearbeitung der Mathematikaufgaben nicht mehr beobachtet, was die Forscher zum Schluss führte, dass nicht das eigentliche Rechnen Schmerzempfindungen auslöst, sondern allein die vorgeschaltete Angst. Im Unterschied zur Prävention von Mathematikproblemen im Vorschulalter scheint es bei der Intervention im schulischen Bereich von daher auch wichtig, dass die Kinder mit Rechenschwäche immer wieder zum Rechnen ermutigt und motiviert werden. Die Schaffung von Erfolgserlebnissen bei einfachen Aufgaben gehört hier ebenso zur Förderstrategie wie der Einbezug der Eltern, deren Grundüberzeugungen und Ziele für das betroffene Kind gegebenenfalls zu korrigieren sind und die dazu angehalten werden, das Kind immer wieder zu ermutigen und ihm weiterhin Wertschätzung zu zeigen.

Leider ist die Anzahl fundierter Förderprogramme im schulischen Bereich sowohl international wie auch national immer noch überschaubar, auch wenn sich die Situation in den letzten Jahren verbessert hat. Im Folgenden werden die aus unserer Sicht wichtigsten Programme und Fördermaßnahmen vorgestellt und in ihren Wirkungen beschrieben.

6.1 Möglichkeiten schulischer Interventionen und deren Effektivität

Untersuchungen mit schwachen Rechnern haben immer wieder gezeigt, dass ihr Kerndefizit in basalen Fertigkeiten liegt. Von daher ist es angezeigt, dass Fördermaßnahmen bei diesen Kindern auch dann numerische Basisfähigkeiten einbeziehen, wenn der Lehrplan für die betreffende Klassenstufe weit komplexere arithmetische Probleme behandelt (vgl. Landerl et al., 2017). Wie schon gezeigt wurde, haben deutsche und internationale Längsschnittstudien beeindruckende Belege dafür erbracht, dass fehlende Mengen-Zahlen-Kompetenzen im Kindergarten meist mit schwachen Mathematikleistungen am Ende der Grundschulzeit einhergehen (vgl. Aunola et al., 2004; Krajewski & Schneider, 2006; Krajewski & Schneider, 2009a; Weißhaupt et al., 2006). Die mathematischen Leistungen in der Grundschule wiederum zeigen eine große Stabilität bis in die gymnasiale Oberstufe (Stern, 2003), sodass frühe Wissenslücken über die gesamte Schulzeit kaum wettgemacht werden können. Umso dringender erscheint es also, frühzeitig Misskonzepte in den Bereichen elementarer mathematischer Kompetenzen ausfindig zu machen und abzubauen.

6.1.1 Probleme bei der Einschätzung außerschulischer Förderangebote

schulbezogene Interventionsansätze

Im Folgenden werden schwerpunktmäßig schulbezogene Interventionsansätze beschrieben. Damit soll einmal unsere Überzeugung zum Ausdruck gebracht werden, dass die Schule der zentrale Ort für die Förderung von Kindern mit Rechenstörungen sein sollte (vgl. auch Lorenz, 2005a). Schulen sind auftragsgemäß für die Förderung bei Lernschwierigkeiten zuständig. Prinzipiell sind die Lehrkräfte durch ihre Ausbildung, aber auch aufgrund der Möglichkeit, die Entstehung der Lernschwierigkeiten im mathematischen Bereich zu beobachten und in ihren Schwerpunkten zu diagnostizieren, vergleichsweise gut für die Interventionsaufgabe vorbereitet. Zum anderen wird die Schwerpunktsetzung auf schulische Interventionsprogramme damit begründet, dass immer noch sehr wenig über die Erfolge außerschulischer Förderinstitute bekannt ist. Während einerseits in der jüngsten Vergangenheit eine deutliche Zunahme von privaten Dyskalkulie-Instituten oder Zentren für Rechenschwäche registriert werden konnte, gibt es andererseits noch immer nur wenige gesicherte Hinweise darauf, dass die dort angebotene Förderung bzw. Behandlung wirklich nachhaltig erfolgreich ist. Da die Kosten für eine Therapie meist recht hoch sind, stellt das Fehlen von Wirksamkeitsnachweisen der Behandlung ein wirkliches Problem dar (Lambert, 2015). Uns jedenfalls sind keine einschlägigen, publizierten Evaluationsstudien zum Erfolg der Arbeit solcher Einrichtungen bekannt.

Förderung rechenschwacher Kinder

Ein in diesem Zusammenhang sicherlich grundsätzliches Problem ist darin zu sehen, dass der Titel des Dyskalkulie-Therapeuten nicht gesetzlich geschützt ist. Es gibt von daher auch keine formalen Regelungen zur Frage, über welche Kompetenzen solche niedergelassenen Therapeuten mindestens verfügen sollten, und auf welche Weise sie sich im Sinne einer Qualitätssicherung ihrer Arbeit fortbilden sollten (Ausnahmen hierzu sind z.B. nur aus Bayern bekannt). Wir unterstellen, dass für die erfolgreiche Förderung rechenschwacher Kinder weitreichende Kenntnisse notwendig sind, die vorwiegend aus den Bereichen Mathematikdidaktik (etwa Optimierung von Lernprozessen bei mathematischen Inhalten), Psychologie (Diagnostik, klinische, entwicklungs- und pädagogisch-psychologische Ansätze) und Psychotherapie (etwa Gesprächs- und Verhaltenstherapie) kommen sollten. Wenn auch sicherlich eine Reihe von außerschulischen Therapieangeboten seriöser Natur sind und von erfahrenen Praktikern durchgeführt werden, so können sich betroffene Eltern darüber nicht von vornherein sicher sein. Soll unter allen Umständen außerschulische Förderung in Anspruch genommen werden, so hilft es meist, sich mit dem „Bundesverband für Legasthenie und Dyskalkulie e. V." in Verbindung zu setzen, der über Listen zertifizierter und somit solide ausgebildeter und geprüfter Dyskalkulie-Therapeuten verfügt. Weiterhin sind alle mit Hochschulen verbundenen Beratungsstellen zu empfehlen, die sich auf Lernschwierigkeiten spezialisiert haben. Im süddeutschen Raum sind schließlich die Akademie für Lehrerfortbildung in Dillingen/Donau oder das Landesinstitut für Erziehung und Unterricht Baden-Württemberg geeignete Anlaufstellen für eine weiterführende Beratung.

6.1.2 Voraussetzungen für eine effektive schulische Förderung

Dyskalkulie-Therapie

Wie Grissemann und Weber (2000) betonen, macht es Sinn, zwischen mathematischem Stützunterricht und Dyskalkulie-Therapie zu unterscheiden. Während bei einigen rechenschwachen Schüler*innen ein qualifizierter Stützunterricht im Sinne eines differenzierten Nachhilfeunterrichts schon hinreichen kann, um den Anschluss an das Leistungsniveau der Klasse zu erreichen, scheint in schwerwiegenderen Fällen eine gezielte Dyskalkulie-Therapie unabdingbar. Diese sollte sich nicht auf eine Wiederholung des Schulstoffs beschränken, da solche Repetitionen bei Kindern mit Dyskalkulie in der Regel nicht die erhofften Effekte erbringen (Lorenz, 2005a). Es müssen von daher andere Methoden und Mittel herangezogen werden, um dort Lerneffekte herbeizuführen, wo der Regelunterricht nicht die gewünschten Ergebnisse erbracht hat. Diese Ansätze sollten neben der Vermittlung von mathematischem Basiswissen auch psychotherapeutische Komponenten enthalten, über die mangelnde Motivation und Lernbereitschaft sowie übergroße Misserfolgsorientierung angegangen werden können. Sowohl bei der Auswahl von Institutionen zur Dyskalkulie-Therapie als auch zu differenziertem Nachhilfeunterricht sollte zudem unbedingt darauf geachtet werden, dass die anbietenden Institutionen eine hohe Transparenz bezüglich ihrer Methoden und Inhalte an den Tag legen. In jedem Fall sollten den Eltern klare Konzepte vorgelegt werden können, die detailliert darüber informieren, wie den Rechenproblemen der Kinder begegnet werden soll.

Abklärung der Problemschwerpunkte

Da die Probleme von rechenschwachen Kindern auf unterschiedlichen Ursachen beruhen können, ist vorab eine differenzierte Abklärung der Problemschwerpunkte erforderlich (vgl. Schneider, Krajewski & Schwenck, 2010). In Abhängigkeit vom diagnostizierten Problemschwerpunkt konzentrieren sich Förderbemühungen auf sehr unterschiedliche Kompetenzen. Grissemann und Weber (2000) beschreiben beispielsweise (in ihrer Wirksamkeit nicht hinreichend belegte) Fördermaterialien zur Verbesserung der anschaulich-praktischen Intelligenz, zur visuellen Wahrnehmung, zum anschaulichen Gedächtnis, zur Sicherung des Zahlbegriffs, zur Automatisierung der arithmetischen Grundbeziehungen und zum Aufbau problemzentrierten Rechnens. Weiterhin werden Hilfen zum Abbau sekundärer Problembereiche wie der Hyperaktivität, motivationaler Defizite und ungünstiger Selbstwahrnehmung angeboten. Ähnlich breit angelegt ist die Palette von Fördermaßnahmen, die in dem von Ganser (2000) herausgegebenen Buch erörtert werden. Allen diesen Maßnahmen ist gemeinsam, dass sie im Allgemeinen hilfreich sein könnten, dass aber präzise Informationen zu ihrer Wirksamkeit im Gruppenunterricht oder in der Einzelförderung nicht vorliegen. Ohne den Einbezug basaler Rechenfertigkeiten in Übungsprogramme sind die Effekte der Förderung jedoch eher begrenzt (vgl. Born & Oehler, 2009). Im Sinne einer bereichsspezifischen Förderung sollten demnach inhaltsspezifische Elemente, also Maßnahmen, die auf mathematikspezifische Basiskompetenzen und Inhalte zielen, in jedem Fall im Vordergrund stehen.

Beachtung von begrenzten Arbeitsgedächtnisressourcen und Exekutivfunktionen

Krajewski und Ennemoser (2010) formulieren drei grundlegende Anforderungen an eine ressourcenorientierte Lernförderung, durch die die üblicherweise begrenzten Arbeitsgedächtnisressourcen und Exekutivfunktionen schwacher Lerner entlastet werden sollten. Demnach sollte Wissen so vermittelt und Übungen so gestaltet werden, dass die mathematischen Anforderungen an das Kind auch „sichtbar“ sind. Hierfür ist es erstens notwendig, Instruktion und Darstellungsmittel so zu gestalten, dass sie eindeutig die wesentlichen numerischen Aspekte erkennbar machen. Die Instruktion sollte also direkt auf die mathematischen Inhalte zielen und Darstellungsmittel sollten selbstredend sein, d.h. äußerlich klar sichtbar und auf konkrete Weise beispielsweise den Aufbau des Zahlenraums verdeutlichen. Da auch ein weitgehender Verzicht auf eine zu alltagsnahe oder fantasiereiche kontextuale Einbettung der Förderinhalte dem mathematischem Kompetenzerwerb dienlich ist (vgl. Hasemann & Stern, 2002), sollte zweitens auf Nebensächliches verzichtet werden, da es nicht wesentlich zum mathematischen Verständnis einer Situation beiträgt und die Gedanken der Kinder eher von den Zahlen wegführt als ihre Aufmerksamkeit auf das numerisch Wesentliche zu lenken. Drittens wird schließlich Arbeitsgedächtniskapazität für das Mathematiklernen frei, wenn bereichsspezifische Vorwissensinhalte wie z.B. mathematische Basiskompetenzen nicht nur aufgebaut, sondern durch häufige Wiederholungen so stark gefestigt und automatisiert werden, dass sie beim komplexen Rechnen keinerlei Arbeitsgedächtnisressourcen mehr beanspruchen.

Differenzielle Wirksamkeit von Interventionsprogrammen

Wirksamkeit von Trainings mit rechenschwachen Kindern

Angesichts der Tatsache, dass wir noch nicht sonderlich viel über die differenzielle Wirksamkeit von Trainings mit rechenschwachen Kindern wissen, sind systematische Literaturanalysen (statistische Metaanalysen) zur Effektivität der Programme hilfreich. Kroesbergen und van Luit (2003) erfassten auf diese Weise insgesamt 220 Interventionsstudien, die zwischen 1985 und 2000 international publiziert wurden. Die Anzahl qualitativ angemessener Studien im Grundschulbereich, auf die sich die Autoren in der Folge konzentrierten, lag mit $N = 58$ deutlich niedriger. Kroesbergen und van Luit unterschieden bei den Instruktionsinhalten drei Schwerpunkte: einmal Arbeiten, die sich speziell mit numerisch-rechnerischen Vorläuferfertigkeiten beschäftigten (preparatory skills), zum anderen Arbeiten, die sich auf die Vermittlung der Grundrechenarten (basic skills) konzentrierten, und schließlich solche Studien, die primär auf das arithmetische Problemlösen im Kontext von Sachaufgaben ausgerichtet waren (problem solving).

Die Literaturanalyse zeigte insgesamt, dass die Interventionen in der Regel effektiv ausfielen und bei Kindern mit Dyskalkulie im Vergleich mit sogenannten „Risikokindern“ wie auch Kindern mit geringfügiger mentaler Retardierung größere Wirkung erzielten. Die Autoren ermittelten weiterhin Faktoren, die die Wirksamkeit der Trainings bedeutsam beeinflussten. Sie konnten zeigen, dass das *Instruktionsdesign* insofern relevant war, als sich die Einzelförderung im Vergleich zum Gruppentraining als effektiver erwies. Weiterhin wirkten sich die *Interventionsinhalte* auf das Ergebnis aus: Die Programme zur Förderung von Vorläuferfertigkeiten wie auch diejenigen zu den Grundrechenarten zeigten vergleichsweise große Effekte, die zum Problemlösen bei Sachaufgaben dagegen eher moderate Wirkungen. Im Hinblick auf die *Instruktionsmethode* ließ sich festhalten, dass sich Verfahren der direkten Instruktion, also eine lehrerzentrierte, eher kleinschrittige Vorgehensweise mit viel Wiederholung und Feedback, gerade bei der Einübung der Grundrechenarten besonders bewährten. Demgegenüber deuteten die Befunde darauf hin, dass Methoden des entdeckenden Lernens bei Gruppen rechenschwacher Schülerinnen und Schüler nicht sonderlich zielführend sind. Auch wenn computergestütztes Lernen durchaus positive Effekte zeigte, fielen diese geringer aus als die von lehrergestützten Interventionen. Dieser Befund deckt sich mit dem von Metaanalysen zur Wirkung computerbasierter Lernprogramme (etwa Slavin & Lake, 2008), in denen ebenfalls geringe Effektstärken registriert wurden. Die *Dauer* von Interventionsprogrammen erwies sich ebenfalls als bedeutsam, doch schnitten entgegen der Erwartung kürzere Programme besser ab als länger dauernde Interventionen. Dieser überraschende Befund wurde von Kroesbergen und van Luit so zu erklären versucht, dass kürzere Interventionen in der Regel auch spezifischer konzipiert sind und in den geübten Lernbereichen dann auch zu größeren Zuwächsen führen.

Die Autoren folgerten aus den Ergebnissen ihrer Metaanalyse, dass nicht alle von Reformern des Mathematikunterrichts vorgeschlagenen Änderungen für Kinder mit Rechenschwäche sinnvoll sind. So erwies sich computerunterstützter Unterricht für diese Zielgruppe als nicht so effektiv wie für normale Rechner, und auch Verfahren des entdeckenden Lernens oder des „peer tutoring“, also der Unterstützung durch gleichaltrige gute Rechner, erwiesen sich als weniger gewinnbringend. Dagegen scheinen Merkmale der direkten Instruktion gerade bei der Vermittlung basalen Faktenwissens besonders wirksam zu sein.

Betrachtet man die Ergebnisse neuerer Metaanalysen, die entweder nur (Ise, Dolle, Pixner & Schulte-Körne, 2012) oder zusätzlich auch deutsche Studien berücksichtigten (Chodura, Kuhn & Holling, 2015), so zeigen sich einige Übereinstimmungen mit den Befunden von Kroesbergen und van Luit, doch auch interessante Abweichungen. Die Arbeit von Ise et al. (2012) bezog sich dabei auf insgesamt acht deutsche Studien mit zehn Vergleichen zwischen trainierten und nicht trainierten Gruppen von Schulanfängern, die Metaanalyse von Chodura et al. auf 35 Evaluationsstudien mit Kindern im Alter von sechs bis zwölf Jahren. In beiden Metaanalysen ergaben sich wie schon bei Kroesbergen und van Luit für Einzeltrainings höhere Effekte als für Gruppenförderung und besonders gute Ergebnisse für das Training der Grundrechenarten. Weiterhin erwies sich das Verfahren der direkten Instruktion im Vergleich mit anderen Lehrmethoden als überlegen. Die Metanalyse von Ise et al. (2012) ergab dabei eine insgesamt mittlere Effektstärke von .50 (also einen Vorsprung der trainierten Gruppen im Vergleich zu den nicht spezifisch geförderten Kontrollgruppen von einer halben Standardabweichung im Mathe-Nachtest). Chodura et al. (2015) fanden eine mittlere Effektstärke von .83, was auf einen großen Trainingseffekt hinweist, der in etwa den von Kroesbergen und van Luit berichteten Kennwerten entspricht. Chodura et al. (2015) ermittelten im Unterschied zu Kroesbergen und van Luit vergleichbare Effekte für computergestützte und tutorbasierte Interventionen und verwiesen auch darauf, dass Interventionen mit „Risikokindern" günstigere Ergebnisse lieferten als solche mit Dyskalkulikern. Die Autoren führten diesen Befund darauf zurück, dass Dyskalkuliker eine vielschichtigere und schwerer zu therapierende Symptomatik als Risikokinder aufweisen. In allen Metaanalysen wurde darauf verwiesen, dass die Varianz der Interventionseffekte sehr groß war, also über die verschiedenen Studien hinweg sehr unterschiedliche Wirkungen beobachtet wurden, so dass die durchschnittlichen Effektstärken mit Vorsicht zu betrachten sind. Weiterhin wurde angemerkt, dass bislang leider kaum belastbare Hinweise dafür vorliegen, dass die Maßnahmen langfristig und nachhaltig wirksam sind.

neuere Entwicklungen

Im Folgenden wollen wir neuere Entwicklungen im deutschsprachigen und internationalen Raum beleuchten und gehen dabei zunächst auf Förderprogramme ein, die in ihrer Gesamtheit systematisch eingesetzt wurden, ohne schon hinreichend evaluiert worden zu sein. In einem nächsten Schritt werden dann Maßnahmen erörtert, für die Ergebnisse von kontrollierten Evaluationsstudien vorliegen (vgl. auch Schneider et al., 2010).

6.1.3 Förderprogramme für den Unterricht mit Evaluationsbedarf

Kieler Zahlenbilder

Mit den Kieler Zahlenbildern (Rosenkranz, 2001) liegt ein Programm zum Aufbau des Zahlbegriffs bei rechenschwachen Kindern vor, das sich an Aeblis Modell zum Aufbau und der Verinnerlichung mathematischer Operationen orientiert. Die Autorin konzentriert sich auf ein festes Darstellungsmittel für Zahlen, die sogenannten „Kieler Zahlenbilder" (für jede Zahl ein strukturiert angeordnetes Punktemuster), die die notwendige Abstraktheit besitzen, um bereits beim Operieren in der direkten Wahrnehmung die quantitativen Aspekte einer Handlung herauszustellen (vgl. oben: Forderung nach abstrakt-symbolischen Darstellungsmitteln). So werden die Zahlenbilder zunächst auf einem Brett mit Steckern angeordnet. Dies ermöglicht den realen Vollzug mathematischer Operationen (z.B. Anzahlen zerlegen), da die Kinder die Stecker in die Hand nehmen und umstecken können. Haben die Kinder diese Operation verinnerlicht und sind nicht mehr auf das Umstecken angewiesen, um die mathematische Operation zu verstehen, wird die bildliche Darstellung der Zahlenbilder auf Karten eingeführt. Schließlich werden den Zahlenbildern auch die abstrakten Ziffernzahlen zugeordnet und Ziffergleichungen aufgestellt. Alles konkrete Tun der Kinder wird sprachlich begleitet, sodass die Verbalisierung den Fokus auf die numerischen Aspekte schärft.

realer Vollzug mathematischer Operationen

Der Umgang mit den Zahlenbildern fördert insofern das Anzahlkonzept (Ebene 2 im Modell von Krajewski, 2007), als die Kinder lernen, dass hinter größeren Zahlen größere Anzahlen stehen. Die Anordnung und die unterschiedlichen Farben der Zahlenbilder erschweren jedoch eine klare Darstellung von Anzahlrelationen (Ebene 3), da die Zahlenbilder nicht unmittelbar auseinander hervorgehen und sich somit das Zunahme-um-eins-Prinzip (Ebene 3b) sowie die Anzahlzerlegung (Ebene 3a) an den statischen Zahlenbildern nicht verdeutlichen lassen. Da die verwendeten Zahlenbilder mit schulischen Veranschaulichungsmaterialien nicht kompatibel sind, dürfte es für geförderte Kinder zudem eine Hürde darstellen, das durch das Programm vermittelte Zahlenverständnis in den Schulunterricht zu übertragen.

Das Programm wird seit Jahren im Gruppen- und Einzelunterricht angewendet, wurde bisher jedoch hinsichtlich seiner Effektivität wissenschaftlich noch nicht überprüft.

Dortmunder Zahlbegriffstraining

Das Dortmunder Zahlbegriffstraining (Moog & Schulz, 2005) wurde für rechenschwache Zweit- und Drittklässler aus Schulen für Lernbehinderte und für Regelschüler*innen ab Ende der ersten Klasse konzipiert, die auf das Fingerzählen oder andere konkrete Veranschaulichungsmittel fixiert sind. Die Autoren setzen gezielt an den noch unzureichend entwickelten Zähl- und Abrufvorgängen der Kinder an und fördern das Verständnis für Beziehungen zwischen Mengen. Die Förderung wird in 19 halbstündigen Einzelsitzungen durchgeführt und ist nach Angaben der Autoren für Kinder geeignet, die bis etwa 15 vorwärts zählen können und diese Zahlen auch in Schriftform kennen. Kindern, die beim Rechnen bereits auf die Verwendung äußerer Anschauungshilfen verzichten können, bietet das Programm jedoch keine geeigneten Lernhilfen mehr. Vorrangiges Ziel des achtstufigen Trainings ist die *Förderung von Zähl- und Abzählfertigkeiten* unter der schrittweisen Ausblendung von sensorisch kontrollierten Zählhandlungen. Das Programm verwendet strukturierte Anzahlanordnungen und greift hierfür auf die Kühnelschen Zahlenbilder zurück. Diese bestehen aus in zwei Reihen angeordneten Punktmengen. Neue Elemente bzw. Punkte werden abwechselnd in der oberen und unteren Reihe hinzugefügt, was zur Nachfolgezahl führt. Durch die strukturierte Anordnung der Punktmengen lässt sich schnell erkennen, ob es sich um eine gerade oder ungerade Zahl handelt.

Verständnis für Beziehungen zwischen Mengen

Obwohl diese Zahlenbilder also eine Anordnungsstruktur aufweisen, die das Erfassen des Mengenbilds einer Zahl erleichtert und sowohl zur Darstellung von Anzahlzerlegungen als auch Anzahldifferenzen (Ebene 3 im Modell von Krajewski, 2007) geeignet ist, zielt der größte Anteil des Trainings auf die Automatisierung des *Abzählens* von Mengen ab. Nur sechs Sitzungen beschäftigen sich mit der Anzahlzerlegung; doch auch hier wird der Fokus der Betrachtung eher auf das *Abzählen* von Anzahlen als auf das Erkennen der dahinter stehenden Zahlstrukturen gelenkt. So soll nach Angaben der Autoren durch das

Programm allmählich eine interne Zahlenraumvorstellung aufgebaut werden, indem das Zählen mit den Fingern *internen Zähl- und Abzählfertigkeiten* weicht (Schulz, 2003). Wie Schipper (2001) betont, stellt jedoch gerade das verfestigte *zählende Rechnen* das häufigste Symptom für Rechenstörungen dar. Mit diesem „ist häufig die Unfähigkeit verbunden, bei Zahlen und Zahlrepräsentationen (Arbeitsmitteln wie z.B. Hunderter-Tafel) *Strukturen* [eigene Hervorhebung] zu erkennen und zu nutzen. Dieses kann auch dazu führen, dass Kinder keine Stellenwertvorstellung besitzen" (S. 17). Für die Durchführung des Programms sei daher empfohlen, die Aufmerksamkeit der Kinder besonders auf die verwendeten Zahlenbilder zu lenken, die hierin erkennbare *Struktur* der Zahlen explizit herauszustellen und diese bei der Darstellung von Mengen- und Zahlenrelationen zu verdeutlichen.

Evaluationsstudien

Auch die Ergebnisse der beiden Evaluationsstudien mit zehn trainierten Sonderschüler*innen der zweiten und dritten Klasse (Moog, 1995) bzw. sieben trainierten Grundschüler*innen der ersten und zweiten Klasse (Moog & Schulz, 1997) sprechen für diese Folgerung. Wie die Autoren für diese beiden kleinen Stichproben zeigen, führte das Training jeweils im Vergleich mit einer Kontrollgruppe zu kurzfristigen Effekten in einem informellen Rechentest, welcher unmittelbar nach dem Training durchgeführt wurde. Nur bei den trainierten Grundschüler*innen ließen sich auch vier bis sechs Wochen nach dem Training bessere Leistungen in den geförderten Bereichen absichern. Doch selbst bei dieser Stichprobe zeigten sich keine langfristigen Verbesserungen im Teilbereich Mengen-Zahlrelationen, der das Ordnen, Vergleichen, Ergänzen und Zerlegen von Anzahlen beinhaltete. Im Training sollte also nicht angestrebt werden, den Kindern so schnell wie möglich Anschauungshilfen für das Abzählen zu entziehen. Vielmehr sollte am anschaulichen Darstellungsmittel die Einsicht vermittelt werden, dass Zahlen (in ihrer Folge) nicht nur Mittel des Zählens sind, sondern vor allem auch zur Darstellung von Beziehungen zwischen Mengen herangezogen werden können (Stern, 1998). Erst wenn Kinder dieses Verständnis erlangt haben, verfügen sie über die Voraussetzung, sich von den anschaulichen Darstellungsmitteln zu lösen und diese irgendwann intern zu repräsentieren.

Kalkulie-Programm

Das von Fritz, Ricken und Gerlach (2007) konzipierte Diagnose- und Förderprogramm orientiert sich an der oben schon skizzierten Theorie zur hierarchisch angelegten Entwicklung mathematischer Konzepte und Kompetenzen im Vorschul- und frühen Schulalter. Wichtig scheint die unmittelbare Verknüpfung von Diagnose und Förderung: Der als Screening angelegte Test prüft frühes bereichsspezifisches Wissen im Bereich des Mengen- und Zahlenverständnisses bis hin zum Verstehen des Teil-Ganzes-Konzepts auf der Anschauungsebene; er eignet sich nach Angabe der Autorinnen zur Identifikation von Kindern, die basale mathematische Konzepte noch nicht hinreichend entwickelt haben, ist zur Diagnosestellung einer Dyskalkulie aber nicht geeignet. Das Förderprogramm ist in Form von drei Bausteinen angelegt. Förderbaustein 1 soll fertigkeitsspezifische Voraussetzungen, also im Wesentlichen numerisch-rechnerische Vorläuferfertigkeiten, die Beziehung zwischen Mengen und erste Einsicht in Teil-Ganzes-Beziehungen vermitteln. Baustein 2 beschäftigt sich vorwiegend mit der Strukturierung des Zahlenraums bis 20 und versucht den Übergang vom Zählen zum Rechnen zu schaffen. Im dritten Förderbaustein geht es dann primär darum, nicht zählende Rechenstrategien zu entwickeln und zu automatisieren, weiterhin darum, das Teil-Ganzes-Verständnis zu perfektionieren sowie den relationalen Zahlbegriff zu erwerben. In Abbildung 17 wird illustriert, wie eine konkrete Sachaufgabe in ein mengenbezogenes Modell übertragen werden soll und mit der symbolischen Darstellung verknüpft wird.

Verknüpfung von Diagnose und Förderung

Da auch Fritz et al. (2007) der Auffassung sind, dass Rechenstörungen in erster Linie schulische Probleme darstellen, plädieren sie für eine Förderung, die möglichst in Form innerer Differenzierung im Grundschulunterricht erfolgen sollte. Wenn dieser Rahmen nicht ausreicht, um rechenschwache Kinder an den Lernstand der Klasse heranzuführen, sollten ergänzende außerschulische Maßnahmen angedacht werden. Es wird eine konzentrierte Förderung (drei bis vier Stunden pro Woche) empfohlen, um Übungseffekte zu optimieren. Das kombinierte Diagnose- und Förderkonzept wird seit einigen Jahren in der schulischen Praxis erprobt und scheint auch Erfolge zu bringen. Kontrollgruppenge-

innere Differenzierung im Grundschulunterricht

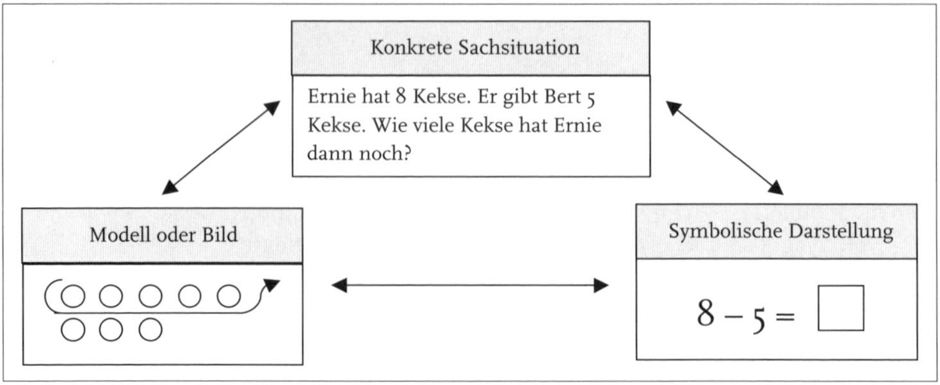

Abbildung 17 | Unterschiedliche Repräsentationsebenen einer Aufgabe (leicht modifiziert nach Fritz & Ricken, 2009)

stützte Evaluationen des Kalkulie-Programms liegen jedoch nicht vor (Fritz & Ricken, 2009).

Das Trainingsprogramm MARKO-T

Bei dem von Gerlach, Fritz und Leutner (2013) entwickelten MARKO-T handelt es sich um ein adaptives Einzeltraining mit begleitender Prozessdiagnostik für Kinder im Alter von 5 bis 8 Jahren. Das Programm kann zur gezielten Förderung rechenschwacher Kinder während der Übergangszeit vom Kindergarten auf die Grundschule bzw. in der Eingangsstufe der Grund- oder Förderschule eingesetzt werden. Das Verfahren orientiert sich am mathematischen Entwicklungsmodell von Fritz und Ricken (2008) mit seinen fünf aufeinander aufbauenden Niveaus (s.o.). Ziel des Trainings ist die Vermittlung grundlegender arithmetischer Konzepte und tragfähiger mathematischer Strategien. Durch die Betonung metakognitiver Reflexions- und Kontrollfertigkeiten steht das bewusste Lernen im Vordergrund. Wie die Autoren betonen, ist das Training zielgenau nach einer Eingangsdiagnostik mit MARKO-D einsetzbar. Darauf aufbauend wird mittels MARKO-T das jeweils nächste Kompetenzniveau entwickelt.

Das Training umfasst 57 Einheiten in fünf entwicklungsbezogenen Bausteinen. In jedem Baustein sind Aufgaben zusammengefasst, die auf der Basis eines bestimmten mathematischen

Konzeptes lösbar sind. Bearbeitet werden die Konzepte Zählzahl, ordinaler Zahlenstrahl, Kardinalität und Zerlegbarkeit, Enthaltensein und Klasseninklusion sowie Relationalität. Damit entspricht der Trainingsaufbau den fünf Niveaustufen des zugrunde liegenden Entwicklungsmodells. Die Aufgaben sind eingebettet in Problemkontexte und werden kindgerecht und interaktiv bearbeitet. Lernpartner für das Kind ist der Mistkäfer Marko, dessen Probleme als Ausgangspunkt für die gemeinsame Bearbeitung der Aufgaben dienen. Das Kind muss dabei Inhalte, Lösungswege oder Strategien erklären und diese mit Marko reflektieren. Gleichzeitig kann der Käfer zur Modellierung von Lösungsansätzen eingesetzt werden. Die Aufgaben innerhalb eines Bausteins sowie innerhalb einer Trainingseinheit steigen in ihrem Schwierigkeitsgrad an, sodass das Training jeweils bis zu den individuellen Leistungsgrenzen heranreicht. Jeder Aufgabentyp enthält einen Pool von Aufgaben, aus dem je nach Leistungsstand des Kindes Aufgaben für zu erarbeitende, vertiefende oder festigende Übungen entnommen werden können. Das Abbruchkriterium von fünf in Folge korrekt und sicher gelösten Aufgaben dient als Kriterium dafür, wie lange und intensiv ein bestimmter Aufgabentyp zu üben ist. Eine Trainingseinheit dauert in der Regel durchschnittlich 45 Minuten. Durch die adaptive Gestaltung des Trainings sind jedoch erhebliche Schwankungen möglich, da eine Einheit je nach Lernbedarf übersprungen, verkürzt, ganz oder teilweise wiederholt werden kann.

Die Effektivität des MARKO-Trainings wurde von Gerlach et al. (2013) im Vergleich zu einem anderen Training und im Vergleich zu einer untrainierten Kontrollgruppe empirisch überprüft. Die Ergebnisse belegten sowohl kurz- als auch langfristige Effekte des MARKO-Trainings. In einer neueren Evaluationsstudie (Ehlert & Fritz, 2016) wurde geprüft, inwieweit Kinder mit gravierenden Lernbeeinträchtigungen und deutlichen Leistungsrückständen im Rechnen förderbar sind, und ob auch hier nachhaltige Fördereffekte erzielt werden können. Es zeigte sich, dass die mathematischen Fertigkeiten der lernschwachen Kinder bedeutsam verbessert werden konnten und auch etwa vier Monate nach Trainingsende noch deutliche Fördereffekte nachweisbar waren. Der Lernzuwachs der Kinder mit einer Lernbehinderung war dabei mit dem der Erstklässler ohne Lernbehinderung vergleichbar. Für den Transfer trainingsnaher Inhalte auf curriculare Inhalte zeigten sich jedoch keine Vorteile für die trainierten Kinder. Außerdem muss kritisch angemerkt werden, dass das Vorgehen in dieser Studie, Kinder aus den statistischen Analysen auszuschließen, nur weil sie auf das Training nicht angesprochen haben, nicht den üblichen methodischen Standards entspricht.

Calcularis: eine adaptive Lernsoftware zur Mathеförderung

Das computerbasierte Förderprogramm „Calcularis" wurde von Michael von Aster und seinem Team in einem langjährigen Entwicklungsprozess konzipiert (vgl. Käser & von Aster, 2013; von Aster, Käser, Kohn, Kucian, Rauscher & Vögeli, 2016). Dahinter stand die grundlegende Einsicht, dass gerade rechenschwache Kinder im Regelunterricht Leistungsängste entwickeln und sich dem traditionellen schulischen Lernen verweigern. Hier kann der Computer ein geeignetes Hilfsmittel sein, wenn es darum geht, individuelle Lernschritte zu initiieren und zu üben. Nach Auffassung der Autoren ermöglicht der Computer entlang dem eigenen Lernfortschritt des Kindes ein unmittelbares und meist positives Feedback, und die Übungssituation wird von negativem sozialem Quervergleich abgeschirmt. Diese Implikation scheint für Kinder mit Lernerschwerung und Teilleistungsstörungen besonders wichtig zu sein. Das wesentliche Ziel von Calcularis besteht darin, die grundlegenden basisnumerischen Kompetenzen, die Grundrechenarten und das arithmetische Faktenwissen zu fördern, zu automatisieren und zu festigen, damit sie als Werkzeuge für höhere mathematische Denkleistungen zur Verfügung stehen können. Und gerade dies sind häufige Rückmeldungen von Lehrer*innen und Therapeut*innen, die Calcularis einsetzen: Die Förderung der grundlegenden Verstehens- und Automatisierungsprozesse soll Raum für mathematisches Argumentieren und Modellieren schaffen.

Die bisherigen Ergebnisse sind nach Angaben der Verfasser sehr vielversprechend. Im Rahmen eines langjährigen BMBF-Projekts wurden in einer Evaluationsstudie Kinder, die mit Calcularis spielten, mit einer Gruppe von Kindern ohne Training (Wartekontrollgruppe) und einer Gruppe von Kindern verglichen, die mit einer nicht mathematikbezogenen Lernsoftware

(Rechtschreibtraining) gefördert wurde. Letztere war in Design und Struktur dem Ansatz von Calcularis sehr ähnlich. In die Datenanalysen wurden 135 Kinder im Alter von 7 bis 11 Jahren eingeschlossen, die die zweite bis fünfte Klassenstufe besuchten. Zur Bewertung der Trainingseffekte wurde sowohl eine Gruppe mit Rechenschwierigkeiten ($n = 65$) als auch eine Kontrollgruppe mit durchschnittlichen Rechenleistungen ($n = 70$) einbezogen. Die Resultate zur Wirksamkeit zeigen auch hier mittlere bis große Effektstärken. Kinder mit und ohne Rechenschwierigkeiten verbesserten sich in ihren Rechenleistungen gegenüber beiden Vergleichsgruppen deutlich (vgl. von Aster et al., 2016). Eine externe Überprüfung des Trainingsprogramms steht allerdings noch aus (Landerl et al., 2017).

Mittlerweile wird Calcularis in der Schweiz an mehreren hundert Grundschulen erfolgreich eingesetzt. Mit Calcularis kann individuell, aber auch gruppen- oder klassenbezogen gearbeitet werden. Das Programm kann im Unterricht oder außerhalb des Unterrichts, zuhause oder im Rahmen einer Lerntherapie eingesetzt werden.

PC-Programm „Zahlenrennen" (Number race)

Von Wilson, Dehaene, Pinel, Revkin, Cohen und Cohen (2006a) wurde in jüngerer Zeit ein computergestütztes Programm zur Förderung basisnumerischer Fähigkeiten entwickelt, das auf dem schon erwähnten Triple-Code-Modell von Dehaene (1999) basiert. Ein Schwerpunkt des Förderprogramms liegt in der Integration unterschiedlicher Zahlenformate und der Konsolidierung des mentalen Zahlenstrahls. Das Programm bietet ein intensives Training in Sachen Zahlenvergleich, da möglichst schnell eine Entscheidung darüber getroffen werden soll, welche von zwei Mengen oder Zahlen die größere ist. Das Spiel kann alleine oder gegen einen imaginären Gegner gespielt werden. Es ist insofern adaptiv, als sowohl die Auswahl des Schwierigkeitsniveaus als auch die der Geschwindigkeit des Spiels von den bisherigen Antworten des Spielers abhängt. Dabei wird die Motivationslage des Spielers dadurch gestärkt, dass über die Schwierigkeits- wie auch Geschwindigkeitsanpassung gewährleistet ist, dass für den Spieler insgesamt gesehen eine überdurchschnittlich große Gewinnchance besteht.

Obwohl das Spiel attraktiv scheint und wohl auch gerne gespielt wird, wissen wir noch zu wenig über seine Effektivität. Wilson, Revkin, Cohen, Cohen und Dehaene (2006b) haben erste Überprüfungen an insgesamt neun Kindern im Alter zwischen sieben und neun Jahren vorgenommen, die insofern ermutigende Resultate zeigten, als sich alle Kinder signifikant verbesserten. Wie die Autoren selbstkritisch anmerken, kann diese Überprüfung lediglich als erster Schritt angesehen werden, der unbedingt durch eine weitere Studie mit Kontrollgruppendesign ergänzt werden sollte.

6.1.4 Evaluierte Förderprogramme für den Unterricht

Training zum mathematischen Verständnis bei Textaufgaben

Hasemann und Stern (2002) berichteten über die Ergebnisse einer Interventionsstudie in Klassen des zweiten Schuljahres, die die Effekte zweier Trainingsprogramme zu Textaufgaben mit denen des konventionellen Schulunterrichts verglichen. Das von den Autoren favorisierte Förderprogramm betont die Perspektive *abstrakt-symbolischer Aktivitäten*, leitet sich also aus einem theoretischen Ansatz ab, der die Bedeutung von Symbolsystemen beim Denken herausstellt. Eine wichtige Forderung aus dieser Perspektive besteht darin, dass Mathematik erst nach der Durchführung abstrakt-symbolischer Aktivitäten (also der Einübung in die Fähigkeit, konkrete Handlungen mental durchzuführen) auf Alltagsprobleme angewendet werden sollte.

Perspektive abstrakt-symbolischer Aktivitäten

Perspektive der alltagsnahen Handlungsorientierung

Diesem Ansatz wurde die Perspektive der *alltagsnahen Handlungsorientierung* gegenübergestellt, die ausgehend von den Gedanken Piagets auf der Annahme beruht, dass die Entwicklung vom Konkreten zum Abstrakten verläuft, und dass abstrakte Konzepte aus Handlungen entstehen. Über die Konstruktion von realistischen und alltagsnahen Aufgabenkontexten sollen Kinder in diesem Ansatz dazu motiviert werden, eigene mathematische Lösungsansätze zu kreieren. Mit zunehmender Übung sollen konkrete Handlungen dann auch mental durchgeführt werden, was zu symbolisch-mathematischen Aktivitäten hinführt. Beide Konzeptionen wurden in der Trainingsstudie von Hasemann und Stern (2002) am Beispiel der Bearbeitung von Textaufgaben vergleichend umgesetzt. Es nahmen insgesamt 175 Zweitklässler aus neun Klassen an der Studie teil. Die Trainingsprogramme wurden von speziell ausgebildeten Lehrer*innen durchgeführt und erstreckten sich über einen Zeitraum von fünf Wochen. Im Rahmen eines Vortest-Nachtest-Designs mit den zwei Trainingsgruppen und einer Kontrollgruppe wurde überprüft, welche Effekte mit den beiden unterschiedlichen Trainingsvarianten erzielt werden konnten.

Als wichtigstes Ergebnis lässt sich festhalten, dass Kinder mit schwächeren Vortestleistungen den vergleichsweise stärksten Gewinn verzeichneten. Der Lerngewinn in der Gruppe mit dem abstrakt-symbolischen Training war größer als der in den beiden anderen Gruppen. Die Autoren interpretierten den Hauptbefund ihrer Interventionsstudie so, dass es möglich ist, auch schwächere Grundschulkinder durch gezielte abstrakt-symbolische Aktivitäten sinnvoll zu fördern. Man hätte sich zu dieser Studie noch eine Nacherhebung gewünscht, über die sich die Nachhaltigkeit der Trainings hätte dokumentieren lassen.

Das „Numeracy Recovery"-Programm

Dieses Förderprogramm wurde von Dowker (2007) in den USA für Schulanfänger entwickelt, die durch Rückstände in mathematischen Kompetenzen auffallen (vgl. auch Dowker, 2005). Das Training wird in Einzelförderung über einen Zeitraum von 30 Wochen durchgeführt, wobei pro Woche eine halbstündige Trainingssitzung eingeplant ist. Das Programm basiert auf entwicklungspsychologischen Theorien der Zahlenverarbeitung und des Rechnens und setzt sich aus neun Komponenten zusammen (für eine detaillierte Übersicht vgl. Landerl et al., 2017, S. 205f.). Die Komponenten enthalten Übungen zu basisnumerischen Fähigkeiten und zielen auf die Förderung der nicht symbolischen wie auch symbolischen Zahlenverarbeitung. Weiterhin finden sich Übungen zum Lesen und Schreiben arabischer Zahlen, zum Verständnis und der Anwendung von Ableitungsregeln beim Rechnen und zum Schätzen von Mengen. Schließlich ist in das Programm auch ein „Drill-Training" mit dem Ziel eingebaut, dass über wiederholtes Üben der gleichen Rechenoperationen der Faktenabruf aus dem Langzeitgedächtnis allmählich automatisiert erfolgen kann.

Förderung der nicht symbolischen wie auch symbolischen Zahlenverarbeitung

Mittlerweile liegen mehrere Evaluationsstudien zu den Effekten des Programms vor. Dowker (2007) konnte beispielsweise in einer Studie mit 146 Kindern im Alter von sechs bis sieben Jahren signifikante Leistungssteigerungen in standardisierten Mathematiktests nachweisen und demnach demonstrieren, dass die Kinder einen Teil ihres Leistungsrückstands gegenüber Kindern mit normaler Entwicklung im mathematischen Bereich aufholten. Für die Mehrzahl der Kinder ließ sich weiterhin die Nachhaltigkeit der Trainingsmaßnahme in dem Sinne belegen, dass die Leistungsverbesserungen auch noch ein Jahr nach Ende des Interventionsprogramms nachweisbar waren. Ähnliche Befunde konnte auch die Arbeitsgruppe um Liane Kaufmann mit einer deutschsprachigen Version des „Numeracy Recovery"-Programms erzielen (vgl. Landerl et al., 2017).

„Mengen, zählen, Zahlen" (MZZ) zur Förderung des Zahlverständnisses im schulischen Kontext

MZZ-Förderprogramm

Das MZZ-Förderprogramm wurde bisher in mehr als zehn Studien evaluiert. Obwohl ursprünglich für den Kindergarteneinsatz konzipiert, ist es nicht nur zur Förderung der Zahl-Größen-Kompetenzen von Kindergartenkindern (Krajewski, Nieding & Schneider, 2008) und Vorklassenschüler*innen (Ennemoser, 2010) geeignet, sondern hat sich insbesondere auch im schulischen Kontext bewährt.

Kurzfristiger Transfer auf Mathematikleistungen. In einer Studie von Ennemoser und Krajewski (2007) wurde untersucht, ob sich das Förderprogramm „Mengen, zählen, Zahlen" (Krajewski et al., 2007) nicht nur zur mathematischen Frühförderung im Kindergarten, sondern auch zur effektiven Förderung des zahlbezogenen Teil-Ganzes-Verständnisses in der Grundschule einsetzen lässt. Eine erste Gruppe von 15 rechenschwachen Erstklässlern erhielt in dieser Studie zwei Monate vor Ende des ersten Schuljahres ein unspezifisches Lesetraining (Lesen mit der Hexe Susi; Forster & Martschinke, 2005). Im gleichen Zeitraum wurden 15 weitere rechenschwache Erstklässler mit Teilen aus „Mengen, zählen, Zahlen" (MZZ) gefördert. Diese spezifische Intervention umfasste sechs 45-minütige Sitzungen, erstreckte sich über einen Zeitraum von insgesamt drei Wochen und bezog sich auf die Inhalte des dritten Schwerpunktes aus dem Förderprogramm (Teil-Ganzes-Beziehungen und Anzahlunterschiede, Ebene 3). Ziel war hierbei, den Kindern den abstrakten Aufbau der Zahlen bis zehn verständlich zu machen. Insbesondere sollten sie zur Erkenntnis gelangen, dass sich größere Zahlen aus kleineren Zahlen zusammensetzen lassen und dass der Unterschied zwischen zwei Zahlen mit einer dritten Zahl angegeben werden kann. Unterstützt wurden diese Einsichten durch die abstrakt-symbolischen Darstellungsmittel aus „Mengen, zählen, Zahlen“ und durch entsprechende Verbalisierungen der Kinder (z.B. „Sechs Dinge sind genauso viel wie vier Dinge und zwei Dinge zusammen ... Sechs ist genauso groß wie vier und zwei zusammen.“). Da die Förderung auf mathematische Basiskompetenzen abzielte, waren Ziffergleichungen und Rechenaufgaben sowie Begriffe wie „plus“, „minus“, „ist gleich“ nicht Inhalt des Trainings. Die Förderung erfolgte durch geschulte Mitarbeiter in Kleingruppen mit jeweils fünf Kindern, wofür von schulischer Seite zwei Fördertermine pro Woche zur Verfügung gestellt wurden. Nach Abschluss der Fördermaßnahmen wies die MZZ-Gruppe signifikant größere Leistungszuwächse in einem standardisierten Mathematiktest auf als die Gruppe mit Leseförderung. Die Wirksamkeit der Förderung zeigte sich zunächst in einem Transfer des am konkreten Darstellungsmittel erworbenen Teil-Ganzes-Verständnisses auf die (in arabischer Ziffernform formulierten) Teil-Ganzes-Aufgaben. Der Transfer blieb jedoch nicht spezifisch auf Teil-Ganzes-Aufgaben beschränkt, sondern schlug sich auch in Sachaufgaben sowie im Gesamtergebnis des Mathematiktests nieder. Die mittleren bis starken Effekte (Teil-Ganzes-Aufgaben: $d = .79$; Sachaufgaben: $d = .85$) belegten die praktische Bedeutsamkeit der Veränderungen nach einer relativ kurzen Interventionsdauer. Langfristige Fördereffekte konnten in dieser Studie nicht untersucht werden, da die Kinder der Kontrolltrainingsgruppe (Lesetraining) nach Abschluss der Förderung ebenfalls eine MZZ-Förderung erhielten.

Langfristiger Transfer auf Basisrechnen. In einer daran anschließenden Studie (Ennemoser, Sinner & Krajewski, 2015) sollte daher überprüft werden, ob sich die kurzfristigen Fördereffekte auch langfristig bestätigen ließen. Hierfür wurden aus 238 Erstklässlern 64 rechenschwache Kinder identifiziert und über fünf Wochen in der Mitte ihres ersten Schuljahres in einer von zwei Gruppen gefördert. Die erste Gruppe mit 32 Kindern wurde mit Bestandteilen des MZZ gefördert (Förderschwerpunkte 2 und 3). Die Förderung erstreckte sich diesmal über zehn 45-minütige Sitzungen und wurde von geschulten Mitarbeitern durchgeführt. Eine zweite Gruppe von 32 rechenschwachen Erstklässlern erhielt im selben Zeitrahmen den konventionellen zusätzlichen Förderunterricht der jeweiligen Schule. Erneut ließen sich mittelhohe Effekte der MZZ-Förderung auf die mathematischen Kompetenzen nachweisen. So erzielten die MZZ-geförderten Kinder bis zum Nachtest deutlich stärkere Zuwächse im Bereich Zahl-Größen-Kompetenzen, und diese blieben auch langfristig stabil ($d = 0.65$). Nachdem zum Nachtest Entwicklungslücken der Kinder geschlossen waren und sie ein besseres Zahlverständnis erworben hatten, legten die Kinder zwischen dem Nachtest und der vier Monate später stattfindenden Follow-up-Erhebung auch im Basisrechnen zu. Nach Abschluss der MZZ-Förderung transferierte somit das verbesserte Zahlverständnis der Kinder langfristig auch auf ihre Rechenfähigkeiten ($d = 0.51$). Dieser sogenannte „Sleeper"-Effekt deutet darauf hin, dass die Förderung – ganz im Sinne des Programms – zunächst Lücken in der Entwicklung mathematischer Basiskompetenzen zu schließen vermochte und dies den Kindern langfristig ermöglichte, vom regulären Mathematikunterricht besser zu profitieren.

Langfristiger Transfer auf Mathematikleistungen und Implementierbarkeit. In einer dritten Schulstudie, die im Rahmen einer Dissertation durchgeführt wurde (Sinner, 2011), sollten diese ermutigenden Befunde mit einer deutlich größeren Stichprobe und einem umfassenderen Kontrollgruppendesign abgesichert werden. Darüber hinaus sollte überprüft werden, ob die Förderung mit „Mengen, zählen, Zahlen" nur dann Effekte bringt, wenn sie durch geschultes wissenschaftliches Personal der Universität durchgeführt wird, oder genauso gute Effekte erzielt, wenn die Förderung von Lehrer*innen übernommen wird. Hierfür wurden anhand eines Vortests zur Erfassung der Zahl-Größen-Kompetenzen aus 575 Erstklässlern 119 Schüler*innen mit einem Risiko zur Entwicklung von Rechenschwierigkeiten ausgewählt und je einer von vier Gruppen zugewiesen. Zwei der beiden Gruppen erhielten über sechs Wochen in zwölf 45-minütigen Sitzungen eine Förderung mit MZZ-Bestandteilen (Schwerpunkte 1 bis 3), wobei die Förderung in der ersten Gruppe von schulexternem Personal (MZZ-Gruppe) und in der zweiten Gruppe von schulinternen Lehrer*innen (MZZ-Implementierung) durchgeführt wurde. Eine dritte Gruppe nahm im selben Förderzeitraum an zwölf Sitzungen eines Denktrainings (Klauer, 1989) teil. Eine vierte Gruppe von Kindern erhielt schließlich kein spezielles Training. Auch die Ergebnisse dieser Studie belegen eindrücklich die Wirksamkeit und Überlegenheit des MZZ im Vergleich zu den beiden nicht durch MZZ geförderten Gruppen in der ersten Klasse. Die kurz- und langfristigen Effekte der beiden MZZ-Gruppen auf die Zahl-Größen-Kompetenzen waren hier mit einer Stärke von 1.34 im unmittelbaren Nachtest beziehungsweise 1.24 im Follow-up-Test ein halbes Jahr später besonders hoch. Im Vergleich zur vorherigen Studie zeigte sich diesmal bei den MZZ-geförderten Kindern (in beiden Gruppen) bereits unmittelbar nach Abschluss des Trainings auch ein Fördereffekt auf das Basisrechnen ($d = 0.93$), der langfristig stabil blieb. Ein halbes Jahr später, am Ende der ersten Klasse, konnte darüber hinaus ein deutlicher Effekt auf die curriularen Mathematikleistungen nachgewiesen werden ($d = 0.77$). Schließlich zeigten die MZZ-geförderten Kinder auch noch am Ende der zweiten Klasse bessere Mathematikleistungen als die beiden Kontrollgruppen ($d = 0.37$). Zusammenfassend ließen sich in dieser Studie langfristige Effekte der MZZ-Förderung auf die Zahl-Größen-Kompetenzen, das Basisrechnen und die curricularen Mathematikleistungen belegen. Der Anteil der Kinder, die gefährdet waren eine Rechenschwäche zu entwickeln, hatte sich durch das Training substanziell verringert. Die Effekte traten schließlich unabhängig davon auf, ob die Förderung durch schulexternes oder schulinternes Personal, also von in den Schulen ansässigen Lehrer*innen durchgeführt wurde. Dies war ein erster Beleg, dass das Programm direkt in den schulischen Alltag implementiert werden kann.

kurz- und langfristigen Effekte

Langfristiger Transfer auf Mathematikleistungen bei unterrichtsintegrierter Förderung. In zwei aktuellen Studien wurde schließlich der Versuch unternommen, eine Förderung mit dem MZZ-Programm nicht nur im Kleingruppensetting der zusätzlichen Förderstunden in der Schule durchzuführen, sondern sie direkt in den schulischen Erstklassunterricht ganzer Klassen zu implementieren. Erste Ergebnisse bestätigen die vorab berichteten Effekte auch für diesen Förderkontext. So führte in einer vom IDeA-Zentrum geförderten Frankfurter Studie, die mit mehr als 800 Kindern im zweiten Schulhalbjahr der ersten Klasse durchgeführt wurde, eine unterrichtsintegrierte MZZ-Förderung

(16 Unterrichtsstunden in acht Wochen) kurzfristig zu stärkeren Zuwächsen in den Zahl-Größen-Kompetenzen, als diese durch eine unterrichtsintegrierte Förderung selbstregulierten Lernens erreicht werden konnten. Die MZZ-Förderung führte darüber hinaus im Vergleich zum normalen Erstklassunterricht und zur Förderung selbstregulierten Lernens auch zu bedeutsamen kurz- und langfristigen Transfereffekten auf die Rechenfähigkeiten der Kinder am Ende der ersten und zweiten Klasse (Olyai, Otto, Büttner & Krajewski, 2011). Kurzfristige Effekte auf Zahl-Größen-Kompetenzen, kurz- und langfristige Effekte auf das Basisrechnen sowie langfristige Effekte auf die curricularen Mathematikleistungen ließen sich schließlich in einem aktuellen vom BMBF geförderten Gießener Projekt mit mehr als 600 Schüler*innen auch dann nachweisen, wenn die unterrichtsintegrierte MZZ-Förderung direkt nach Schulstart stattfand (Ennemoser et al., 2013).

Transfer bei Lernhilfeschülern

Kurzfristiger Transfer auf Zahl-Größen-Kompetenzen bei Lernhilfeschüler*innen In einer Untersuchung von Sinner und Kuhl (2010) wurde eine verkürzte Version des MZZ-Programms auch bei Lernhilfeschüler*innen erprobt und in seiner Wirkung mit dem eines Denktrainings verglichen, das in einer Kontrollgruppe zum Einsatz kam. Als wichtiges Ergebnis konnte festgehalten werden, dass sich auch in dieser Schülergruppe die mathematischen Kompetenzen bedeutsam verbessern ließen. Der Unterschied zwischen den Leistungen von Trainings- und Kontrollgruppe erwies sich als substanziell. Die Förderung verbesserte dabei insbesondere die Zahl-Größen-Verknüpfung der Schüler*innen. Die Nachhaltigkeit der recht kurzfristigen Fördermaßnahme ließ sich allerdings nicht bestätigen, da der Vorsprung der Trainingsgruppe nach ca. vier Monaten nicht mehr statistisch abzusichern war. Wie Hecht, Sinner, Kuhl und Ennemoser (2011) in einer Reanalyse der Daten aufzeigen, in die sie auch eine Stichprobe von MZZ-geförderten Grund schüler*innen mit vergleichbaren individuellen Voraussetzungen (Intelligenz und mathematische Kompetenz) einbezogen, profitieren bei gleichen Voraussetzungen nur Lernhilfeschüler*innen, nicht aber längerfristig von der MZZ-Förderung und gelingt nur den Grundschüler*innen der Transfer auf Rechenfertigkeiten. Anhand dieses Befundmusters führen die Autoren die ausbleibenden langfristigen und Transfereffekte der Lernhilfeschüler*innen eher auf deren Beschulungsart (Lernhilfeschule), und weniger auf die individuellen Voraussetzungen der Schüler*innen zurück.

Nachdem die (vormals) mathematikschwachen Kinder die MZZ-Förderung durchlaufen hatten, könnte demnach für sie das höhere Anspruchsniveau der Grundschule besser als der Unterricht in der Lernhilfeschule geeignet gewesen sein, ihre verbesserten mathematischen Basiskompetenzen nun auch in höhere mathematische Kompetenzen zu überführen. Somit könnten im Anschluss an die Förderung eher die Inhalte des Grundschulunterrichts und weniger die Inhalte des Unterrichts in der Lernhilfeschule in der „Zone ihrer nächsten Entwicklung“ gelegen haben (vgl. Wygotsky, 1934).

Transfer bei geistig Behinderten

Kurzfristiger Transfer auf Zahl-Größen-Kompetenzen bei geistig Behinderten. Kuhl, Sinner und Ennemoser (2012) überprüften das Förderpotenzial des MZZ-Programms schließlich auch bei Schüler*innen mit geistiger Behinderung. Beim Vergleich mit einer Schülergruppe, die ein Sprachtraining erhalten hatte, zeigten sich ähnliche Effekte wie für die Lernhilfeschüler*innen Die Schüler*innen mit MZZ-Förderung profitierten kurzfristig in ihren Zahl-Größen-Kompetenzen (insbesondere der Zahl-Größen-Verknüpfung), konnten diesen Vorsprung aber bis zur drei Monate später folgenden Follow-up-Erhebung nicht halten. Inwieweit auch für dieses Ergebnis Beschulungseffekte verantwortlich sein könnten, wurde hier nicht untersucht.

Fazit. Zusammenfassend lässt sich festhalten, dass mittlerweile eine breite empirische Basis vorliegt, die die Effektivität des Förderprogramms „Mengen, zählen, Zahlen“ insbesondere für den schulischen Förderkontext belegt. Konsistent fanden sich kurz- und langfristige spezifische Effekte der MZZ-Förderung auf die Zahl-Größen-Kompetenzen sowie langfristige Transfereffekte auf die schulischen Mathematikleistungen von Erstklässlern. Kurzfristige Fördereffekte auf die Zahl-Größen-Kompetenzen von Lernhilfeschüler*innen und Schüler*innen mit geistiger Behinderung legen zudem nahe, dass mit dem MZZ-Programm auch in dieser Schülergruppe Lücken in der Entwicklung von Zahl-Größen-Kompetenzen geschlossen werden können.

Das „MASTER“-Programm

konstruktivistisches Förderprogramm

Dieses Training („Mathematics Strategy Training for Educational Remediation“) wurde von van Luit und Naglieri (1999) entwickelt und kann als konstruktivistisches Förderprogramm zur Verbesserung des Faktenwissens im Bereich der Multiplikation und Division bezeichnet werden. Das Programm besteht aus 30 Lehreinheiten zu drei Modulen, die im Zeitraum von vier Monaten zweimal wöchentlich angeboten werden. Multiplikationsfakten werden beispielsweise durch wiederholtes Addieren (4 x 6 = 6+6+6+6) erarbeitet. Das Hauptziel des Programms besteht in der Vermittlung eines größeren Repertoires an Lösungsstrategien, deren Beherrschung zur Automatisierung von Multiplikations- und Divisionsfakten beiträgt.

Bislang wurde eine Reihe von Evaluationsstudien mit Kontrollgruppendesign zu den Effekten des MASTER-Programms an unterschiedlichen Problemgruppen durchgeführt, die allesamt erfolgreich ausfielen (vgl. die Zusammenstellung bei Landerl & Kaufmann, 2008, S. 210f.). Sowohl bei Kindern mit Dyskalkulie-Diagnose als auch bei Kindern mit leichter mentaler Retardierung zeigten sich bedeutsame Zuwächse im Multiplikations- und Divisionswissen. Auch mehrere Monate nach Beendigung der Intervention blieben die Leistungen stabil. Obwohl sich das MASTER-Programm demnach bewährt hat, wird es nicht von allen Praktikern positiv gesehen. So monieren etwa Born und Oehler (2009), dass die Vergrößerung des Repertoires an Lösungsstrategien bei Kindern mit Dyskalkulie und Problemen mit dem Arbeitsgedächtnis auch dysfunktional sein kann.

PC-Programm „Rechenspiele mit Elfe und Mathis"

Vertiefung curricularer mathematischer Inhalte

Alexandra und Wolfgang Lenhard publizierten zwei PC-Rechenspiele für Erst- bis Drittklässler (Rechenspiele mit Elfe und Mathis I; Lenhard & Lenhard, 2010) sowie für Dritt- bis Fünftklässler (Rechenspiele mit Elfe und Mathis II; Lenhard, Lenhard & Lingel, 2010), die zur Einübung und Vertiefung curricularer mathematischer Inhalte in Anlehnung an die nationalen Bildungsstandards für den Primarbereich konzipiert wurden. Das Training für die jüngeren Schulkinder setzt sich aus insgesamt 17 Einzelspielen zusammen, die sich auf die Inhaltsbereiche „Mengen" (z.B. Mengenvergleiche), „Zahlen" (z.B. Zahlenstrahl, Zahlrelationen), „Sachaufgaben", „Bilder" (z.B. Formen legen) und „Rechnen" (Übungen zu den Grundrechenarten) verteilen. Der Itempool besteht dabei aus mehr als 14000 Aufgaben, ist also umfassend konzipiert. Bei den Rechenspielen für die älteren Grundschüler*innen werden Aufgaben aus den Bereichen Geometrie, Sachaufgaben und den Grundrechenarten herangezogen. Die Spiele des Trainings sind in eine altersgemäße Rahmenhandlung aus dem Elfenland eingebettet. Ein wichtiges motivierendes Element ist darin zu sehen, dass sich beide Titelfiguren auf die Suche nach dem Elfenschatz machen. Obwohl die Rahmenhandlung während der Aufgabenbearbeitung in den Hintergrund tritt, dienen die in den Spielablauf eingebauten Verstärkersysteme dazu, dass das Kind bei entsprechender Lösungsquote zum Schatz gelangen kann. Zur nächsthöheren Schwierigkeitsstufe kann erst dann übergegangen werden, wenn alle Spiele der vorangegangenen Stufe erfolgreich bearbeitet wurden. Bei allen Teilschritten wird nach korrekten Antworten konsequent verstärkt. Das Programm ist dabei adaptiv: Die Aufgaben werden vom Programm so ausgewählt, dass sie für das Leistungsvermögen des Kindes angemessen sind. Wie die Autoren betonen, wird den motivationalen Elementen des Programms viel Bedeutung zugemessen. Die Kinder waren in der Regel auch begeistert bei der Sache und werteten das Programm positiv.

Evaluationsstudie

In einer neueren Evaluationsstudie zum Programm „Rechenspiele für Elfe und Mathis I“ (Lenhard, Lenhard, Schug & Kowalski, 2011) wurde die Wirksamkeit des Programms an einer Stichprobe von Erst- und Zweitklässlern untersucht. Während die Kinder der Kontrollgruppe über den Zeitraum von zehn Wochen den regulären schulischen Mathematikunterricht erhielten, wurde in der Trainingsgruppe im gleichen Zeitraum eine Mathematikstunde pro Woche durch das Trainingsprogramm ersetzt. Der Vergleich der Trainings- und Kontrollgruppen erbrachte eher kleine Effekte, was möglicherweise auch mit Vortestunterschieden bei den Zweitklässlern zusammenhing. Wurden nur die nach ihren Vortestwerten „gematchten“ Kinder aus Trainings- und Kontrollgruppe miteinander verglichen, ergaben sich signifikant größere Verbesserungen der Trainingsgruppe, wobei die Effektstärke im mittleren Bereich lag. Das Resultat kleiner bis mittlerer Effekte passt gut zu den Befunden der oben erwähnten Metaanalyse von Slavin und Lake (2008). Angesichts einer relativ begrenzten Trainingsphase handelt es sich um ein recht gutes Ergebnis. Lenhard et al. (2011) gehen davon aus, dass das computerbasierte Programm eine ideale Ergänzung zum konventionellen Mathematikunterricht darstellt und die Lehrkraft bei der Vermittlung mathematischer Konzepte sinnvoll unterstützen kann.

Tutoriell gestützte Trainingsprogramme

tutorielle Programme für Kinder mit Rechenproblemen

Aus den USA werden neuere Interventionsstudien berichtet, die zusätzlich zum Förderunterricht in der Grundschule tutorielle Programme für Kinder mit Rechenproblemen einsetzten (vgl. Fuchs et al., 2005; Swanson & Beebe-Frankenberger, 2004). Die Studie von Fuchs et al. (2005) schloss eine große Zahl von Klassen (N = 41) ein und setzte sich insgesamt drei Hauptziele. Zum einen sollten die Effekte eines Tutorprogramms zusätzlich zum regulären Unterricht überprüft werden. Weiterhin wurde die Stabilität des Phänomens der Rechenschwäche zwischen dem Beginn und dem Ende des ersten Schuljahrs überprüft, und dies in Abhängigkeit von der experimentellen Bedingung (mit oder ohne tutorieller Unterstützung). Schließlich ging es den Autoren darum, die Rolle unterschiedlicher kognitiver Fähigkeiten für die Entwicklung mathematischer Kompetenzen genauer zu überprüfen.

Die Ergebnisse dieser umfangreichen und komplex angelegten Studie lassen sich so zusammenfassen, dass Effekte des tutoriell gestützten Programms in der Risikogruppe rechenschwacher Kinder für einige, nicht aber für alle untersuchten mathematischen Kompetenzbereiche nachweisbar waren. Positive Effekte ergaben sich etwa für (automatischen) Faktenabruf und die Lösung praktischer mathematischer Probleme wie auch für die Lösung von Textaufgaben. Demgegenüber gelang es nicht, wie erhofft, in der Gruppe der Risikokinder die Flüssigkeit/Geschwindigkeit bei der Berechnung einfacher Additions- oder Subtraktionsaufgaben nennenswert zu steigern. Hier schien die von den Tutoren angebotene Unterstützung noch nicht hinreichend zu sein.

Die tutorielle Unterstützung führte jedoch zu einer bedeutsamen Reduktion der Prävalenz von Rechenschwäche in der Gesamtstichprobe um etwa 36%. Dies wurde von den Autoren als klarer Erfolg ihrer Stützungsmaßnahme angesehen. Schließlich wichen die Befunde dieser Studie gegenüber anderen einschlägigen Untersuchungen (etwa Swanson & Beebe-Frankenberger, 2004) insofern etwas ab, als nicht das Arbeitsgedächtnis, sondern die Konzentrationsfähigkeit und die Ablenkungsresistenz als wichtigster Prädiktor der Leistungsentwicklung identifiziert wurden, gefolgt von Merkmalen des Arbeitsgedächtnisses, der phonologischen Informationsverarbeitung und der nicht verbalen Problemlösekompetenz.

Fehlerschwerpunkte bei rechenschwachen Schülerinnen und Schülern

Aus ihren Analysen zu unterschiedlichen Fehlerschwerpunkten bei rechenschwachen Schülerinnen und Schülern, die sich entweder auf elementare Rechenfertigkeiten (computation) oder auf Problemlösefähigkeiten im Bereich von Sachaufgaben beziehen (vgl. Kap. 5), folgerte die Arbeitsgruppe um Fuchs und Fuchs in späteren Arbeiten (z.B. Fuchs, Fuchs, Powell, Seethaler, Cirino & Fletcher, 2008), dass separate Trainingseinheiten für diese beiden Problemschwerpunkte im Rahmen von Tutorenprogrammen umgesetzt werden sollten, um wirklich optimale Effekte zu erzielen. Die bei Drittklässlern erprobte Intervention zu basisnumerischen Fertigkeiten basierte auf der Vorgabe von Lernkarten (flash cards) und wurde als „Math Flash" bezeichnet. Das Programm besteht aus 48 täglichen Übungen zu arithmetischen Grundoperationen, die dazu führen sollen, dass diese Operationen allmählich automatisiert ablaufen. Die Intervention zur Verbesserung des Problemlösens bei Sachaufgaben wurde wiederum an Drittklässlern erprobt und deshalb als „Pirate Math" bezeichnet, weil die Sachaufgaben aus der Erlebniswelt von Piraten stammten.

Die Wirksamkeitsüberprüfung fiel für beide Programme positiv aus: Die Evaluation von „Math Flash" und „Pirate Math" wurde an 133 Drittklässlern mit ausgeprägten Problemen im mathematischen Bereich durchgeführt. Die Kontrollgruppe erhielt kein Tutorenprogramm. Es ergab sich ein relativ großer Effekt des „Math Flash"-Trainings, der einen Vorsprung von fast einer Standardabweichung vor der Kontrollgruppe bedeutete. Der Effekt für das „Pirate Math"-Programm fiel etwas geringer aus und betrug etwa eine dreiviertel Standardabweichung.

tutoriell gestütztes Interventionsprogrammen

Fuchs et al. (2008a) folgerten aus ihren Erfahrungen mit den tutoriell gestützten Interventionsprogrammen, dass insgesamt sieben Prinzipien effektiver Instruktion zu unterscheiden sind (vgl. Tab. 9). Das erste Prinzip betrifft die Bedeutung expliziter, direkter Instruktion. Rechenschwache Kinder profitieren von solchen didaktischen Vorgehensweisen mehr als von Verfahren entdeckenden Lernens. Ein zweites wichtiges Prinzip betrifft den Umstand, dass das gewählte Unterrichtsformat die Lernanforderungen möglichst gering halten sollte und mögliche Schwierigkeiten von schwachen Rechnern antizipiert.

Tabelle 11: Sieben Prinzipien effektiver Intervention bei rechenschwachen Schülern (Fuchs, Fuchs, Powell, Seethaler, Cirino & Fletcher, 2008b)

Explizite Instruktion Lernschritte sollten bewältigbar sein Aufgaben sollten konzeptuell verankert sein Betonung von anstrengungsorientierten Übungen Beständige Wiederholung des Lernstoffs Verstärken für anstrengungsorientiertes und erfolgreiches Lernen Ständige Überwachung der Lernfortschritte

Als drittes wichtiges Prinzip nennen die Autoren die Vorgabe einer nachhaltigen konzeptuellen Basis für neu eingeführte Prozeduren. Es soll den Kindern also erläutert werden, was neue Lerntechniken bewirken können, und warum sie dies tun. Demgegenüber betont das vierte Prinzip „Drill und Übung", unterstreicht also die Bedeutung systematischer und häufiger Übung für den Leistungsfortschritt. Damit verbunden ist das fünfte Prinzip, das in kumulativer Wiederholung von Übungsteilen besteht, wobei der Umfang des wiederholten Stoffs beständig steigt. Das sechste Prinzip betont die Relevanz von motivationssteigernden Elementen, die den Schüler*innen dabei helfen, ihre Aufmerksamkeit zu regulieren und die notwendige Anstrengung zu investieren. Als letztes und wichtigstes Prinzip wird die stetige Überwachung des Lernfortschritts angesehen (vgl. Fuchs et al., 2008b, für eine ausführlichere Beschreibung).

Förderung metakognitiver und selbstregulativer Fähigkeiten im Mathematikunterricht der Sekundarstufe

Förderprogramme für die Sekundarstufe

Wie sich aus dem Überblick über gängige Interventionsverfahren leicht ableiten lässt, konzentriert sich die überwiegende Mehrzahl der im deutschsprachigen Raum verfügbaren Programme auf das Grundschulalter. Förderprogramme für die Sekundarstufe sind eher Mangelware. Im Folgenden werden kurz zwei Ansätze skizziert, die Problemlösefähigkeiten bei älteren Schülerinnen und Schülern verbessern wollen. In einer Studie von Gürtler, Perels, Schmitz und Bruder (2002) wurde unter dem Eindruck der ungünstigen PISA-Ergebnisse der Versuch gemacht, die Selbstregulations- und Problemlösekompetenzen von Gymnasiasten der Jahrgangsstufe 8 zu fördern. Das Training erfolgte in einem Zeitraum von sechs Wochen einmal wöchentlich im Rahmen einer Doppelstunde. Als wesentliches Ergebnis ließ sich festhalten, dass auch schon bei einer relativ kurzen Intervention positive Effekte der kombinierten Förderstrategie (mathematische und selbstregulatorische Kompetenzen) nachweisbar waren. Es ließen sich sowohl die Selbstregulationsstrategien als auch die Problemlösekompetenzen der betroffenen Schüler*innen bedeutsam steigern. Die Unterstützung durch ein standardisiertes Lerntagebuch war dabei besonders hilfreich. Angesichts der positiven Effekte regten die Autoren an, in künftigen Studien schon bei jüngeren Schülergruppen, etwa Fünftklässlern, anzusetzen.

Einen ähnlichen Ansatz verfolgten Mevarech und Kramarski (1997; Kramarksi & Mevarech, 2003), die ein Förderprogramm zur Verbesserung mathematischer Kompetenzen in der Sekundarstufe konzipierten, das drei wesentliche Komponenten aufwies: metakognitive Aktivitäten, Interaktionen mit Peers im Klassenzimmer (kooperatives Lernen) und systematische, korrigierende Rückmeldungen. Das Verfahren wurde als IMPROVE-Methode bezeichnet: „*Introducing the new concepts;* ***M****etacognitive questionning;* ***P****racticing,* ***R****eviewing and reducing difficulties,* ***O****btaining mastery;* ***V****erification, and* ***E****nrichment*". Die Autorinnen konnten schon in der ersten Evaluationsstudie mit Siebtklässlern (Mevarech & Kramarski, 1997) belegen, dass sich das neue metakognitiv-kooperative Interventionsprogramm insgesamt bewährte und nach einem Jahr in der Trainingsgruppe zu deutlich besseren Mathematikleistungen in den Bereichen Algebra und mathematisches Denken führte als in der Kontrollgruppe, die das normale Mathematik-Curriculum ohne metakognitive Anreicherung durchlief. Die Nachhaltigkeit der Wirkung ließ sich auch in späteren Nachtests sowohl für gute Rechner als auch für Schüler*innen mit mathematischen Kompetenzdefiziten belegen. Die Trainingsstudien von Gürtler et al. (2002) sowie von Kramarski und Mevarech können demnach gut belegen, dass sich metakognitive Trainingskomponenten bei Schüler*innen der Sekundarstufe positiv auf mathematische Kompetenzen auswirken.

IMPROVE-Methode

6.2 Empfehlungen für die Praxis

Der Überblick über derzeit verfügbare Präventions- und Interventionsprogramme bei Rechenschwäche hat gezeigt, dass individuelle Unterschiede in mathematischen Kompetenzen schon frühzeitig erkennbar sind. Von daher sind theoretisch fundierte Präventionsprogramme, die schon im Kindergartenalter einsetzen, sicherlich ein sinnvolles Mittel zur Abwendung schulischer Folgeprobleme. Unser Literaturüberblick lässt erkennen, dass bei der Entwicklung von effektiven vorschulischen Präventionsprogrammen in neuerer Zeit national wie auch international große Fortschritte verzeichnet werden konnten.

theoretisch fundierte Präventionsprogramme

Im Vergleich hierzu stellt sich die Situation hinsichtlich wirksamer schulischer Interventionsprogramme nicht so günstig dar. Je später die Intervention einsetzt, desto geringer scheinen die Aussichten auf dauerhaften Erfolg. Dies hat sicherlich damit zu tun, dass sich bei den betroffenen Schülerinnen und Schülern im Verlauf der Schulzeit eine Sekundärsymptomatik herausbildet, wiederholte Misserfolgserfahrungen also zu gravierenden Motivationsdefiziten und Vermeidungstendenzen führen. Dieses Phänomen ist aus der Legasthenieforschung schon hinlänglich bekannt. Andererseits scheint es aber noch immer an den Möglichkeiten dafür zu fehlen, einmal identifizierte Problemschwerpunkte nachhaltig zu eliminieren. Diese Problemschwerpunkte können bei Schülerinnen und Schülern mit Rechenschwäche in ganz unterschiedlichen Bereichen liegen, sollten also zuverlässig identifiziert werden, bevor gezielte Förderungen einsetzen. Diese Fördermaßnahmen sollten variabel und kurzweilig angelegt sein und sich über einen längeren Zeitraum erstrecken, um erfolgreich sein zu können. Die Annahme, dass kurzfristig angelegte Therapiemaßnahmen erfolgreich sein können, hat sich als Irrglaube herausgestellt. Vielen neuen und von außen betrachtet durchaus attraktiven Ansätzen fehlt immer noch die empirische Erfolgsbestätigung. Nach wie vor fehlen solide und seriöse Studien zum langfristigen Erfolg von Interventionsmaßnahmen, unabhängig davon, ob die Förderung schulisch oder außerschulisch erfolgt. In diesem Punkt besteht klar Nachholbedarf.

wirksame schulische Interventionsprogramme

Der Überblick über die neueren Interventionsverfahren hat deutlich gemacht, dass die empirisch überprüften und bewährten

neuere Interventionsverfahren

Programme schon relativ früh in der schulischen Entwicklung ansetzen und sich dabei auf die Förderung des basisnumerischen Wissens konzentrieren. Wie Landerl et al., 2017 hervorheben, geht es vorwiegend um die spezifische Förderung numerisch-rechnerischer Fertigkeiten unter Berücksichtigung der konzeptuellen Wissensbasis. Nachhaltige Interventionseffekte sind dann zu erwarten, wenn ein hinreichendes Verständnis der basalen Rechenoperationen entwickelt und in der Folge durch intensive Übung konsolidiert worden ist.

Nachhaltige Interventionseffekte

Allgemein lassen sich zusätzlich zu den sieben von Fuchs et al. (2008b) aufgeführten Prinzipien für die Prävention und Intervention von Rechenschwierigkeiten folgende Empfehlungen geben (Krajewski, 2008b; vgl. auch Lorenz, 2005a):

1. Eine Förderung sollte immer auf mathematikspezifische Inhalte abzielen. Wer mathematische *Einsichten* fördern will, wird dies kaum über sachferne Maßnahmen wie etwa Bewegungsübungen erreichen.
2. Die mathematischen Inhalte müssen systematisch aufgebaut werden. Es ist sicherzustellen, dass das Kind über die im Entwicklungsmodell aufgeführten frühen mathematischen Kompetenzen (besonders das präzise Anzahlkonzept und das Konzept der Anzahldifferenz) verfügt. Ist dies nicht der Fall, müssen zunächst diese Konzepte gefördert werden.
3. Zur Vermittlung der Kompetenzen sind geeignete abstrakte Darstellungsmittel heranzuziehen, die sich durch ihre Konzentration auf die mathematischen Grundideen und die Struktur des Zahlenraums auszeichnen.
4. An diesen Darstellungsmitteln sind die Rechenoperationen nicht nur vom Kind nachzuvollziehen, sondern auch laut zu verbalisieren, um zugleich durch die Sprache den quantitativen Aspekt der Handlung zu betonen.

Gebrauch von Darstellungsmitteln

Für den Gebrauch von Darstellungsmitteln gilt: Kinder sollten so lange, wie sie es brauchen, mit dem (realen oder bildlich dargestellten) Darstellungsmittel arbeiten dürfen. Damit wird sichergestellt, dass sie die mathematischen Operationen „wirklich" verstehen. Gerade auch im Hinblick auf die oft begrenzten Arbeitsgedächtnisressourcen rechenschwacher Kinder sollte es hingegen vermieden werden, voreilig die Verwendung von Darstellungsmitteln zu verbieten. Mit den Kindern sollte die Struktur der Darstellungsmittel sorgfältig und verbalisierend erarbeitet werden. Die Übertragung der an Darstellungsmitteln erfahrenen Zahlstruktur in die Vorstellung sollte schließlich schrittweise erfolgen. Nur so kann es gelingen, ein Verständnis für die Struktur der Zahlen zu entwickeln und diese *dann* auch irgendwann zu verinnerlichen. Dies sollte zwar das Endziel der Förderung sein, aber um keinen Preis zu früh erzwungen werden. Verwenden rechenschwache Kinder Darstellungsmittel lediglich als Zählhilfen, ist deren alleiniger Einsatz nicht zielführend und muss um intensive Übungen zum Verständnis der Mengen-Zahlen-Korrespondenz erweitert werden. Bei der Vermittlung von Lernstrategien sollte im Unterricht darauf geachtet werden, dass effektive Lernstrategien (etwa im Bereich des Addierens und Subtrahierens) aufgebaut und einfache Rechenoperationen automatisiert werden. Es ist ein typisches Merkmal vieler rechenschwacher Kinder, dass sie im Hinblick auf die Flüssigkeit und Geschwindigkeit bei numerischen Basisoperationen stark reduziert sind, und es ihnen hier außerordentlich schwerfällt, auch im Rahmen einer gezielten Förderung zu Automatisierungsniveaus zu gelangen. Werden Anfangsschwierigkeiten dieser Kinder im Erstklassunterricht ignoriert oder nicht wahrgenommen, können sich schon in dieser Phase schwerwiegende Defizite aufbauen, die sich in späteren Perioden kaum noch korrigieren lassen. Lehrerinnen und Lehrer können in der frühen Schulphase eine Menge aus der Beobachtung der Fehler ihrer Schülerinnen und Schüler lernen. Sie erfahren beispielsweise daraus einiges über spezifische Störungsbilder, die in so unterschiedlichen Bereichen wie der taktil-kinästhetischen Erfahrung, der auditiven Wahrnehmung, dem Arbeitsgedächtnis, dem Zahlbegriff und dem fehlenden Verständnis für Rechenoperationen verankert sein können. Es ist hier Lorenz (2005a) unbedingt im Hinblick auf die Forderung zuzustimmen, dass die Lehrer*innen im Mathematik-(Anfangs-)Unterricht zugunsten der Schülerbeobachtung ihren pädagogischen Impetus etwas zurücknehmen sollten. Erst die sorgfältige Beobachtung von Arbeitsvorgängen und der Fehlerproduktion kann stichhaltige Hinweise dafür liefern, woran es im Einzelfall mangelt.

7 Fazit und Ausblick

Die Lektüre dieses Bandes sollte deutlich gemacht haben, dass die Forschungsaktivitäten zur Entwicklung mathematischer Kompetenzen innerhalb der letzten beiden Jahrzehnte deutlich intensiviert worden sind und unser Wissen in diesem Bereich beträchtlich erweitert haben. Lange Zeit war es so, dass wissenschaftliche Untersuchungen zum Schriftspracherwerb das Feld dominierten und entwicklungspsychologische wie auch fachdidaktische Studien zum Erwerb mathematischer Kompetenzen eher ein Schattendasein fristeten. Im Bereich der mathematischen Kompetenzentwicklung kann nun ein deutlicher Aufholprozess beobachtet werden, der in einigen Aspekten Ähnlichkeiten mit der Forschungsentwicklung im Bereich des Schriftspracherwerbs aufweist.

Eine solche Parallele betrifft die intensive Beschäftigung mit der Vorschulphase. Wie schon für das Erlernen des Lesens und Rechtschreibens gilt auch für den mathematischen Kompetenzerwerb, dass die ersten Schritte auf dem Weg zum Verständnis der Zahlen und der Zahlstruktur schon sehr früh erfolgen. Kinder beschäftigen sich bereits lange vor der Einschulung mit Mengen und Zahlen, sodass der Schuleintritt bei Weitem nicht als „Stunde null" für den Aufbau mathematischer Kompetenz zu verstehen ist. Das Mathematiklernen beginnt im frühen Kindesalter und wird durch informelle Erfahrungen im Elternhaus und im Kindergarten stimuliert. Wie im ersten Kapitel dieses Bandes ausführlich erörtert wurde, verfügen wir mittlerweile über empirisch fundierte Modelle wie etwa das Entwicklungsmodell der Zahl-Größen-Verknüpfung nach Krajewski, die konkrete Aussagen über Entwicklungsstufen im Erwerbsprozess formulieren und demnach auch Hinweise darauf geben können, ob der Entwicklungsverlauf in bestimmten Fällen als verzögert oder beschleunigt einzustufen ist. Ähnlich wie bei der aktuellen Forschung zum Schriftspracherwerb wird auch hier aus allgemeingültigen Theorien und Modellen des Erwerbsprozesses auf Ursachen für Fehlentwicklungen und die Ausbildung von Rechenschwächen geschlossen. Die national und international vorgelegten Forschungsergebnisse lassen keinen Zweifel daran, dass frühe basisnumerische Fähigkeiten, also Kompetenzen im Umgang mit Zahlen und Mengen, spätere schulische Leistungsentwicklungen im Fach Mathematik bedeutsam vorhersagen können. Es macht von daher viel Sinn und ist absolut begrüßenswert, dass innerhalb der letzten Jahre fundierte diagnostische Instrumente zur Erfassung dieser Kompetenzen schon im Kindergartenalter entwickelt wurden. Weiterhin haben sich neben den erwähnten basisnumerischen Fähigkeiten andere Vorläufermerkmale wie etwa das visuell-räumliche Arbeitsgedächtnis und die phonologische Bewusstheit in Längsschnittstudien als bedeutsam für die frühe mathematische Entwicklung herausgestellt, während vielfach als relevant eingestuften Merkmale wie der Intelligenz, dem Geschlecht und der sozialen Schichtzugehörigkeit vergleichsweise weniger Gewicht beizumessen ist.

Zum großen Erkenntnisfortschritt der beiden letzten Jahrzehnte hat sicherlich auch der Umstand beigetragen, dass vermehrt Längsschnittstudien zum mathematischen Kompetenzerwerb verfügbar sind. Sie haben einerseits darauf aufmerksam gemacht, dass vorschulische Unterschiede in basisnumerischen Fähigkeiten langfristig wirksam sind, also in der Regel den schulischen Fortschritt vorhersagen. Sie können andererseits auch belegen, dass die zu Beginn der Schulzeit erworbenen Vorkenntnisse im Bereich der Arithmetik für die weitere schulische Entwicklung bedeutsam sind. Für den Erwerb mathematischer Kompetenzen sind neben der Intelligenz und der Funktionstüchtigkeit des Arbeitsgedächtnisses auch insbesondere in fortgeschrittenen schulischen Phasen metakognitive Fähigkeiten relevant, die im Unterricht erworben werden. Wie der Überblick zur Entwicklung mathematischer Kompetenzen im Bereich der Grundschule und der Sekundarstufe gezeigt hat, fällt die Stabilität individueller Unterschiede im Leistungsbereich beträchtlich aus, und dies relativ unabhängig davon, ob im beobachteten Zeitraum ein Lehrerwechsel stattgefunden hat. Aus diesem Befund sollte jedoch nicht geschlossen werden, dass Lehrerunterschiede keinen Unterschied machen. Wir wissen aus vielen Studien, dass die didaktische Gestaltung des Unterrichts in der Primar- und Sekundarstufe sehr wohl Auswirkungen auf den Lernzuwachs der Schülerinnen und Schüler hat. Am Beispiel der COACTIV-Studie konnte gezeigt werden, dass Unterschiede im Professionswissen der Lehrkräfte, also etwa in ihrem fachspezifischen wie auch pädagogisch-psychologischen Wissen, den Kompetenzzuwachs der Schülerinnen und Schülern beeinflussten. Es ist sicherlich so, dass die eher enttäuschenden Befunde der internationalen Vergleichsstudien im Grundschul- und Sekundarstufenbereich zu einer intensiveren Beschäftigung mit Gestaltungsmöglichkeiten des Unterrichts geführt und auch Veränderungen in der Schwerpunktsetzung bewirkt haben. Die Einführung der Bildungsstandards und der damit verbundenen „Monitoring"-Prozesse dürfte dazu beigetragen haben, dass sich das mittlere Leistungsniveau deutscher Schülerinnen und Schüler im internationalen Vergleich verbessert hat.

Es ist in diesem Zusammenhang auch durchaus positiv zu sehen, dass innerhalb der beiden letzten Jahrzehnte eine Vielzahl diagnostischer Instrumente zur Erfassung mathematischer Kompetenzen entwickelt wurden, die teilweise schon das Vorschulalter betreffen, ihren Schwerpunkt aber in der Grundschule haben und erst seit Kurzem auch für den Bereich der Sekundarstufe verfügbar sind. Sie können die mittlerweile länderübergreifend durchgeführten Überprüfungen des Wissensstands sinnvoll ergänzen und den Lehrkräften nicht nur wertvolle Informationen zum allgemeinen Leistungsstand ihrer Klassen vermitteln, sondern auch bei der Identifikation von Kindern mit Rechenschwächen nützlich sein.

Damit ist auch schon das Problem angesprochen, dass nach wie vor keine allgemein anerkannte Definition des Begriffs „Dyskalkulie" vorliegt, und dieser Terminus teilweise synonym zu „Rechenschwäche" oder „Rechenstörung" verwendet wird, teilweise aber auch in Abgrenzung zu diesen beiden Konzepten. Wir haben den Begriff „*Rechenschwäche*" in Anlehnung an die übliche Verwendung im deutschsprachigen Bereich dazu verwendet, um deutlich unterdurchschnittliche mathematische Leistungen zu kennzeichnen, und dies unabhängig von der Intelligenz. Demgegenüber wird mit dem Etikett „*Dyskalkulie*" eine Untergruppe schwacher Rechner bezeichnet, nämlich solche Schülerinnen und Schüler, die Rechenschwäche bei normaler bis überdurchschnittlicher Intelligenz zeigen. Der Überblick zum Phänomen der Rechenschwäche hat gezeigt, dass bei Schülerinnen und Schülern mit Defiziten im Bereich der Mathematik meist schon frühzeitig Probleme im basalen Umgang mit Zahlen und Quantitäten festzustellen sind, und sich dabei unterschiedliche Subtypen unterscheiden lassen, die zusätzlich etwa Probleme im Arbeitsgedächtnis und der phonologischen Bewusstheit aufweisen. Die Einflussmöglichkeiten unzureichender phonologischer Kompetenzen auf den Erwerb mathematischer Fertigkeiten ist dabei sicherlich nicht trivial. Es lässt sich damit erklären, dass es Kinder mit kombinierten Schwierigkeiten im mathematischen und schriftsprachlichen Bereich gibt. Der Überblick zur Symptomatik und möglichen Verursachungsfaktoren der Rechenschwäche legt den Schluss nahe, dass es sich hierbei nicht um ein einheitliches Symptombild, sondern um ein sehr heterogenes Ursachengeflecht handelt, das aus sehr unterschiedlichen Quellen gespeist werden kann. Es ist von daher wichtig, dass die Diagnose des Problems differenziert erfolgt, damit auch angemessene Interventionsverfahren eingesetzt werden.

Eine letzte wesentliche Erkenntnis aus dem hier vorgelegten Literaturüberblick besteht darin, dass sich auch im Hinblick auf die wirksame Prävention und Intervention in letzter Zeit einiges getan hat. Wenn auch die Zahl der Präventionsprogramme im Vorschulbereich noch überschaubar scheint, so sind einige dieser Verfahren schon systematisch überprüft und in ihrer Wirksamkeit bestätigt worden. Es ist davon auszugehen, dass sich ihr Einsatz im Kindergartenalltag weiter steigern und dazu beitragen wird, dass sich die Zahl der rechenschwachen Kinder vermindert. Auch im Hinblick auf den schulischen Sektor lässt sich festhalten, dass die Zahl der empirisch überprüften Programme in jüngerer Zeit deutlich gestiegen ist. Die meisten Verfahren konzentrieren sich auf die Förderung des basisnumerischen Wissens und sorgen dafür, dass die Fähigkeit zum schnellen Faktenabruf aus dem Langzeitgedächtnis gefestigt und automatisiert wird. Es sind aber auch Erfolge für solche Programme zu beobachten, die eher auf den angemessenen Umgang mit Sachaufgaben abzielen und dabei auch metakognitive und selbstregulatorische Kompetenzen entwickeln und schulen. Die Befunde aus den nationalen wie auch internationalen Trainingsstudien belegen übereinstimmend, dass konzeptuelles Verständnis erworben und konsolidiert werden muss, damit die Nachhaltigkeit der Fördermaßnahmen auch wirklich erreicht wird. Sie machen weiterhin deutlich, dass ein zentrales Problem der rechenschwachen Kinder darin liegt, dass mathematische Basiskompetenzen nicht hinreichend entwickelt sind. Um hier Rückstände ausgleichen zu können, müssen Kinder einerseits den Sinn der Zahlen verstanden haben. Andererseits bedarf es anschließend durchaus auch Drillübungen, um konzeptuell verstandenes numerisches Faktenwissen zu festigen und schneller verfügbar zu machen.

Angesichts der in diesem Band dokumentierten Fortschritte in unterschiedlichen Bereichen der mathematischen Kompetenzentwicklung sind wir optimistisch, dass es in Zukunft weitere theoretisch fundierte und auf die Bedürfnisse unterschiedlicher Typen von rechenschwachen Kindern zugeschnittene, also adaptive Fördermaßnahmen geben wird, die sich in ihrer Wirkung als nachhaltig erweisen und ebenfalls dazu beitragen sollten, dass sich die Bedingungen für diese Problemgruppe weiter verbessern können.

Literaturverzeichnis

Aebli, H. *Grundformen des Lehrens: Eine allgemeine Didaktik auf kognitionspsychologischer Grundlage*, 1976, (9. Aufl.), Stuttgart: Klett

Aebli, H. *Wie Absichten Handlungen leiten*, 1991, K. Grawe, R. Hänni, N. Semmer & F. Tschan (Hg.): Über die richtige Art, Psychologie zu betreiben, Göttingen: Hogrefe, S. 215–225

Alloway, T.P., Gathercole, S.E., Willis, C. & Adams, A.M. *Working memory and special education needs*, 2005, Educational and Child Psychology, 22, 56–67

Ansari, D. & Dithal, B. *Age-related changes in the activation of the intraparietal sulcus during nonsymbolic magnitude processing: An event-related functional magnetic resonance imaging study*, 2006, Journal of Cognitive Neuroscience, 18, 1820–1828

Artelt, C., Neuenhaus, N., Lingel, K. & Schneider, W. *Entwicklung und wechselseitige Effekte von metakognitiven und bereichsspezifischen Wissenskomponenten in der Sekundarstufe*, 2012, Psychologische Rundschau, 63, 18–25

Aunio, P., Heiskari, P., van Luit, J.E. & Vuorio, J.-M. *The development of early numeracy skills in kindergarten in low-, average-, and high-performance groups*, 2015, Journal of Early Childhood Research, 13, 3–16

Aunola, K., Leskinen, E., Lerkkanen, M.-K. & Nurmi, J.-E. *Developmental dynamics of mathematical performance from preschool to Grade 2*, 2004, Journal of Educational Psychology, 96, 699–713

Baddeley, A.D. *Working Memory*, 1986, Oxford: Clarendon Press

Baddeley, A.D. *The episodic buffer: A new component in working memory?*, 2000, Trends in Cognitive Sciences, 4, 417–423

Baddeley, A.D. & Hitch, G.J. *Working memory*, 1974, G.A. Bower (Hg.): Recent advances in learning and motivation, New York: Academic Press, Bd. 8, S. 47–90

Badian, N.A. *Arithmetic and nonverbal learning*, 1983, H.R. Myklebust (Hg.): Progress in learning disabilities, New York: Grune & Stratton, Bd. 5, 235–264

Bäuerlein, K., Beinicke, A., Faust, G., Franz, U., Jost, M. & Schneider, W. — *Fähigkeitsindikatoren Primarschule (FIPS) – Erprobung und Weiterentwicklung einer internationalen computerbasierten Schulanfangsdiagnose,* 2011, M. Hasselhorn & W. Schneider (Hg.): Frühprognose schulischer Kompetenzen. Tests und Trends, N.F. Bd. 9, Göttingen: Hogrefe, S. 85–108

Bäuerlein, K., Beinicke, A., Berger, N., Faust, G., Jost, M. & Schneider, W. — *Fähigkeitsindikatoren Primarschule (FIPS),* 2012, Göttingen: Hogrefe

Bäuerlein, K., Beinicke, A., Schorr, M & Schneider, W. — *FIPS – Fähigkeitsindikatoren Primarschule* (2., aktualisierte und neunormierte Aufl.), im Druck, Göttingen: Hogrefe.

Bäuerlein, K., Niklas, F. & Schneider, W. — *Fähigkeitsindikatoren Primarschule (FIPS) – Überprüfung des Lernerfolgs in der ersten Klasse,* 2014, M. Hasselhorn, W. Schneider & U. Trautwein (Hg.): Lernverlaufsdiagnostik, Tests und Trends, N.F. Bd. 12, Göttingen: Hogrefe, S. 127–144

Bailey, D.H., Nguyen, T., Jenkins, J.M., Domina, T., Clements, D.H. & Sarama, J.S. — *Fadeout in an early mathematics intervention: Constraining content or preexisting differences?* 2016, Developmental Psychology, 52, 1457–1469

Baumert, J., Artelt, C., Klieme, E., Neubrand, M., Prenzel, M., Schiefele, U., Schneider, W., Stanat, P., Tillmann, K.-J. & Weiss, M. (Hg.) — *PISA 2000 – Basiskompetenzen von Schülerinnen und Schülern im internationalen Vergleich,* 2001, Opladen: Leske + Budrich

Baumert, J. & Kunter, M. — *Stichwort: Professionelle Kompetenz von Lehrkräften,* 2006, Zeitschrift für Erziehungswissenschaft, 9, 469–520

Baumert, J. & Kunter, M. — *Das Kompetenzmodell von COACTIV,* 2011, M. Kunter, J. Baumert, W. Blum, U. Klusmann, S. Krauss & M. Neubrand (Hg.): Professionelle Kompetenz von Lehrkräften – Ergebnisse des Forschungsprogramms COACTIV, Münster: Waxmann, S. 29–54

Baumert, J. & Schümer, G. — *Familiäre Lebensverhältnisse, Bildungsbeteiligung und Kompetenzerwerb,* 2001, J. Baumert, E. Klieme, M. Neubrand, M. Prenzel, U. Schiefele, W. Schneider et al. (Hg.): PISA 2000: Basiskompetenzen von Schülerinnen und Schülern im internationalen Vergleich, Opladen: Leske + Budrich, S. 323–407

Blum, W. — *Was folgt aus TIMSS für Mathematikunterricht und Mathematiklehrerausbildung?,* 2001, Bundesministerium für Bildung und Forschung (Hg.): TIMSS: Impulse für Schule und Unterricht, Bonn: BMBF, S. 75–87

Blum, W., Drüke-Noe, C., Hartung, R. & Köller, O. — *Bildungsstandards Mathematik konkret,* 2006, Berlin: Cornelsen-Scriptor

Blum, W. & Heinze, A. — *Liste von bekannten Schlüsselstellen in der Entwicklung der mathematischen Kompetenz von Schülern,* 2010, Bonn: Telekom-Stiftung

Born, A. & Oehler, C. — *Kinder mit Rechenschwäche erfolgreich fördern. Ein Praxisbuch für Eltern, Lehrer und Therapeuten,* 2009, Stuttgart: Kohlhammer, 3. Aufl.

Bos, W., Bonsen, M., Baumert, J., Prenzel, M., Selter, C. & Walther, D. (Hg.) — *TIMSS 2007. Mathematische und naturwissenschaftliche Kompetenzen von Grundschulkindern in Deutschland im internationalen Vergleich,* 2008, Münster: Waxmann

Bradley, L. & Bryant, P. — *Rhyme and reason in reading and spelling,* 1985, Ann Arbor, MI: The University of Michigan Press

Brähler, E., Holling, H., Leutner, D. & Petermann, F. (Hg.) — *Brickenkamp Handbuch psychologischer und pädagogischer Tests,* 2002, Göttingen: Hogrefe, 3. Aufl.

Brainerd, C.J. — *The origins of number concept,* 1979, New York: Praeger

Brandys, C. F. & Rourke, B. P. *Differential memory capacities in reading- and arithmetic-disabled children,* 1991, B. P. Rourke (Hg.): Neuropsychological validation of learning disability subtypes, New York: Guilford Press, S. 73–96

Brunner, M., Krauss, S. & Kunter, M. *Gender differences in mathematics: Does the story need to be re-written?,* 2008, Intelligence, 36, 403–421

Bull, R. & Espy, K. A. & Wiebe, S. *Short-term memory, working memory and executive functioning: Longitudinal predictors of mathematics achievement at age 7,* 2008, Developmental Neuropsychology, 33, 205–228

Bullock, M. & Ziegler, A. *Entwicklung der Intelligenz und des Denkens: Ergebnisse aus dem SCHOLASTIK-Projekt,* 1997, F.E. Weinert & A. Helmke (Hg.): Entwicklung im Grundschulalter, Weinheim: Beltz, S. 27–35

Carpenter, T.P. & Moser, J.M. *The acquisition of addition and subtraction concepts in Grades one through three,* 1984, Journal for Research in Mathematics Education, 15, 179–202

Carr, M., Alexander, J. & Folds-Bennett, T. *Metacognition and mathematics strategy use,* 1994, Applied Cognitive Psychology, 8, 583–595

Cattell, R. B., Weiss, R.H. & Osterland, J. *Grundintelligenztest Skala 1 (CFT 1),* 1997, Göttingen: Hogrefe, 5. Aufl.

Chodura, S., Kuhn, J.-T. & Holling, H. *Interventions for children with mathematical difficulties - A meta-analysis,* 2015, Zeitschrift für Psychologie, 223, 129–144

Cipolotti, L. & Butterworth, B. *Toward a multiroute model of number processing: impaired number transcoding with preserved calculation skills,* 1995, Journal of Experimental Psychology: General, 124, 375–390

Clark, C. A. C., Pritchard, V. E. & Woodward, L. J. (2010). *Preschool executive functioning abilities predict early mathematics achievement.* Developmental Psychology, 46(5), 1176–1191.

Clausen-Suhr, K. *Zahlenzauber,* 2008, Heilpädagogisches Institut der Universität Flensburg

CLAUSEN-SUHR, K., SCHULZ, L. & BRICKS, P. *Mathematische Bildung im Kindergarten – Ergebnisse einer quasi-experimentellen Evaluation des Förderprogramms „Zahlenzauber"*, 2008, Zeitschrift für Heilpädagogik, 9, 341–349

CLEARFIELD, M.W. & MIX, K.S. *Number versus contour length in infants' discrimination of small visual sets*, 1999, Psychological Science, 10(5), 408–411

CLEMENTS, D.H. *Training effects on the development and generalization of Piagetian logical operations and knowledge*, 1984, Journal of Educational Psychology, 76, 766–776

CLEMENTS, D.H. & SARAMA, J.S. *Early childhood mathematics intervention*, 2011, Science, 333, 968–970

DEHAENE, S. *Varieties of numerical abilities*, 1992, Cognition, 44, 1–42

DEHAENE, S. *The number sense*, 1997, Oxford: Oxford University Press

DEHAENE, S. *Der Zahlensinn oder warum wir rechnen können*, 1999, Basel: Birkhäuser

DESOETE, A., CEULEMANS, A., DE WEERDT, F. & PIETERS, S. *Can we predict mathematical learning disabilities from symbolic and non-symbolic comparison tasks in kindergarten? Findings from a longitudinal study*, 2012, British Journal of Educational Psychology, 82(1), 64–81

DILLING, H., MOMBOUR, W. & SCHMIDT, M. H. (HG.) *Internationale Klassifikation psychischer Störungen. ICD-10. Kapitel V (F). Klinisch-diagnostische Leitlinien*, 1999, Bern: Huber, 3. Aufl.

DITTON, H. & KRÜSKEN, J. *Denn wer hat, dem wird gegeben werden? Eine Längsschnittstudie zur Entwicklung schulischer Leistungen und den Effekten der sozialen Herkunft in der Grundschulzeit*, 2009, Journal for educational research online, 1 (1), 33–61

DORNHEIM, D. *Prädiktion von Rechenleistung und Rechenschwäche: Der Beitrag von Zahlen-Vorwissen und allgemein-kognitiven Fähigkeiten*, 2008, Frankfurt: Lang

DOWKER, A. D. *Individual differences in arithmetic: Implications for psychology, neuroscience and education*, 2005, Hove, UK: Psychology Press

DOWKER, A. D. *What can intervention teach us about the development of arithmetic?*, 2007, Educational and Child Psychology, 24, 64–75

EHLERT, A. & FRITZ, A. L. *MARKO-T: Ein mathematisches Förderprogramm evaluiert an Kindern mit dem Förderschwerpunkt Lernen*, 2016, W. Schneider & M. Hasselhorn, (Hg.): Förderung schulrelevanter Kompetenzen in Vorschule und Schule. Tests und Trends, N.F. Bd. 14, Göttingen: Hogrefe

EHMKE, T., BLUM, W., NEUBRAND, M., JORDAN, A. & ULFIG, F. *Wie verändert sich die mathematische Kompetenz von der neunten zur zehnten Klassenstufe?*, 2006, M. Prenzel, J. Baumert, W. Blum, R. Lehmann, D. Leutner, M. Neubrand, R. Pekrun, J. Rost & U. Schiefele (Hg.): PISA 2003 – Untersuchungen zur Kompetenzentwicklung im Verlauf eines Schuljahres, Münster: Waxmann, 63–85

ENDLICH, D., BERGER, N., KÜSPERT, P., LENHARD, W., MARX, P., SCHNEIDER, W. & WEBER, J. *Würzburger Vorschultest-Batterie zur Erfassung schriftsprachlicher und mathematischer Vorläuferfertigkeiten im letzten Kindergartenjahr*, 2016, Göttingen: Hogrefe

ENDLICH, D., DUMMERT, F., SCHNEIDER, W. & SCHWENCK. C. *Verhaltensprobleme bei Kindern mit umschriebener und kombinierter Minderleistung*, 2014, Kindheit und Entwicklung, 23, S. 61–69

ENDLICH, D., LENHARD, W., MARX, P. & SCHNEIDER, W. *Die Würzburger Vorschultest-Batterie –Diagnostik von schriftsprachlichen und mathematischen (Vorläufer-)Fertigkeiten im letzten Kindergartenjahr*, 2015, G. Esser, M. Hasselhorn & W. Schneider (Hg.): Diagnostik im Vorschulalter. Tests und Trends, N.F. Bd. 13, Göttingen: Hogrefe, S. 107–127

ENNEMOSER, M. *Training mathematischer Basiskompetenzen als unterrichtsintegrierte Maßnahme in Vorklassen*, 2010, Empirische Pädagogik, 24, 336–352

ENNEMOSER, M. *Test zur Erfassung des Konventions- und Regelwissens (KRW)*, 2013, Göttingen: Hogrefe

ENNEMOSER, M. & KRAJEWSKI, K. *Effekte der Förderung des Teil-Ganzes-Verständnisses bei Erstklässlern mit schwachen Mathematikleistungen*, 2007, Vierteljahreszeitschrift für Heilpädagogik und Nachbargebiete, 76, 228–240

Ennemoser, M. & Krajewski, K. *Test zur Erfassung mathematischer Basiskompetenzen am Ende der Grundschule, in der Sekundarstufe I und II sowie im Studium (MBK 4–13+), in Druck*, Göttingen: Hogrefe.

Ennemoser, M., Krajewski, K. & Sinner, D. *Testverfahren zur Erfassung mathematischer Basiskompetenzen ab der ersten Klassenstufe (MBK-1+)*, 2017, Göttingen: Hogrefe

Ennemoser, M., Krajewski, K., Vossen, A. & Haschke, D. *Fostering quantity-number competencies in kindergarten and 1st grade: Effects from peer-assisted and teacher-guided training.* Poster presented at the International Society for Research in Child Development Biennial Meeting on 20th April 2013 in Seattle, 2013, Washington, USA

Ennemoser, M., Sinner, D. & Krajewski, K. *Kurz- und langfristige Effekte einer entwicklungsorientierten Mathematikförderung bei Erstklässlern mit drohender Rechenschwäche, 2015*, Lernen und Lernstörungen, 4, 43–59

Esser, G. & Wyschkon, A. *Vorhersage von umschriebenen Entwicklungsstörungen der schulischen Fertigkeiten mithilfe von Vorschultests: Prognostische Validität der BUEVA-II*, 2011, M. Hasselhorn & W. Schneider (Hg.): Frühprognose schulischer Kompetenzen. Tests und Trends, N.F. Bd. 9, Göttingen: Hogrefe, S. 169–187

Esser, G., Wyschkon, A. & Ballaschk, K. *Basisdiagnostik umschriebener Entwicklungsstörungen im Grundschulalter (BUEGA)*, 2008, Göttingen: Hogrefe

Falkai, P. & Wittchen, H. *Diagnostisches und statistisches Manual psychischer Störungen*, 2015, DSM-5. Göttingen: Hogrefe.

Feigenson, L., Carey, S. & Spelke, E.S. *Infants' discrimination of number vs. continuous extent*, 2002, Cognitive Psychology, 44, 33–66

Fischbach, A., Pressler, A. L. & Hasselhorn, M. *Die prognostische Validität der AGTB 5-12 für den Erwerb von Schriftsprache und Mathematik*, 2012, M. Hasselhorn & C. Zoelch (Hg.): Funktionsdiagnostik des Arbeitsgedächtnisses. Tests und Trends, N. F. Bd. 10, Göttingen: Hogrefe, S. 37–58

Forster, M. & Martschinke, S. *Leichter lesen lernen mit der Hexe Susi*, 2005, Donauwörth: Auer

FREY, A., ASSEBURG, R., EHMKE, T. & BLUM, W. *Mathematische Kompetenz im Ländervergleich,* 2008, M. Prenzel, C. Artelt, J. Baumert, W. Blum, M. Hammann, E. Klieme & R. Pekrun (Hg.): PISA 2006 in Deutschland. Die Kompetenzen der Jugendlichen im dritten Ländervergleich, Münster: Waxmann, S. 127–147

FREY, A., HEINZE, A., MILDNER, D., HOCHWEBER, J. & ASSEBURG, R. *Mathematische Kompetenz von PISA 2003 bis PISA 2009,* 2010, E. Klieme, C. Artelt, J. Hartig, N. Jude, O. Köller, M. Prenzel, W. Schneider & P. Stanat (Hg.): PISA 2009 – Bilanz nach einem Jahrzehnt, Münster: Waxmann, S. 153–175

FRIEDRICH, G. & DE GALGÒCZY, V. *Komm mit ins Zahlenland. Eine spielerische Entdeckungsreise in die Welt der Mathematik,* 2004, Freiburg: Christopherus

FRIEDRICH, G. & MUNZ, H. *Förderung schulischer Vorläuferfertigkeiten durch das didaktische Konzept „Komm mit ins Zahlenland",* 2006, Psychologie in Erziehung und Unterricht, 53, 134–146

FRITZ, A. & RICKEN, G. *Früherkennung von Kindern mit Schwierigkeiten im Erwerb von Rechenfertigkeiten,* 2005, M. Hasselhorn, H. Marx & W. Schneider (Hg.): Diagnostik von Mathematikleistungen. Tests und Trends, N. F. Bd. 4, Göttingen: Hogrefe, S. 5–27

FRITZ, A. & RICKEN, G. *Rechenschwäche,* 2008, München: Ernst Reinhardt Verlag

FRITZ, A., RICKEN, G. *Grundlagen des Förderkonzeptes „Kalkulie",* 2009, Fritz, A., Ricken, G. & Schmidt, S. (Hg.): Handbuch Rechenschwäche, 2009, Weinheim: Beltz, 2. Aufl., S. 374–395

FRITZ, A., RICKEN, G. & GERLACH, M. *Kalkulie: Diagnose- und Trainingsprogramm für rechenschwache Kinder. Handreichung zur Durchführung der Diagnose,* 2007, Berlin: Cornelsen

FUCHS, L.S., COMPTON, D.L., FUCHS, D., PAULSEN, K., BRYANT, J.D. & HAMLETT, C.L. *The prevention, identification, and cognitive determinants of math difficulty,* 2005, Journal of Educational Psychology, 97(3), 493–513

FUCHS, L.S., FUCHS, D., POWELL, S.R., SEETHALER, P.M., CIRINO, P.T. & FLETCHER, J.M. *Intensive intervention for students with mathematics disabilities: Seven principles of effective practice,* 2008a, Learning Disability Quarterly, 31, 79–92

Fuchs, L.S., Fuchs, D., Stuebing, K., Fletcher, J.M., Hamlett, C.L. & Lambert, W. — *Problem solving and computational skill: Are they shared of distinct aspects of mathematical cognition,* 2008b, Journal of Educational Psychology, 100 (1), 30–47

Fuson, K.C. — *Children's counting and concepts of number,* 1988, New York: Springer

Fuson, K.C. — *Avoiding misinterpretations of Piaget and Vygotzky: Mathematical teaching without learning, learning without teaching, or helpful learning-path teaching?,* 2009, Cognitive Development, 24, 343–361

Ganser, B. (Hg.) — *Rechenstörungen: Diagnose – Förderung – Materialien,* 2000, Donauwörth: Auer, 4. Aufl.

Gaupp, N., Zoelch, C. & Schumann-Hengsteler, R. — *Defizite numerischer Basiskompetenzen bei rechenschwachen Kindern der 3. und 4. Klassenstufe,* 2004, Zeitschrift für Pädagogische Psychologie, 18(1), 31–42

Geary, D.C. — *A componential analysis of an early learning deficit in mathematics,* 1990, Journal of Experimental Child Psychology, 49, 363–383

Geary, D.C. — *Mathematical disabilities: Cognitive, neuropsychological and genetic components,* 1993, Psychological Bulletin, 114(2), 345–362

Geary, D.C. — *Children's mathematical development: Research and practical applications,* 1994, Washington, DC: American Psychological Association

Geary, D.C. — *Mathematics and learning disabilities,* 2004, Journal of Learning Disabilities, 37(1), 4–15

Geary, D.C. — *Cognitive predictors of achievement growth in mathematics: A five year longitudinal study,* 2011, Developmental Psychology, 47(6), 1539–1552.

Geary, D.C., Hamson, C.O. & Hoard, M.K. — *Numerical and arithmetical cognition: A longitudinal study of process and concept deficits in children with learning disability,* 2000, Journal of Experimental Child Psychology, 77, 236–263

Geary, D. C. & Hoard, M. K. — *Numerical and arithmetical deficits in learning-disabled children: Relation to dyscalculia and dyslexia,* 2001, Aphasiology, 15, 635–647

GEARY, D. C. & HOARD, M. K. *Learning disabilities in arithmetic and mathematics: Theoretical and empirical perspectives,* 2005, J. I. D. Campbell (Hg.): Handbook of mathematical cognition, New York: Psychology Press, S. 253–267

GELMAN, R. *Learning in core and noncore domains,* 2009, L. Tommasi, M.A. Peterson & L. Nadel (Hg.): Cognitive biology: Evolutionary and development perspectives on mind, brain, and behavior, Cambridge: MIT Press, S. 247–260

GELMAN, R. & GALLISTEL, C. R. *The child's understanding of number,* 1978, Cambridge, MA: Harvard University Press

GERSTEN, R., JORDAN, N.C. & FLOJO, J.R. *Early identification and interventions for students with mathematics difficulties,* 2005, Journal of Learning Disabilities, 38, 293–304

GÖLITZ, D., ROICK, T. & HASSELHORN, M. *Deutsche Mathematiktests für dritte und vierte Klassen (DEMAT 3+ und DEMAT 4),* 2005, M. Hasselhorn, H. Marx & W. Schneider (Hg.): Diagnostik von Mathematikleistungen. Tests und Trends, N. F. Bd. 4, Göttingen: Hogrefe, S. 167–186

GÖLITZ, D., ROICK, T. & HASSELHORN, M. *Deutscher Mathematiktest für vierte Klassen (DEMAT 4),* 2006, Göttinen: Hogrefe

GÖTZ, L., LINGEL, K. & SCHNEIDER W. *DEMAT 5+. Deutscher Mathematiktest für fünfte Klassen,*2013a, Göttingen: Hogrefe

GÖTZ, L., LINGEL, K. & SCHNEIDER W. *DEMAT 6+. Deutscher Mathematiktest für sechste Klassen,* 2013b, Göttingen: Hogrefe

GÖTZ, L., LINGEL, K. & SCHNEIDER W. *Diagnostik mathematischer Kompetenzen in der Sekundarstufe I am Beispiel der Deutschen Mathematiktests für die fünften und sechsten Klassen (DEMAT 5+; DEMAT 6+),* 2013c, M. Hasselhorn, A. Heinze, W. Schneider & U. Trautwein (Hg.): Diagnostik mathematischer Kompetenzen, Tests und Trends, N.F. Bd. 11, Göttingen: Hogrefe, S. 241–260

GRISSEMANN, H. & WEBER, A. *Grundlagen und Praxis der Dyskalkulietherapie. Diagnostik und Intervention bei speziellen Rechenstörungen als Modell sonderpädagogisch-kinderpsychiatrischer Kooperation,* 2000, Bern: Huber, 4. korr. u. erg. Aufl.

GRUBE, D. *Entwicklung des Rechnens im Grundschulalter,* 2005, M. Hasselhorn, H. Marx & W. Schneider (Hg.): Diagnostik von Mathematikleistungen. Tests und Trends, N. F. Bd. 4, Göttingen: Hogrefe, S. 105–124

Grube, D. *Entwicklung des Rechnens im Grundschulalter: Basale Fertigkeiten, Wissensabruf und Arbeitsgedächtniseinflüsse,* 2006, Münster: Waxmann

Grube, D. & Barth, U. *Rechenleistung bei Grundschülern: Zur Rolle von Arbeitsgedächtnis und basalem Faktenwissen,* 2004, Zeitschrift für Pädagogische Psychologie, 18, 245–248

Grube, D., Weberschock, U., Blum, M. & Hasselhorn, M. *DIRG – Diagnostisches Inventar zu Rechenfertigkeiten im Grundschulalter,* 2010, Göttingen: Hogrefe

Grüssing, M., Heinze, A., Duchhardt, C., Ehmke, T., Knopp, E. & Neumann, I., *KiKi – Kieler Kindergartentest Mathematik zur Erfassung mathematischer Kompetenz von vier- bis sechsjährigen Kindern im Vorschulalter,* 2013, M. Hasselhorn, A. Heinze & W. Schneider (Hg.): Diagnostik mathematischer Kompetenzen, Göttingen: Hogrefe, S. 67–79.

Gürtler, T., Perels, F., Schmitz, B. & Bruder, R. *Training zur Förderung selbstregulativer Fähigkeiten in Kombination mit Problemlösen in Mathematik,* 2002, Zeitschrift für Pädagogik, 45. Beiheft, 222–239

Haag, N. & Roppelt, A. *Der Ländervergleich im Fach Mathematik,* 2012, P. Stanat, H.A. Pant, K. Böhme & D. Richter (Hg.): Kompetenzen von Schülerinnen und Schülern am Ende der vierten Jahrgangsstufe in den Fächern Deutsch und Mathematik. Ergebnisse des IQB-Ländervergleichs 2011, Münster: Waxmann, S. 117–127

Haberstroh, S. & Schulte-Körne, G. Clinical *The diagnosis and treatment of dyscalculia,* 2019, Deutsches Ärzteblatt International, 116, S. 107–114

Hachey, A.C. *The early childhood mathematics education revolution,* 2013, Early Education and Development, 24, 419–430

Haenisch, H. & Lukesch, H. *Bruch- und Dezimalrechentest 6: Handanweisung für die Durchführung, Auswertung und Interpretation,* 1981, Braunschweig: Westermann

Haffner, J., Baro, K., Parzer, P. & Resch, F. *Der Heidelberger Rechentest (HRT 1-4). Erfassung mathematischer Basiskompetenzen im Grundschulalter,* 2005a, Göttingen: Hogrefe

HAFFNER, J., BARO, K., PARZER, P., WU, H. & RESCH, F. *Diagnostik mathematischer Basiskompetenzen im Grundschulalter: Der Heidelberger Rechentest HRT,* 2005b, M. Hasselhorn, H. Marx & W. Schneider (Hg.): Diagnostik von Mathematikleistungen. Tests und Trends, N. F. Bd. 4, Göttingen: Hogrefe, S. 125–151

HARTLIEB, V. *Die Bedeutung der phonologischen Bewusstheit für die Entwicklung mathematischer Kompetenzen bei Kindern mit und ohne Migrationshintergrund,* 2021, Unveröffentl. Dissertation, Universität Würzburg

HASEMANN, K. & STERN, E. *Die Förderung des mathematischen Verständnisses anhand von Textaufgaben – Ergebnisse einer Interventionsstudie in Klassen des 2. Schuljahres,* 2002, Journal für Mathematikdidaktik, 23, 222–242

HASSELHORN, M. & GRUBE, D. *Das Arbeitsgedächtnis: Funktionsweise, Entwicklung und Bedeutung für kognitive Leistungsstörungen,* 2003, Sprache – Stimmme – Gehör, 27, 31–37

HASSELHORN, M., HEINZE, A., SCHNEIDER, W. & TRAUTWEIN, U. (HG.) *Diagnostik mathematischer Kompetenzen, Tests und Trends, N.F. Bd. 11,* 2013, Göttingen: Hogrefe

HASSELHORN, M. & LINKE-HASSELHORN, K. *Fostering early numerical skills at school start in children at risk for mathematical achievement problems,* 2013, International Education Studies, 6, 213-220

HASSELHORN, M. & MÄHLER, C. *Wissen, das auf Wissen baut: Entwicklungspsychologische Erkenntnisse zum Wissenserwerb und zum Erschließen von Wirklichkeit im Grundschulalter,* 1998, J. Kahlert (Hg.): Wissenserwerb in der Grundschule: Perspektiven erfahren, vergleichen, gestalten, Bad Heilbrunn: Klinkhardt, S. 73–89

HASSELHORN, M., MARX, H. & SCHNEIDER, W. (HG.) *Diagnostik von Mathematikleistungen. Tests und Trends, N. F. Bd. 4,* 2005, Göttingen: Hogrefe

HASSELHORN, M., ROICK, T. & GÖLITZ, D. *Stabilitäten und prognostische Validitäten der Mathematikleistungen: Ein Längsschnittstudie mit der DEMAT-Reihe in der Grundschule,* 2005, M. Hasselhorn, H. Marx & W. Schneider (Hg.): Diagnostik von Mathematikleistungen. Tests und Trends, N. F. Bd. 4, Göttingen: Hogrefe, S. 187–198

HASSELHORN, M. & SCHNEIDER, W. *Prevention of dyslexia and dyscalculia: Best practice and policy in early education,* in press, M. Skeide (Hg.): Cambridge handbook of learning disorders. Cambridge, UK: Cambridge University Press

Hasselhorn, M. & Schuchardt, K. *Lernstörungen. Eine kritische Skizze zur Epidemiologie,* 2006, Kindheit und Entwicklung,15, 208–215

Hasselhorn, M., Schumann-Hengsteler, R., Gronauer, J., Grube, D., Mähler, C., Schmid, I., Seitz-Stein, K. & Zoelch, C. *Arbeitsgedächtnistestbatterie für Kinder von fünf bis zwölf Jahren (AGTB 5–12),* 2012, Göttingen: Hogrefe

Hecht, T., Sinner, D., Kuhl, J. & Ennemoser, M. *Differenzielle Effekte eines Trainings der mathematischen Basiskompetenzen bei kognitiv schwachen Grundschülern und Schülern der Förderschule mit dem Schwerpunkt Lernen – Reanalyse zweiter Studien,* 2011, Empirische Sonderpädagogik, 4, 308 –323

Hecht, S.A., Torgesen, J.K., Wagner, R.K. & Rashotte, C.A. *The relations between phonological processing abilities and emerging individual differences in mathematical computational skills: A longitudinal study from second to fifth grades,* 2001, Journal of Experimental Child Psychology, 79, 192–227

Heinze, A., Herwartz-Emden, L., Braun, C. & Reiss, K. *Die Rolle von Kenntnissen der Unterrichtssprache beim Mathematiklernen. Ergebnisse einer quantitativen Längsschnittstudie in der Grundschule,* 2011, S. Prediger & E. Özdil (Hg.): Mathematiklernen unter Bedingungen der Mehrsprachigkeit – Stand und Perspektiven der Forschung und Entwicklung in Deutschland, Münster: Waxmann, S. 11–34

Heinze, A., Herwartz-Emden, L. & Reiss, K. *Mathematikkenntnisse und sprachliche Kompetenz bei Kindern mit Migrationshintergrund zu Beginn der Grundschulzeit,* 2007, Zeitschrift für Pädagogik, 53 (4), 562–581

Helmke, A., Schrader, F.-W., Vo, T.A.T., Le, D.P. & Tran, T.B.T. *Selbstkonzept und schulische Leistungen im Kulturvergleich: Ergebnisse der Grundschulstudie SCHOLASTIK in München und Hanoi,* 2003, W. Schneider & M. Knopf (Hg.): Entwicklung, Lehren und Lernen, Göttingen: Hogrefe, S. 187–206

Hemminger U., Roth, E., Schneck, S., Jans, T. & Warnke, A. *Testdiagnostische Verfahren zur Überprüfung der Fertigkeiten im Lesen, Rechtschreiben und Rechnen. Eine kritische Übersicht,* 2000, Zeitschrift für Kinder- und Jugendpsychiatrie und Psychotherapie, 28(3), 188–201

Herwartz-Emden, L. & Mehringer, V. *Lebenswelt und Sozialisationsbedingungen von Kindern mit Migrationshintergrund aus der Sicht aktueller Kinderstudien*, 2011, S. Wittmann, T. Rauschenbach & H.R. Leu (Hg.): Kinder in Deutschland: Eine Bilanz empirischer Studien, Weinheim: Juventa, S. 234–247

Hofe, R. vom, Hafner, T., Blum, W. & Pekrun, R. *Die Entwicklung mathematischer Kompetenzen in der Sekundarstufe – Ergebnisse der Längsschnittstudie PALMA*, 2009, A. Heinze & M. Grüßing (Hg.): Mathematiklernen vom Kindergarten bis zum Studium. Kontinuität und Kohärenz als Herausforderung für den Mathematikunterricht, Münster: Waxmann, S. 125–146

Hofe, R. vom, Kleine, M., Blum, W. & Pekrun, R. *Zur Entwicklung mathematischer Grundbildung in der Sekundarstufe I – theoretische, empirische und diagnostische Aspekte*, 2005, M. Hasselhorn, H. Marx & W. Schneider (Hg.): Diagnostik von Mathematikleistungen. Tests und Trends, N. F. Bd. 4, Göttingen: Hogrefe, S. 263–292

Hyde, J.S., Fennema, E. & Lamon, S.J. *Gender differences in mathematics performance: A meta-analysis*, 1990, Psychological Bulletin, 107, 139–155

Ibrahimovic, N. & Bulheller, S. *Mathematiktest – Grundkenntnisse für Ausbildung und Beruf*. 2005, Göttingen: Hogrefe, 2. Aufl.

Ibrahimovic, N., Bulheller, S. & Häcker, H. *Mathematiktest. Ein Testverfahren zur beruflichen Eignungsdiagnostik*, 2002, Frankfurt/Main: Swets Test Services

Ise, E., Dolle, K., Pixner, S. & Schulte-Körne, G. *Effektive Förderung rechenschwacher Kinder - Eine Metaanalyse, 2012, Kindheit und Entwicklung*, 21, 181–192

Jacobs, C. & Petermann, F. *Rechenfertigkeiten- und Zahlenverarbeitungs- Diagnostikum für die 2. bis 6. Klasse (RZD 2–6)*, 2005a, Göttingen: Hogrefe

Jacobs, C. & Petermann, F. *Diagnostik von Rechenstörungen*, 2005b, M. Hasselhorn, H. Marx & W. Schneider (Hg.): Diagnostik von Mathematikleistungen. Tests und Trends, N. F. Bd. 4, Göttingen: Hogrefe, S. 71–104

Jacobs, C. & Petermann *Rechenstörungen, 2007*, Göttingen: Hogrefe

Jacobs, C. & Petermann. Rechenfertigkeiten- und Zahlenverarbeitungsdiagnostikum für die 2. bis 8. Klasse (RZD 2–8), 2020, Göttingen: Hogrefe

JIMÉNEZ GONZÁLES, J. E. & GARCÍA ESPINEL, A.I. *Strategy choice in solving arithmetic word problems: Are there differences between students with learning disabilities, G-V poor performance and and typical achievement students?*, 2002, Learning Disability Quarterly, 25, 113–122

JORDAN, A.-K., DUCHHARDT, C., HEINZE, A., TRESP, T., GRÜSSING, M., & KNOPP, E. *Mehr als numerische Basiskompetenzen? Zur Dimensionalität und Struktur mathematischer Kompetenz von Kindergartenkindern*, 2015, Psychologie in Erziehung und Unterricht, 62, 205–217.

JORDAN, K.E. & BRANNON, E.M. *Cardinal number respresentation in Rhesus monkeys*, 2003, Paper presented at the annual North Carolina Cognition Group Conference, Durham/NC

JORDAN, N.C., HANICH, L.B. & KAPLAN, D. *A longitudinal study of mathematical competencies in children with specific mathematics difficulties versus children with comorbid mathematics and reading difficulties*, 2003, Child Development, 74(3), 834–850

JORDAN, N.C., HUTTENLOCHER, J. & LEVINE, S.C. *Differential calculation abilities in young children from middle- and low-income families*, 1992, Developmental Psychology, 28, 644–653

JORDAN, N.C., KAPLAN, D., RAMINENI, C. & LOCUNIAK, M.N. *Early math matters: Kindergarten number competence and later mathematics outcomes*, 2009, Developmental Psychology, 45(3), 850–867

KAUFMANN, L. *More evidence for the role of the central executive in retrieving arithmetic facts – a case study of severe developmental dyscalculia*, 2002, Journal of Clinical and Experimental Neuropsychology, 24, 302–310

KAUFMANN, L., NUERK, H.-CH., GRAF, M., KRINZINGER, H., DELAZER, M. & WILMES, K. *Test zur Erfassung numerisch-rechnerischer Fertigkeiten vom Kindergarten bis zur 3. Klasse (TEDI-MATH)*, 2008, Bern: Huber

KLAUER, K.J. *Denktraining für Kinder I, 1989*, Göttingen: Hogrefe

KLIBANOV, R.S., LEVINE, S.C., HUTTENLOCHER, J., VASILYEVA, M. & HEDGES, L.V. *Preschool children's mathematical knowledge: The effect of teacher "math talk"*, 2006, Developmental Psychology, 24, 59–69

Klieme, E., Neubrand, M. & Lüdtke, O. *Mathematische Grundbildung: Testkonzeption und Ergebnisse,* 2001, J. Baumert, E. Klieme, M. Neubrand, M. Prenzel, U. Schiefele, W. Schneider et al. (Hg.): PISA 2000: Basiskompetenzen von Schülerinnen und Schülern im internationalen Vergleich, Opladen: Leske + Budrich, S. 138–190

Klieme, E., Avenarius, H., Blum, W., Döbrich, P., Gruber, H., Prenzel, M., Reiss, K., Riquarts, K., Rost, J., Tenorth, H.-E. & Vollmer, H.J. *Zur Entwicklung nationaler Bildungsstandards,* 2003, Bonn: BMBF

Köller, O. & Reiss, K. *Mathematische Kompetenz messen: Gibt es Unterschiede zwischen standardbasierten Verfahren und diagnostischen Tests?,* 2013, M. Hasselhorn, A. Heinze, W. Schneider & U. Trautwein (Hg.), Diagnostik mathematischer Kompentenzen. Tests und Trends, N.F. Bd. 11, Göttingen: Hogrefe, S. 25–37

Korpipää, H., Moll, K., Aunola, K., Tolvanen, A., Koponen, T., Aro, M. & Lerkkanen, M.-K. *Early cognitive profiles predicting reading and arithmetic skills in grades 1 and 7,* 2020, Contemporary Educational Psychology, 60, DOI 101830.

Krajewski, K. *Vorhersage von Rechenschwäche in der Grundschule,* 2003, Hamburg: Verlag Dr. Kovač

Krajewski, K. *Vorschulische Mengenbewusstheit von Zahlen und ihre Bedeutung für die Früherkennung von Rechenschwäche,* 2005, M. Hasselhorn, H. Marx & W. Schneider (Hg.): Diagnostik von Mathematikleistungen. Tests und Trends, N. F. Bd. 4, Göttingen: Hogrefe, S. 49–70

Krajewski, K. *Entwicklung und Förderung der vorschulischen Mengen-Zahlen-Kompetenz und ihre Bedeutung für die mathematischen Schulleistungen,* 2007, G. Schulte-Körne (Hg.): Legasthenie und Dyskalkulie: Aktuelle Entwicklungen in Wissenschaft, Schule und Gesellschaft, Bochum: Winkler, S. 325–332

Krajewski, K. *Prävention der Rechenschwäche,* 2008a, W. Schneider & M. Hasselhorn (Hg.): Handbuch der Pädagogischen Psychologie, Göttingen: Hogrefe, Bd. 10, S. 360–370

Krajewski, K. *Vorschulische Förderung mathematischer Kompetenzen,* 2008b, F. Petermann & W. Schneider (Hg.): Angewandte Entwicklungspsychologie, Enzyklopädie der Psychologie, Serie Entwicklungspsychologie, Göttingen: Hogrefe, Bd. 7, S. 275–304

Krajewski, K. *Vorschulische Förderung bei beeinträchtigter mathematischer Entwicklung,* 2008c, J. Borchert, B. Hartke & P. Jogschies (Hg.): Prävention von Behinderungen: Frühe Kindheit, Schul- und Jugendalter, Stuttgart: Kohlhammer, S. 122–135

Krajewski, K. *Mathematik plus – Zahlentreppe: Lehrmittel für das 1. Schuljahr,* 2008d, Berlin: Cornelsen

Krajewski, K. *Wie bekommen die Zahlen einen Sinn: ein entwicklungspsychologisches Modell der zunehmenden Verknüpfung von Zahlen und Größen,* 2013, M. von Aster & J.H. Lorenz (Hg.): Rechenstörungen bei Kindern: Neurowissenschaft, Psychologie, Pädagogik, Göttingen: Vandenhoeck & Ruprecht, 2. überarb. Aufl.

Krajewski, K. *Förderung des Zahlverständnisses,* 2014, G. Lauth, M. Grünke & J. Brunstein (Hg.): Interventionen bei Lernstörungen, Göttingen: Hogrefe, S. 199–208

Krajewski, K. *Diagnostik mathematischer Kompetenzen im Kindergartenalter* (MBK-0), 2018, Göttingen: Hogrefe

Krajewski, K. & Ennemoser, M. *Die Berücksichtigung begrenzter Arbeitsgedächtnisressourcen in Unterricht und Lernförderung.* In: H.-P. Trolldenier, W. Lenhard, P. Marx (Hrsg.): Brennpunkte der Gedächtnisforschung, (2010) Göttingen, Hogrefe, 337 – 365.

Krajewski, K. & Ennemoser, M. *Entwicklung und Diagnostik der Zahl-Größen-Verknüpfung zwischen 3 und 8 Jahren,* 2013, M. Hasselhorn, A. Heinze, W. Schneider & U. Trautwein (Hg.): Diagnostik mathematischer Kompetenzen, Tests und Trends, N.F. Bd. 11, Göttingen: Hogrefe, S. 41–65

Krajewski, K. & Ennemoser, M. *Test zur Erfassung mathematischer Basiskompetenzen in der zweiten bis vierten Klasse (MBK 2–4+), in Vorb.*, Göttingen: Hogrefe.

Krajewski, K. & Ennemoser, M. . *Diagnostik mathematischer Basiskompetenzen in Vorschule und zu Schulbeginn*, 2018. In W. Schneider & M. Hasselhorn (Hrsg.), *Schuleingangsdiagnostik. Tests & Trends N.F. 16* (S. 159–186). Göttingen: Hogrefe.

Krajewski, K., Grüssing, M. & Peter-Koop, A. — *Die Entwicklung mathematischer Kompetenzen bis zum Beginn der Grundschulzeit*, 2009, A. Heinze & M. Grüßing (Hg.): Mathematiklernen vom Kindergarten bis zum Studium – Kontinuität und Kohärenz als Herausforderung für den Mathematikunterricht, Münster: Waxmann, S. 17–34

Krajewski, K., Küspert, P. & Schneider, W. — *Deutscher Mathematiktest für erste Klassen (DEMAT 1+ 2. Aufl.)*, im Druck, Göttingen: Hogrefe

Krajewski, K., Dix, S. & Schneider, W. — *Deutscher Mathematiktest für zweite Klassen (DEMAT 2+ 2. Aufl.)*, 2020, Göttingen: Hogrefe

Krajewski, K., Nieding, G. & Schneider, W. — *Mengen, zählen, Zahlen: Die Welt der Mathematik entdecken (MZZ)*, 2007, Berlin: Cornelsen

Krajewski, K., Nieding, G. & Schneider, W. — *Kurz- und langfristige Effekte mathematischer Frühförderung im Kindergarten durch das Programm „Mengen, zählen, Zahlen“*, 2008, Zeitschrift für Entwicklungspsychologie und Pädagogische Psychologie, 40, 135–146

Krajewski, K., Renner, A., Nieding, G. & Schneider, W. — *Frühe Förderung von mathematischen Kompetenzen im Vorschulalter*, 2008, Zeitschrift für Erziehungswissenschaft, 10 (Sonderheft 11/2008), 91–103

Krajewski, K. & Schneider, W. — *Früherkennung von Rechenstörungen*, 2005, W. von Suchodoletz (Hg.): Früherkennung von Entwicklungsstörungen, Göttingen: Hogrefe, S. 223–244

Krajewski, K. & Schneider, W. — *Mathematische Vorläuferfertigkeiten im Vorschulalter und ihre Vorhersagekraft für die Mathematikleistungen bis zum Ende der Grundschulzeit*, 2006, Zeitschrift für Psychologie in Erziehung und Unterricht, 53, 246–262

Krajewski, K. & Schneider, W. — *Prävention von Rechenstörungen*, 2007, W. von Suchodoletz (Hg.): Prävention von Entwicklungsstörungen, Göttingen: Hogrefe, S. 97–114

Krajewski, K. & Schneider, W. — *Early development of quantity to number-word linkage as a precursor of mathematical school achievement and mathematical difficulties: Findings from a four-year longitudinal study*, 2009 a, Learning and Instruction, 19, 513–526

Krajewski, K. & Schneider, W. *Exploring the impact of phonological awareness, visual-spatial working memory, and preschool quantity-number competencies on mathematics achievement in elementary school: Findings from a 3-year longitudinal study*, 2009b, Journal of Experimental Child Psychology, 103, 516–531

Krajewski, K., Schneider, W. & Nieding, G. *Zur Bedeutung von Arbeitsgedächtnis, Intelligenz, phonologischer Bewusstheit und früher Mengen-Zahlen-Kompetenz beim Übergang vom Kindergarten in die Grundschule*, 2008, Psychologie in Erziehung und Unterricht, 55, 118–131

Krajewski, K. & Simanowski, S. *Qualitätskriterien für Förderansätze zur Prävention von Rechenschwäche*, 2017, Frühförderung Interdisziplinär, 36, 93–105

Kramarski, B. & Mevarech, Z. R. *Enhancing mathematical reasoning in the classroom: Effects of cooperative learning and metacognitive training*, 2003, American Educational Research Journal, 40(1), 281–310

Krauss, S., Neubrand, M., Blum, W., Baumert, J., Brunner, M., Kunter, M. & Jordan, A. *Die Untersuchung des professionellen Wissens deutscher Mathematik-Lehrerinnen und –Lehrer im Rahmen der COACTIV-Studie*, 2008, Journal für Mathematik-Didaktik, 29 (3/4), 223–258

Kroesbergen, E.H. & van Luit, J.E.H. *Mathematics for children with special education needs. A meta-analysis*, 2003, Remedial and Special Education, 24 (2), 97–114

Küspert, P. *Wie Kinder besser rechnen lernen – Neue Strategien gegen Dyskalkulie*, 2010, Düsseldorf: Oberstebrink

Kuhl, J., Sinner, D. & Ennemoser, M. *Training quantity-number competencies in students with intellectual disabilities*, 2012, Journal of Cognitive Education and Psychology, 11, 128–142

Kuhn, J.-T., Schwenk, C., Souvignier, E. & Holling, H. *Arithmetische Kompetenz und Rechenschwäche am Ende der Grundschulzeit: die Rolle statussdiagnostischer undlernverlaufsbezogener Prädiktoren*, 2019, Empirische Sonderpädagogik, 2, S. 95–117

Kultusministerkonferenz (KMK) *Bildungsstandards im Fach Mathematik für den mittleren Schulabschluss*, 2003, Bonn: KMK

Kultusministerkonferenz (KMK) *Bildungsstandards für den Hauptschulabschluss nach Klasse 9*, 2004, Bonn: KMK

Kunter, M., Baumert, J., Blum, W., Klusmann, U., Krauss, S. & Neubrand, M. (Hg.) *Professionelle Kompetenz von Lehrkräften – Ergebnisse des Forschungsprogramms COACTIV*, 2011, Münster: Waxmann

Kunter, M. & Voss, T. *Das Modell der Unterrichtsqualität in COACTIV: Eine multikriteriale Analyse*, 2011, M. Kunter, J. Baumert, W. Blum, U. Klusmann, S. Krauss, & M. Neubrand (Hg.): Professionelle Kompetenz von Lehrkräften – Ergebnisse des Forschungsprogramms COACTIV, 2011, Münster: Waxmann, S. 85–113

Lambert, K. *Rechenschwäche – Grundlagen, Diagnostik und Förderung*, 2015, Göttingen: Hogrefe

Landerl, K., Bevan, A. & Butterworth, B. *Developmental dyscalculia and basic numerical capacities: a study of 8–9-year-old students*, 2004, Cognition, 93, 99–125

Landerl, K., Fussenegger, B., Moll, K. & Willburger, E. *Dyslexia and dyscalculia: Two learning disorders with different cognitive profiles*, 2009, Journal of Experimental Child Psychology, 103, 309–324

Landerl, K., Vogel, S. & Kaufmann, L. *Dyskalkulie – Modelle, Diagnostik, Intervention* (3. Aufl.), 2017, München: Ernst Reinhardt

Lee, K., Ng, S.-F., Ng, E.-L. & Lim, Z.-Y. *Working memory and literacy as predictors of performance on algebraic word problems*, 2004, Journal of Experimental Child Psychology, 89, 140–158

LeFevre. J.-A., Berrigan, L., Vendetti, C., Kamawar, D., Bisanz, J., Skwarchuk, S.-L. et al. . *The role of executive attention in the acquisition of mathematical skills for children in grades 2 through 4*, 2013, Journal of Experimental Child Psychology, 114, 243–261.

LeFevre, J.-A., Fast, L., Skwarchuk, S.-L., Smith-Chant, B.L., Bisanz, J., Kamawar, D. & Penner-Wilger, M. *Pathways to mathematics: Longitudinal predictors of performance,* 2010, Child Development, 81 (6), 1753–1767

Lehmann, R., Gänzfuss, R. & Peek, R. *Aspekte der Lernausgangslage und der Lernentwicklung von Schülerinnen und Schülern an Hamburger Schulen – Klassenstufe 7,* 1999, Hamburg: Behörde für Schule, Jugend und Berufsbildung, Amt für Schule

Lehmann, R.H., Husfeldt, V. & Peek, R. *Lernstände und Lernentwicklungen im Fach Mathematik – Ergebnisse der Hamburger Untersuchung (LAU) in den Klassenstufen 5 und 6,* 2001, G. Kaiser, N. Koche, D. Lind & W. Zillmer (Hg.): Leistungsvergleiche im Mathematikunterricht – ein Überblick über aktuelle nationale Studien, Hildesheim: Franzbecker, S. 29–52

Lehmann, R.H., Peek, R., Gänsfuss, R., Lutkat, S., Mücke, S. & Barth, I. *QuaSUM – Qualitätsuntersuchung an Schulen zum Unterricht in Mathematik. Ergebnisse einer repräsentativen Untersuchung im Land Brandenburg,* 2000, Ministerium für Bildung, Jugend und Sport des Landes Brandenburg (Hg.): Reihe Schulforschung in Brandenburg, Heft 1, Potsdam

Lenhard, W. & Lenhard, A. *Rechenspiele mit Elfe und Mathis I: Ein Mathematikförderprogramm für Kinder der ersten, zweiten und dritten Klassenstufe,* 2010, Göttingen: Hogrefe

Lenhard, W., Lenhard, A. & Lingel, K. *Rechenspiele mit Elfe und Mathis II: Ein Mathematikförderprogramm für Kinder der dritten, vierten und fünften Klassenstufe,* 2010, Göttingen: Hogrefe

Lenhard, A., Lenhard, W., Schug, M. & Kowalski, A. *Computerbasierte Mathematikförderung mit den „Rechenspielen mit Elfe und Mathis I",* 2011, Zeitschrift für Entwicklungspsychologie und Pädagogischer Psychologie, 42(2), 79–88

Lepach, A.C., Petermann, F. & Schmidt, S. *Neuropsychologische Diagnose von Merk- und Lernstörungen mit der MLT-C,* 2007, Kindheit und Entwicklung, 16, 16–26

Lingel, K., Neuenhaus, N., Artelt, C. & Schneider, W. *Der Einfluss des metakognitiven Wissens auf die Entwicklung der Mathematikleistung am Beginn der Sekundarstufe 1,* 2014, Journal für Mathematikdidaktik, 35, 49–77

Lonnemann, J., Linkersdörfer, J., Hasselhorn, M. & Lindberg, S. *Symbolic and non-symbolic distance effects in children and their connection with arithmetic skills,* 2011, Journal of Neurolinguistics, 24 (5), 583–591

Lorenz, J.H. *Die Bedeutung der kindlichen Anschauung und der arithmetischen Veranschaulichungsmittel im Anfangsunterricht,* 1992, J.H. Lorenz (Hg.): Mathematik und Anschauung, Köln: Aulis, S. 122–146

Lorenz, J.H. *Lernschwache Rechner fördern. Ursachen der Rechenschwäche – Frühhinweise auf Rechenschwäche – Diagnostisches Vorgehen,* 2003, Berlin: Cornelsen

Lorenz, J.H. *Grundlagen der Förderung und Therapie: Wege und Irrwege,* 2005a, M. von Aster & J.H. Lorenz (Hg.): Rechenstörungen bei Kindern: Neurowissenschaft, Psychologie, Pädagogik, Göttingen: Vandenhoeck & Ruprecht, S. 165–177

Lorenz, J.H. *Diagnostik mathematischer Basiskompetenzen im Vorschulalter,* 2005b, M. Hasselhorn, H. Marx & W. Schneider (Hg.): Diagnostik von Mathematikleistungen. Tests und Trends, N. F. Bd. 4, Göttingen: Hogrefe, S. 29–48

Lorenz, J.H. *Der Hamburger Rechentest (HaReT),* 2005c, Hamburg: Behörde für Bildung und Sport

Lorenz, J.H. *Der Hamburger Rechentest 1-4 (HaReT 1-4),* 2013, M. Hasselhorn, A. Heinze, W. Schneider, & U. Trautwein (Hg.): Diagnostik mathematischer Kompetenzen, Tests und Trends, N.F. Bd. 11, Göttingen: Hogrefe, S. 165–183

Lyons, I.M. & Beilock, S.L. *When math hurts: math anxiety predicts pain network activation in anticipation of doing math,* 2012, PLoS ONE 7(10), Zugriff am 18.12.2012. Verfügbar unter http://www.plosone.org/article/info:doi/10.1371/journal.pone.0048076

Mähler, C. & Hasselhorn, M. *Lern- und Gedächtnistraining bei Kindern,* 2001, K.J. Klauer (Hg.): Handbuch kognitives Training, Göttingen: Hogrefe, S. 407–430

Marx, H. & Krocker, N. *Das Prokrustesbett der deutschen Lehrpläne für die Entwicklung von lehrplanvaliden Testverfahren – Zur Konstruktion der Deutschen Mathematiktests für fünfte und sechste Klassen (DEMAT 5+ und DAMAT 6+)*, 2005, M. Hasselhorn, H. Marx & W. Schneider (Hg.): Diagnostik von Mathematikleistungen. Tests und Trends, N. F. Bd. 4, Göttingen: Hogrefe, S. 199–231

Marx, P. *Lese- und Rechtschreiberwerb*, 2007, Paderborn: Schöningh (UTB)

May, P. & Bennöhr, J. (Hg). *KEKS - Kompetenzerfassung in Kindergarten und Schule*, 2013, Berlin: Cornelsen

May, P., Bennöhr, J. & Berger, C. *Lernentwicklungsmonitoring mit KEKS*, 2014, M. Hasselhorn, W. Schneider & U. Trautwein (Hg): Lernverlaufsdiagnostik. Tests und Trends, N.F. Bd. 12, Göttingen: Hogrefe, S. 257–280

McCloskey, M., Caramazza, A. & Basili, A. *Cognitive mechanisms in number processing and calculation: Evidence from dyscalculia*, 1985, Brain & Cognition, 4, 171–196

Merdian, G., Merdian, F. & Schardt, K. *Bamberger Dyskalkuliediagnostik BADYS 5–8+*, 2012, Bamberg: PaePsy Verlag

Mevarech, Z.R. & Kramarski, B. *Improve: A multidimensional method for teaching mathematics in heterogeneous classrooms*, 1997, American Educational Research Journal, 34 (2), 365–394

Miller, K.F., Kelly, M. & Zhou, X. *Learning mathematics in China and the United States – Cross-cultural insights into the nature and course of preschool mathematical development*, 2005, J.I.D. Campbell (Hg.): Handbook of mathematical cognition, New York: Psychology Press, S. 163–178

Milz, I. *Rechenschwächen erkennen und behandeln*, 1997, Dortmund: Borgmann

Moeller, K., Pixner, S., Kaufmann, L. & Nuerk H.-C. *Children's early mental number line: Logarithmic or decomposed linear?*, 2009, Journal of Experimental Psychology, 103, 503–515

Moeller, K., Zuber, J., Olsen, N., Nuerk, H.-C. & Willmes, K. *Intransparent German number words complicate transcoding - a translingual comparison with Japanese*, 2015, Frontiers in Psychology, 6, 740

MONONEN, R., AUNIO, P & KOPONEN, T. *Investigating RightStart mathematics kindergarten instruction in Finland,* 2014, Journal of Early Childhood Education Research, 3, 2–26

MOOG, W. *Flexibilisierung von Zahlbegriffen und Zählhandlungen – Ein Übungsprogramm,* 1995, Heilpädagogische Forschung, 3, 113–121

MOOG, W. & SCHULZ, A. *Lernwirksamkeit eines Übungsprogramms zur Flexibilisierung von Zahlbegriffen und Zählhandlungen bei rechenschwachen Grundschülern,* 1997, F. Masendorf (Hg.): Experimentelle Sonderpädagogik, Weinheim: Deutscher Studienverlag, S. 225–241

MOOG, W. & SCHULZ, A. *Zahlen begreifen – Diagnose und Förderung bei Kindern mit Rechenschwäche,* 2005, Weinheim: Beltz, 2. überarb. Aufl.

MOSER, U. & BAYER, N. *«wortgewandt & zahlenstark»: Ein Diagnostikum zur Erfassung sprachlicher und mathematischer Vorläuferfertigkeiten in der Schuleingangsstufe,* 2011, M. Hasselhorn & W. Schneider (Hg.): Frühprognose schulischer Kompetenzen. Test und Trends, N.F. Bd. 9, Göttingen: Hogrefe, S. 147–166

MOSER, U. & BERWEGER, S. *wortgewandt & zahlenstark. Lern- und Entwicklungsstand bei 4- bis 6-Jährigen. Testinstrumente und Testhandbuch,* 2007, St. Gallen: Interkantonale Lehrmittelzentrale

MOSER OPITZ, E., LABHART, D., GROB, U. & PREDIGER, S. *Gruppentest zur Basisdiagnostik Mathematik für das vierte Quartal der 6. Klasse und für das erste Quartal der 7. Klasse (BASIS-MATH-G 6+),* 2021, Göttingen: Hogrefe

MOSER OPITZ, E., RAMSEIER, E. & REUSSER, L. *Basisdiagnostik Mathematik für die Klassen 4–8 (BASIS-MATH 4–8),* 2013, M. Hasselhorn, A. Heinze, W. Schneider & U. Trautwein (Hg.): Diagnostik mathematischer Kompetenzen, Tests und Trends, N.F. Bd. 11, Göttingen: Hogrefe, S. 271–286

MOSER OPITZ, E., REUSSER, L., MOERI MÜLLER, M., ANLIKER, B., WITTICH, C. & FREESEMANN, O. *Basisdiagnostik Mathematik für die Klassen 4–8 (BASIS-MATH 4–8),* 2010, Bern: Huber

MOSER-OPITZ, E. & SCHMASSMANN, M. *Heilpädagogischer Kommentar zum Zahlenbuch 1. Hinweise zur Arbeit mit Kindern mit mathematischen Lernschwierigkeiten,* 2003, Zug: Klett & Balmer

Moser Opitz, E., Stöckli, M., Grob, U., Reusser, L. & Nührenbörger, M. — *Gruppentest zur Basisdiagnostik Mathematik für das vierte Quartal der 2. Klasse und da erste Quartal der dritten Klasse (BASIS-MATH-G2+)*, 2020, Göttingen: Hogrefe

Navarro, J. I., Aguilar, M., Marchena, E., Ruiz, G., Menacho, I. & van Luit, H. — *Longitudinal study of low and high achievers in early mathematics*, 2012, British Journal of Educational Psychology, 82, 28–41

Neubrand, M. — *Mathematische Bildung in der Sekundarstufe: Orientierungen für die inhaltliche Ausgestaltung von Übergängen*, 2009, A. Heinze & M. Grüßing (Hg.): Mathematiklernen vom Kindergarten bis zum Studium. Kontinuität und Kohärenz als Herausforderung für den Mathematikunterricht, Münster: Waxmann, S. 181–190

Neubrand, M. & Klieme, E. — *Mathematische Grundbildung*, 2002, J. Baumert, C. Artelt, E. Klieme, M. Neubrand, M. Prenzel, U. Schiefele, W. Schneider, K.-J. Tillmann & M. Weiß (Hg.): PISA 2000 – Die Länder der Bundesrepublik Deutschland im Vergleich, Opladen: Leske + Budrich, S. 95–127

Niklas, F. & Schneider, W. — *Einfluss von „Home Numeracy Environment" auf die mathematische Kompetenzentwicklung vom Vorschulalter bis Ende des 1. Schuljahres*, 2012, Zeitschrift für Familienforschung, 24(2), 134–147

Niklas, F. & Schneider, W. — *Casting the die before the die is cast: the importance of the home numeracy development for preschool children*, 2014, European Journal of Psychology of Education, 29, 327–345

Noël, M.P. & Seron, X. — *Arabic number reading deficits*, 1993, Cognitive Neuropsychology, 10, 317–339

Olyai, N., Otto, B., Büttner, G. & Krajewski, K. — *Numbers – Wirksamkeitsevaluation einer unterrichtsintegrierten Förderung von Mengen-Zahlen-Kompetenz und Selbstregulation zur Sekundärprävention von Rechenschwierigkeiten*, 2011, Poster auf der Tagung für Pädagogische Psychologie vom 14.–16. September in Erfurt

Pauen, S. & Pahnke, J. — *Mathematische Kompetenzen im Kindergarten: Evaluation der Effekte einer Kurzzeitintervention*, 2008, Empirische Pädagogik, 22, 193–208

Pekrun, R., vom Hofe, R., Blum, W., Götz, T., Wartha, S., Frenzel, A. et al. *Projekt zur Analyse der Leistungsentwicklung in Mathematik (PALMA)*, 2006, M. Prenzel & L. Allolio-Näcke (Hg.): Untersuchungen zur Bildungsqualität von Schule: Abschlussbericht des DFG-Schwerpunktprogramms, Münster: Waxmann, S. 21–53

Piaget, J. & Szeminska, A. *Die Entwicklung des Zahlbegriffs beim Kinde*, 1975, Stuttgart: Klett-Cotta

Pirr, M. & Ennemoser, M. *Deutscher Mathematiktest für siebte Klassen (DEMAT 7+)*, in Vorab., Göttingen: Hogrefe.

Pirr, M. & Ennemoser, M. *Deutscher Mathematiktest für achte Klassen (DEMAT 8+)*, in Vorab., Göttingen: Hogrefe.

Prenzel, M. & Blum, W. (Hg.) *Entwicklung eines Testverfahrens zur Überprüfung der Bildungsstandards in Mathematik für den Mittleren Schulabschluss. Technischer Bericht*, 2007, Kiel: IPN

Prenzel, M., Carstensen, C.H., Schöps, K. & Maurischat, C. *Die Anlage des Längsschnitts bei PISA 2003*, 2006, M. Prenzel, J. Baumert, W. Blum, R. Lehmann, D. Leutner, M. Neubrand, R. Pekrun, J. Rost & U. Schiefele (Hg.): PISA 2003 – Untersuchungen zur Kompetenzentwicklung im Verlauf eines Schuljahres, Münster: Waxmann, 29–62

Pressley, M. *The relevance of the Good Strategy User Model to the teaching of mathematics*, 1986, Educational Psychologist, 21, 139–161

Pressley, M., Borkowski, J.G. & Schneider, W. *Cognitive strategies: Good strategy users coordinate metacognition and knowledge*, 1987, R. Vasta (Hg.): Annals of child development, Greenwich, CO: JAI Press, Bd. 4, S. 89–129

Quaiser-Pohl, C. *Förderung mathematischer Vorläuferfertigkeiten im Kindergarten mit dem Programm „Spielend Mathe"*, 2008, F. Hellmich & H. Köster (Hg.): Vorschulische Bildungsprozesse in Mathematik und Naturwissenschaften, Bad Heilbrunn: Klinkhardt

Reiss, K., Heinze, A. & Pekrun, R. *Mathematische Kompetenz und ihre Entwicklung in der Grundschule*, 2007, M. Prenzel, I. Gogolin & H.-H. Krüger (Hg.): Kompetenzdiagnostik, Zeitschrift für Erziehungswissenschaft, 10, Sonderheft 8/2007, 107–127

Reiss, K. Weis, M., Klieme, E. & Köller, O. (Hg.). *PISA 2018 - Grundbildung im internationalen Bereich*, 2019, Münster: Waxmann

Remschmidt, H. *Kinder- und Jugendpsychiatrie: Eine praktische Einführung*, 2000, Stuttgart: Thieme

Renner, A. , Krajewski, K. & Schneider, W. *Langfristige Effekte einer mathematischen Förderung mit »Mengen, zählen, Zahlen« auf die mathematischen Schulleistungen*, in Vorb., Frühe Bildung, Schwerpunkt Schulbereitschaft.

Resnick, L.B. *A developmental theory of number understanding*, 1983, H. Ginsburg (Hg.): The development of mathematical thinking, New York: Academic Press, S. 109–151

Resnick, L.B. *Developing mathematical knowledge*, 1989, American Psychologist, 44, 162–169

Reusser, K. *Literaturüberblick*, 1997, F.E. Weinert & A. Helmke (Hg.): Entwicklung im Grundschulalter, Weinheim: Psychologie Verlags Union, S. 141–155

Ricken, G., Fritz, A. & Balzer, L. *Mathematik und Rechnen – Test zur Erfassung von Konzepten im Vorschulalter (MARKO-D) – Ein Beispiel für einen niveauorientierten Ansatz*, 2011, Empirische Sonderpädagogik, 3, 256–271

Ricken, G., Fritz-Stratmann, A. & Balzer, L. *Mathematik- und Rechenkonzepte im Vorschulalter – Diagnose (MARKO-D)*, 2012, Göttingen: Hogrefe

Roebers, C. M., Röthlisberger, M., Cimeli, P., Michel, E. & Neuenschwander, R. *School enrolment and executive functioning: A longitudinal perspective on developmental changes, the influence of learning context and the prediction on pre-academic skills*, 2011, *European Journal of Developmental Psychology, 8(5)*. 526–540.

Roick, T., Gölitz, D. & Hasselhorn, M. *Deutscher Mathematiktest für dritte Klassen (DEMAT 3+;* 2., aktualisierte und neu normierte Aufl.), 2018, Göttingen: Hogrefe

Roick, T., Gölitz, D. & Hasselhorn, M. *Kettenrechner für dritte und vierte Klassen (KR 3–4)*, 2011, Göttingen: Hogrefe

ROICK, T. & HASSELHORN, M. *Der Kettenrechner 3–4. Zusätzliche Differenzierung durch komplexe arithmetische Faktenaufgaben,* 2005, M. Hasselhorn, H. Marx & W. Schneider (Hg.): Diagnostik von Mathematikleistungen. Tests und Trends, N. F. Bd. 4, Göttingen: Hogrefe, S. 233–250

ROSENKRANZ, C. *Kieler Zahlenbilder – Ein Förderprogramm zum Aufbau des Zahlbegriffs für rechenschwache Kinder,* 2001, Kiel: Veris Verlag

ROURKE, B.P. *Reading, spelling, and arithmetic disabilities: A neuropsychological perspective,* 1978, H.R. Mycklebust (Hg.): Progress in learning disabilities, New York: Grune & Stratton, S. 97 –120

ROURKE, B.P. *Arithmetic disabilities, specific and otherwise: A neuropschological perspective,* 1993, Journal of Learning disabilities, 26, 214–226

SCHARDT, K. & MERDIAN, G. *BADYS 1–4+. Bamberger Dyskalkuliediagnostik. Ein förderdiagnostisches Verfahren zur Erfassung von Rechenproblemen,* 2006, Bamberg: PaePsy Verlag

SCHIPPER, W. *Thesen und Empfehlungen zum schulischen und außerschulischen Umgang mit Rechenstörungen,* 2001, Zugriff am 31.03.2006 http://www.uni.bielefeld.de/idm/publikationen/occpaper/Occ182.pdf

SCHIPPER, W., WARTHA, S. & VON SCHROEDERS, N. *Diagnostik arithmetischer Kompetenzen im 2. Schuljahr: BIRTE – Bielefelder Rechentest,* 2011, Grundschulmagazin, 4, 16–19

SCHMIDT, S., ENNEMOSER, M. & KRAJEWSKI, K. *Deutscher Mathematiktest für die neunte Klassenstufe (DEMAT 9),* 2012, Göttingen: Hogrefe

SCHNEIDER, M., MERZ, S., STRICKER, J., DE SMEDT, TORBEYNS, VERSCHAFFEL & LUWEL. *Associations of number line estimation with mathematical competence: A meta-analysis,* 2018, Child Development, 89, 1467–1484

SCHNEIDER, W. *Domain-specific knowledge and memory performance in children,* 1993, Educational Psychology Review, 5, 257–273

SCHNEIDER, W. (HG.) *Entwicklung von der Kindheit bis zum Erwachsenenalter – Befunde der Münchner Längsschnittstudie LOGIK,* 2008, Weinheim: Beltz

Schneider, W. & Artelt, C. — *Metacognition and mathematics education,* 2010, ZDM Mathematics Education, 42, 149–161

Schneider, W. & Hasselhorn, M. — *Metakognition bei der Lösung mathematischer Probleme: Gestaltungsperspektiven für den Mathematikunterricht,* 1988, Heilpädagogische Forschung, 14, 113–118

Schneider, W. & Krajewski, K. — *Deutsche Mathematiktests für erste und zweite Klassen (DEMAT 1+ und DEMAT 2+),* 2005, M. Hasselhorn, H. Marx & W. Schneider (Hg.): Diagnostik von Mathematikleistungen. Tests und Trends, N. F. Bd. 4, Göttingen: Hogrefe, S. 153–166

Schneider, W., Krajewski, K. & Schwenck, C. — *Rechenstörungen: Möglichkeiten der Prävention und Intervention,* 2010, W. von Suchodoletz (Hg.): Therapie von Entwicklungsstörungen, Göttingen: Hogrefe, S. 129–152

Schneider, W., Lingel, K., Artelt, C. & Neuenhaus, N. — *Metacognitive knowledge in secondary school students: Assessment, structure, and developmental change,* 2017, D. Leutner, J. Fleischer, J. Grünkorn & E. Klieme (Eds.): Competence assessment in education: Research, models, and instruments. New York: Springer, S. 285–302

Schoenfeld, A.H. — *Episodes ad executive decisions in mathematical problem solving,* 1983, R. Lester & M. Landau (Hg.): Acquisition of mathematical concepts and processes, New York: Academic Press

Schroeders, U. & Schneider, W. — *TeDDy-PC. Test zur Diagnose von Dyskalkulie,* 2008, Hogrefe: Göttingen

Schuchardt, K. & Hasselhorn, M. — *Übersicht über aktuell verfügbare deutschsprachige Testverfahren zur Erfassung von Mathematikleistungen, -kompetenzen und -schwächen,* 2005, M. Hasselhorn, H. Marx & W. Schneider (Hg.): Diagnostik von Mathematikleistungen. Tests und Trends, N. F. Bd. 4, Göttingen: Hogrefe, S. 301–313

Schuchardt, K. & Mähler, C. — *Unterscheiden sich Subgruppen rechengestörter Kinder in ihrer Arbeitsgedächtniskapazität, im basalen arithmetischen Faktenwissen und in den numerischen Basiskompetenzen?,* 2010, Zeitschrift für Entwicklungspsychologie, 42, 217–225

Schulz, A. — *Lernschwierigkeiten im Mathematikunterricht der Grundschule,* 1995, Berlin: Paetec-Verlag

Schulz, A. *Zahlen begreifen lernen,* 2003, A. Fritz, G. Ricken & S. Schmidt (Hg.): Handbuch Rechenschwäche – Lernwege, Schwierigkeiten und Hilfen, Weinheim: Beltz, S. 360–378

Schwenck, C., Dummert, F., Endlich, D. & Schneider, W. *Cognitive functioning in children with learning problems,* 2015, European Journal of Psychology of Education, 30, 349–367

Schwenck, C. & Schneider, W. *Der Zusammenhang von Rechen- und Schriftsprachkompetenz im frühen Grundschulalter,* 2003, Zeitschrift für Pädagogische Psychologie, 17, 261–267

Schwippert, K., Bos, W. & Lankes, E.-M. *Heterogenität und Chancengleichheit am Ende der vierten Jahrgangsstufe im internationalen Vergleich,* 2003, W. Bos, E.-M. Lankes, M. Prenzel, K. Schwippert, G. Walther & R. Valtin (Hg.): Erste Ergebnisse aus IGLU. Schülerleistungen am Ende der vierten Jahrgangsstufe im internationalen Vergleich, Münster: Waxmann, S. 265–302

Schwippert, K., Kasper, D., Köller, O., McElvany, N., Selter, C., Steffensky, M., & Wendt, H. (Hg.). *Mathematische und naturwissenschaftliche Kompetenzen von Grundschulkindern in Deutschland im internationalen Vergleich,* 2020, Münster: Waxmann

Schwippert, K., Hornberg, S., Freiberg, M. & Stubbe, T.C. *Lesekompetenz von Kindern mit Migrationshintergrund im internationalen Vergleich,* 2007, W. Bos, S. Hornberg, K.-H. Arnold, G. Faust, L. Fried, E.-M. Lankes, K. Schwippert & R. Valtin (Hg.): IGLU 2006. Lesekompetenzen von Grundschulkindern in Deutschland im internationalen Vergleich, Münster: Waxmann, S. 249–269

Seitz, K. & Schuhmann-Hengsteler, R. *Mental multiplication and working memory,* 2000, European Journal of Cognitive Psychology, 12 (4), 552–570

Siegler, R.S. *Children's thinking,* 1998, Upper Saddle River, NJ: Prentice Hall

Siegler, R.S. & Booth, J.L. *Development of numerical estimation in young children,* 2004, Child Development, 75, 428–444

Siegler, R.S. & Lortie-Forques, H. *An integrative theory of numerical development,* 2014, Child Development Perspectives, 8, 144–150.

SIEGLER, R.S. & MU, Y. *Chinese children excel on novel mathematics problems even before elementary school,* 2008, Psychological Science, 19(8), 759–763

SIEGLER, R.S., THOMPSON, C.A. & SCHNEIDER, M. *An integrated theory of whole number and fractions development,* 2011, Cognitive Psychology, 62, 273–296

SIMANOWSKI S. & KRAJEWSKI, K. *Specific preschool executive funtions predict unique aspects of mathematics development: A 3-year longitudinal study,* 2017, Child Development, 90, http://dx.doi.org/10.1111/cdev.12909

SIMON, T., HESPOS, S. J. & ROCHAT, P. *Do infants understand simple arithmetic? A replication of Wynn (1992),* 1995, Cognitive Development, 10(2), 253–269

SINNER, D. *Prävention von Rechenschwäche durch ein Training mathematischer Basiskompetenzen in der ersten Klasse,* 2011, unveröffentlichte Dissertation, Universität Gießen

SINNER, D., ENNEMOSER, M. & KRAJEWSKI, K. *Entwicklungspsychologische Frühdiagnostik mathematischer Basiskompetenzen im Kindergarten- und frühen Grundschulalter (MBK-0 und MBK-1+),* 2011, M. Hasselhorn & W. Schneider (Hg.): Frühprognose schulischer Kompetenzen. Tests und Trends, N.F. Bd. 9, Göttingen: Hogrefe, S. 109–129

SINNER, D. & KUHL, J. *Förderung mathematischer Basiskompetenzen in der Grundstufe der Schule für Lernhilfe,* 2010, Zeitschrift für Entwicklungspsychologie und Pädagogischer Psychologie, 42(2), 241– 251

SLAVIN, R. E. & LAKE, C. *Effective programs for elementary mathematics: A best evidence synthesis,* 2008, Review of Educational Research, 78 (3), 427–515

SNOWLING, M.J., MOLL, K., & HULME, C. *Language difficulties are a shared risk factor for both reading disorder and mathematical disorder,* 2021, Journal of Experimental Child Psychology, DOI: 10.1016/j.jexp.2020.105009

SOUVIGNIER, E., FÖRSTER, N. & SALASCHEK, E. quop: *Ein Ansatz internetbasierter Lernverlaufsdiagnostik mit Testkonzepten für Lesen und Mathematik,* 2014, M. Hasselhorn, W. Schneider & U. Trautwein (Hg.): Lernverlaufsdiagnostik. Tests und Trends, N.F. Bd. 12, Göttingen: Hogrefe, S. 221–237

SPELKE, E. S. & KINZLER, K. D. *Core knowledge,* 2007, Developmental Science, 10, 89–96

STANAT, P., PANT, H. A., BÖHME, K. & RICHTER, D. (HG.) *Kompetenzen von Schülerinnen und Schülern am Ende der vierten Jahrgangsstufe in den Fächern Deutsch und Mathematik. Ergebnisse des IQB-Ländervergleichs 2011,* 2012, Münster: Waxmann

STANAT, P., RAUCH, D. & SEGERITZ, M. *Schülerinnen und Schüler mit Migrationshintergrund,* 2010, E. Klieme, C. Artelt, J. Hartig, N. Jude, O. Köller, M. Prenzel, W. Schneider & P. Stanat (Hg.): PISA 2009 – Bilanz nach einem Jahrzehnt, Münster: Waxmann, S. 200–230

STANAT, P., SCHIPOLOWSKI, S., RJOSK, C., WEIRICH, S. & HAAG, N. (HG.). *IQB-Bildungstrend 2016 – Kompetenzen in den Fächern Deutsch und Mathematik am Ende der 4. Jahrgangsstufe im zweiten Ländervergleich,* 2017, Münster: Waxmann.

STAUB, F.C. & STERN, E. *The nature of teacher's pedagogical content beliefs matters for students' achievement gains: Quasi-experimental evidence from elementary mathematics,* 2002, Journal of Educational Psychology, 93, 144–155

STERN, E. *Erwerb mathematischer Kompetenzen: Ergebnisse aus dem SCHOLASTIK-Projekt,* 1997, F.E. Weinert & A. Helmke (Hg.): Entwicklung im Grundschulalter, Weinheim: Beltz, S. 157–170

STERN, E. *Ergebnisse aus dem SCHOLASTIK-Projekt,* 1997, F.E. Weinert & A. Helmke (Hg.): Entwicklung im Grundschulalter, Weinheim: Psychologie Verlags Union, S. 157–170

STERN, E. *Die Entwicklung des mathematischen Verständnisses im Kindesalter,* 1998, Lengerich: Pabst

STERN, E. *Früh übt sich: Neuere Ergebnisse aus der LOGIK-Studie zum Lösen mathematischer Textaufgaben in der Grundschule,* 2003, A. Fritz, G. Ricken & S. Schmidt (Hg.): Handbuch Rechenschwäche – Lernwege, Schwierigkeiten und Hilfen, Weinheim: Beltz, S. 116–130

STERN, E. *Verpasste Chancen? Was wir aus der LOGIK-Studie über den Mathematikunterricht lernen können,* 2008, W. Schneider (Hg.): Entwicklung von der Kindheit bis zum Erwachsenenalter. Befunde der Münchner Längsschnittstudie LOGIK, Weinheim: Beltz, S. 187–202

STEVENSON, H.W., LEE, S.-Y. & STIGLER, J.W. *Mathematics achievement of Chinese, Japanese, and American children,* 1986, Science, 231 (No. 4739), 693–699

Strathmann, A.M. *Lernverlaufsdiagnostik Mathematik für zweite bis vierte Klassen (LVD-M)*, 2014, M. Hasselhorn, W. Schneider & U. Trautwein (Hg.): Lernverlaufsdiagnostik. Tests und Trends, N.F. Bd. 12, Göttingen: Hogrefe, S. 203–220

Strathmann, A.M. & Klauer, K.J. *LVD-M 2–4. Lernverlaufsdiagnostik – Mathematik für zweite bis vierte Klassen*, 2012, Göttingen: Hogrefe

Swanson, H.L. & Beebe-Frankenberger, M. *The relationship between working memory and mathematical problem solving in children at risk and not at risk for serious math difficulties*, 2004, Journal of Educational Psychology, 96, 471–491

Tenorth, H.-E., Blum, W., Heinze, A., Peter-Koop, A., Post, M., Selter, Ch., Tippelt, R. & Törner, G. (Hg.) *Mathematik entlang der Bildungskette*, 2010, Deutsche Telekom Stiftung

Thiel, O. & Valtin, R. *Eine Zwei ist eine Drei ist eine Vier. Oder: Sind Zensuren aus verschiedenen Klassen vergleichbar?*, 2002, R. Valtin (Hg.): Was ist ein gutes Zeugnis? Noten und verbale Beurteilungen auf dem Prüfstand, Weinheim: Juventa, S. 67–76

Thomas, J., Zoelch, C., Seitz-Stein, K. & Schumann-Hengsteler, R. *Phonologische und zentral-exekutive Arbeitsgedächtnisprozesse bei der mentalen Addition und Multiplikation von Grundschülern*, 2006, Psychologie in Erziehung und Unterricht, 53, 275–290

Tiedemann, J. & Billmann-Mahecha, E. *Kontextfaktoren der Schulleistung im Grundschulalter – Ergebnisse aus der Hannoverschen Grundschulstudie*, 2004, Zeitschrift für Pädagogische Psychologie, 18(2), 113–124

Tymms, P. & Albone, S. *Performance indicators in primary schools*, 2002, A. J. Visscher & R. Coe (Hg.): School improvement through performance feedback, Lisse, NL: Swets & Zeitlinger, S. 191–218

Ufer, S. *Der Übergang von der Primarstufe in die Sekundarstufe*, 2009, A. Heinze & M. Grüßing (Hg.): Mathematiklernen vom Kindergarten bis zum Studium. Kontinuität und Kohärenz als Herausforderung für den Mathematikunterricht, Münster: Waxmann, S. 87–103

UFER, S., REISS, K. & HEINZE, A. *BIGMATH – Ergebnisse zur Entwicklung mathematischer Kompetenz in der Primarstufe,* 2009, A. Heinze & M. Grüßing (Hg.): Mathematiklernen vom Kindergarten bis zum Studium. Kontinuität und Kohärenz als Herausforderung für den Mathematikunterricht, Münster: Waxmann, S. 61–85

UMLAND, B. & OTT, S. *Ganzheitliche mathematische Frühförderung für Vorschulkinder. Ausgearbeitete Praxiseinheiten zur Vorbereitung auf das Schulfach Mathematik,* 2008, Donauwörth: Auer

VAN DER SLUIS, S., DE JONG, P.F. & VAN DER LEIJ, A. *Inhibition and shifting in children with learning deficits in arithmetic and reading,* 2004, Journal of Experimental Child Psychology, 87, 239–266

VAN LUIT J.E.H. & NAGLIERI J.A. *Effectiveness of the MASTER program for teaching special children multiplication and division,* 1999, Journal of Learning Disabilities, 32(2), 98–107

VAN LUIT, J.E.H., VAN DE RIJT, B.A.M. & HASEMANN, K. *OTZ – Osnabrücker Test zur Zahlbegriffsentwicklung,* 2001, Göttingen: Hogrefe

VEENMAN, M.V.J. *The role of intellectual and metacognitive skills in math problem solving,* 2006, A. Desoete & M.V.J. Veenman (Hg.): *Metacognition in mathematics education*, New York: Nova Science Publishers, S. 35–50

VON ASTER, M. *Developmental cognitive neuropsychology of number processing and calculation: varieties of developmental dyscalculia*, 2000, European Child and Adolescent Psychiatry, 9, 41–57

VON ASTER, M. *Neurowissenschaftliche Ergebnisse und Erklärungsansätze zu Rechenstörungen,* 2003, A. Fritz, G. Ricken & S. Schmidt (Hg.): Rechenschwäche – Lernwege, Schwierigkeiten und Hilfen bei Dyskalkulie. Ein Handbuch, Weinheim: Beltz, S. 163–178

VON ASTER, M. *Wie kommen Zahlen in den Kopf? Ein Modell der normalen und abweichenden Entwicklung zahlenverarbeitender Hirnfunktionen,* 2005, M. von Aster & J.H. Lorenz (Hg.): Rechenstörungen bei Kindern: Neurowissenschaft, Psychologie, Pädagogik, Göttingen: Vandenhoek & Rupprecht, S. 13–33

VON ASTER, M. *Dyskalkulie – Wenn Kinder nicht rechnen lernen*, 2017, Monatsschrift Kinderheilkunde, 165, 482–489

Von Aster, M., Bzufka, M.W. & Horn, R.R. (unter Mitarbeit von M. Weinhold Zulauf, M. Schweiter) *ZAREKI-K: Neuropsychologische Testbatterie für Zahlenverarbeitung und Rechnen bei Kindern, Kindergartenversion,* 2009, Frankfurt: Pearson

Von Aster, M., Kucian, K., Schweiter, M. & Martin, E. *Rechenstörungen im Kindesalter,* 2005, Monatsschrift Kinderheilkunde, 153, 614–622

Von Aster, M., Schweiter, M. & Weinhold Zulauf, M. *Rechenstörungen bei Kindern: Vorläufer, Prävalenz und psychische Symptome,* 2007, Zeitschrift für Entwicklungspsychologie und Pädagogische Psychologie, 39, 85–96

Von Aster, M., Weinhold Zulauf, M. & Horn, R. *ZAREKI-R: Neuropsychologische Testbatterie für Zahlenverarbeitung und Rechnen bei Kindern,* 2006, Frankfurt: Harcourt Test Services, rev. Vers.

Wartha, S. *Rechenstörungen in der Sekundarstufe: Die Bedeutung des Übergangs von der Grundschule zur weiterführenden Schule,* 2009, A. Heinze & M. Grüßing (Hg.): Mathematiklernen vom Kindergarten bis zum Studium. Kontinuität und Kohärenz als Herausforderung für den Mathematikunterricht, Münster: Waxmann, S. 157–180

Wartha, S. & Schipper, W. *Der Bielefelder Rechentest für das zweite Schuljahr (BIRTE 2): Eine computergestützte Diagnostik arithmetischer Kompetenzen,* 2013, M. Hasselhorn, A. Heinze, W. Schneider & U. Trautwein (Hg.), Diagnostik mathematischer Kompetenzen, Tests und Trends, N.F. Bd. 11, Göttingen: Hogrefe, S. 185–203

Weberschock, U. & Grube, D. *Zur Spezifität von Einflüssen der Arbeitsgedächtniskapazität und des arithmetischen Faktenwissens auf Rechenleistungen von Viertklässlern,* 2006, Psychologie in Erziehung und Unterricht, 53, 291–302

Weinert, F.E. (Hg.) *Entwicklung im Kindesalter,* 1998, Weinheim: Psychologie Verlags Union

Weinert, F.E. (Hg.) *Leistungsmessung in Schulen,* 2001, Weinheim: Beltz

Weinert, F.E. & Helmke, A. *Die Münchener Studie: Schulleistungen – Leistungen der Schule oder der Kinder,* 1987, Bild der Wissenschaft, 24(1), 62–73

Weinert, F.E. & Helmke, A. (Hg.) *Entwicklung im Grundschulalter,* 1997, Weinheim: Psychologie Verlags Union

Weinert, F. E., Helmke, A. & Schneider, W. *Individual differences in learning performance and in school achievement: Some plausible parallels and some unexplained discrepancies,* 1990, H. Mandl, E. de Corte, S. N. Bennett & H. F. Friedrich (Hg.): Learning and instruction. European research in an international context. Bd. 2.1: Social and cognitive aspects of learning and instruction, Oxford: Pergamon Press, S. 461–479

Weinert, F.E. & Treiber, B. *Gute Schulleistungen für alle?,* 1985, Weinheim: Beltz

Weisshaupt, S., Peucker, S. & Wirtz, M. *Diagnose mathematischen Vorwissens im Vorschulalter und Vorhersage von Rechenleistungen und Rechenschwierigkeiten in der Grundschule,* 2006, Psychologie in Erziehung und Unterricht, 53, 236–245

Werner, B. *Dyskalkulie – Rechenschwierigkeiten,* 2009, Stuttgart: Kohlhammer

Willburger, E., Fussenegger, B., Moll, K., Wood, G. & Landerl, K. *Naming speed in dyslexia and dyscalculia,* 2008, Learning and Individual Differences, 18, 224–236

Wilson, A.J. & Dehaene, S. *Number sense and developmental dyscalculia,* 2007, D. Coch, G. Dawson, & K. Fischer (Hg.): Human behavior, learning, and the developing brain: Atypical development. New York: Guilford Press, S. 212–238

Wilson, A. J., Dehaene, S., Pinel, P., Revkin, S. K., Cohen, L. & Cohen, D. *Principles underlying the design of "The Number Race", an adaptive computer game for remediation of dyscalculia,* 2006a, Behavioral and Brain Functions, 2(19)

Wilson, A.J., Revkin, S., Cohen, D., Cohen, L. & Dehaene, S. *An open trial assessment of The Number Race, an adaptive computer game for remediation of dyscalculia,* 2006b, *Behavioral and Brain Functions,* 2(20)

Winkelmann, H., van den Heuvel-Panhuizen, M. & Robitzsch, A. *Gender differences in the mathematics achievements of German primary school students: Results from a German large-scale study*, 2008, ZDM – The International Journal on Mathematics Education, 40(4), 601–616

Wittmann, E. *Mathematische Bildung*, 2006, L. Fried & S. Roux (Hg.): Pädagogik der frühen Kindheit, Weinheim: Beltz, S. 205–211

Wynn, K. *Infant's individuation and enumeration of actions*, 1996, Psychological Science, 7, 164–169

Wygotski, L.S. *Denken und Sprechen*, 1934 (dt. Übers. 1974), Frankfurt: Fischer

Xu, F. & Spelke, E. S. *Large number discrimination in 6-month-old infants*, 2000, Cognition, 74, B1–B11

Register